U0378387

经典实例学设计——T20-Arch天正建筑设计从入门到精通

刘卫东 常 亮 谭 杰 等编著

机械工业出版社

本书是一本 T20 天正建筑软件的完全自学手册。它将软件技术与行业应用相结合，全面、系统地讲解了 T20 天正建筑软件的基本操作及别墅建筑施工图、住宅楼建筑施工图以及办公楼建筑施工图的理论知识、绘图流程、绘图思路及相关技巧，可帮助读者迅速成长为建筑设计高手。

本书共 15 章。第 1 章讲解了 T20 天正建筑软件的操作界面、软件的设置方法、软件常见问题解析以及建筑设计的理论知识；第 2 章~第 7 章讲解了各类建筑图形的绘制方法，如墙体、柱子、门窗、室内外设施以及房间和屋顶等的绘制；第 8 章~第 10 章介绍了各类图形标注的添加方法，如文字（单行文字、多行文字）与表格、尺寸标注（半径标注、直径标注、弧长标注等）、符号标注（标高标注、索引图名、剖切符号等）；第 11~12 章介绍了创建楼层表以及生成立面图及剖面图的方法。第 13~15 章通过别墅、住宅楼和办公楼 3 个大型综合案例，帮助读者进行全面实战演练。

本书附赠多媒体网络教学资源，内含全书所有实例的高清语音视频教学及相关图形文件，以增加读者的学习兴趣，同时帮助其提高学习效率，读者可通过以下邮箱索取：luyunbook@foxmail.com。

本书结构清晰、讲解深入详尽，具有较强的针对性和实用性，因此既可作为大中专院校、培训机构等相关专业的教材，也可作为广大 T20 天正建筑软件初学者和爱好者的指导教材。此外，对各专业技术人员来说，本书也是一本不可多得的参考手册。

图书在版编目（CIP）数据

经典实例学设计：T20-Arch 天正建筑设计从入门到精通 / 刘卫东等编著. —北京：机械工业出版社，2015.7（2020.6 重印）

ISBN 978-7-111-51117-5

Ⅰ. ①经…　Ⅱ. ①刘…　Ⅲ. ①建筑设计－计算机辅助设计－应用软件　Ⅳ. ①TU201.4

中国版本图书馆 CIP 数据核字（2015）第 187886 号

机械工业出版社（北京市百万庄大街22号　邮政编码100037）

责任编辑：李馨馨　吴晋瑜　　责任校对：张艳霞

责任印制：常天培

北京捷迅佳彩印刷有限公司印刷

2020 年 6 月第 1 版·第 3 次印刷

184mm×260mm·29 印张·716 千字

4201－5200 册

标准书号：ISBN 978-7-111-51117-5

定价：69.90 元

前　言

T20 天正建筑软件简介

　　天正系列软件是北京天正工程软件有限公司开发的优秀国产软件，是国内目前使用最广泛的建筑设计绘图软件。2014 年 12 月，该公司推出了 T20 系列软件，包括 T20 天正建筑、T20 天正电气、T20 天正暖通等。

　　T20 天正系列软件通过界面集成、数据集成、标准集成及天正系列软件内部联通和天正系列软件与 Revit 等外部软件联通，打造真正有效的 BIM 应用模式，具有植入数据信息、承载信息、扩展信息等特点。

本书内容安排

　　本书是一本 T20 天正建筑软件的完全设计自学手册，它将软件技术与行业应用相结合，全面、系统地讲解了 T20 天正建筑软件的基本操作及别墅建筑施工图、住宅楼建筑施工图、办公楼建筑施工图的理论知识、绘图流程、绘图思路和相关技巧，可帮助读者迅速成长为建筑设计高手。本书的内容安排详见表 1。

表 1　本书的内容安排

篇　　名	内　容　安　排
第 1 章	本章介绍了 T20 天正建筑软件的基本知识，如软件的功能、安装/启动/退出软件的方法、软件的操作界面、软件的设置等，此外还分析了 T20 天正建筑软件的常见问题、介绍了建筑设计的理论知识等内容
第 2 章～第 7 章	此部分内容讲解了常见建筑图形的绘制，如轴网、墙体、柱子、门窗、室内设施（楼梯、电梯、洁具等）、室外设施（台阶、坡道、散水）、房间和屋顶等的绘制
第 8 章～第 10 章	此部分内容讲解了在 T20 天正建筑软件中，各类图形标注的添加，分别为文字和表格、尺寸标注、符号标注等的添加。例如第 8 章就介绍了单行文字、多行文字、创建及编辑表格等命令的操作方法
第 11～12 章	此部分内容首先介绍了楼层表的创建方法，其次讲解了在楼层表的基础上生成建筑立面图及建筑剖面图的操作方法
第 13～15 章	此部分内容分别讲解了别墅建筑施工图、住宅楼建筑施工图以及办公楼建筑施工图的绘制流程以及相关的制图技巧

本书特色

　　具体来说，本书具有以下特色（见表 2）。

表 2　本书的特色

零点快速起步绘图技术全面掌握	本书从 T20 天正建筑软件的基本功能、操作界面讲起，由浅入深、循序渐进，结合软件特点和行业应用安排了大量实例，让读者在绘图实践中轻松掌握 T20 天正建筑软件的基本操作和技术精髓
案例贴身实战技巧原理细心解说	本书所有案例个个经典，每个实例都包含相应工具和功能的使用方法和技巧。本书在一些重点和要点处还添加了大量的提示和技巧讲解，帮助读者理解和加深认识，以达到举一反三、灵活运用的目的

（续）

四大图纸类型园林绘图全面接触	本书涉及的绘图领域包括别墅建筑施工图、住宅楼建筑施工图以及办公楼建筑施工图等常见建筑设计绘图类型，使广大读者在学习使用 T20 天正建筑制图的同时，可以从中积累相关经验，了解和熟悉不同领域的专业知识和绘图规范
240 多个实战案例绘图技能快速提升	本书的每个案例均由作者精挑细选而来，颇具典型性和实用性，有着重要的参考价值
高清视频讲解学习效率轻松翻倍	本书配套光盘收录长达 8 小时的高清语音视频教学文件，可供读者在家享受专家课堂式的讲解，可帮助读者增加学习兴趣、提高学习效率

本书附赠网络教学资源

本书附赠的网络教学资源包括长达 550 分钟的全书实例的高清语音视频讲解文件，还额外赠送了 AutoCAD 入门视频教程及 4 套 AutoCAD 电子书。读者可通过与作者联系索取。联系信箱：lushanbook@qq.com

本书创建团队

本书主要由陕西服装工程学院刘卫东、陕西科技大学设计与艺术学院常亮、燕京理工学院谭杰编写。此外薛成森、陈倩馨、陈远、陈智蓉、段陈华、关晚月、胡诗榴、黄正平、李灿、李林珠、廖媛杰、谈荣、唐磊、唐水明、王冰莹、王曾琦、杨红群、赵鑫、周彬宇、朱姿、卓志已等也参加了编写工作。

由于编者水平有限，书中疏漏与不妥之处在所难免。在感谢您选择本书的同时，也希望您能够把对本书的意见和建议告诉我们。

目　　录

第 1 章　T20 天正建筑软件的制图基础

　　天正系列软件是北京天正工程软件有限公司开发的优秀国产软件，是目前国内使用最广泛的建筑设计绘图软件。2014 年 12 月，天正公司推出了 T20 系列软件，包括 T20 天正建筑、T20 天正电气、T20 天正暖通等。

　　T20 天正系列软件通过界面集成、数据集成、标准集成及天正系列软件内部联通和天正系列软件与 Revit 等外部软件联通，打造真正有效的 BIM 应用模式，具有植入数据信息、承载信息、扩展信息等特点。

　　本章介绍 T20 天正建筑的使用与建筑设计的基本知识。

1.1　认识 T20 天正建筑软件

　　天正新一代建筑专业软件——T20 的推出，属于软件技术上的创新，其工作界面与以往的天正软件相比，相差不大，但是更贴近用户的使用需求与使用习惯，因此用户不需要改变原来的使用习惯，可以在不需要付出额外学习成本的前提下完成制图工作。

1.1.1　T20 天正建筑软件简介

　　T20 天正建筑将绘图过程中经常用到的命令进行分类，将同类功能以选项卡的形式呈现在工作界面的上方或下方，使其功能和特性更容易被使用者发现和使用。如文件视图、图层、尺寸标注以及编组选项卡即位于界面上方，如图 1-1 所示，用户通过在选项卡上直接单击按钮可激活相关的命令，不需要反复在多级菜单中寻找命令。

图 1-1　选项卡

　　T20 天正建筑修改了对话框，使其以统一尺寸显示，如图 1-2 所示。在对话框人性化的功能分区中，研发人员精心规划了其中的每一个细部尺寸，尽可能不占用绘图空间，力求给用户完美的设计交互体验。

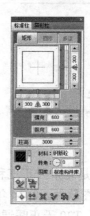

图 1-2 T20 天正建筑对话框

1.1.2 T20 天正建筑软件的主要功能及技术特点

本节介绍 T20 天正建筑软件的主要技术特点。

1. 高效的数据联通

选择"其他"→"BIM 导出"命令及"其他"→"BIM 导入"命令，可以实现与 Revit 软件双向对接互导，实现数据联通。

2. 独特的 T20 风格界面

□"文件视图"选项板

该选项板上集成了天正软件的布图功能，便于用户进行图档交流工作，如图 1-3 所示。

□"图层"选项板

将天正标准图层植入图层管理器中，可以方便用户加载图层。使用图层分组器，可以方便对图层的管理与操作。使用"图层搜索"功能，可以方便查找图层，如图 1-4 所示。

图 1-3 "文件视图"选项板   图 1-4 "图层"选项板

□"尺寸标注"选项板

将尺寸标注命令及编辑尺寸标注命令以按钮的方式显示，用户通过单击按钮可以调用命令，如图 1-5 所示。

□"编组"选项板

使用"编组"功能可以对图形对象执行编组操作，并在列表中显示组名。可以对组对象执行整体操作，也可隐藏、显示、集合或解散组对象，如图 1-6 所示。

图 1-5 "尺寸标注"选项板   图 1-6 "编组"选项板

❏ 天正工具栏

天正工具栏悬浮显示在工作界面上，如图 1-7 所示。用户可以随意调整天正工具栏的位置。

该工具栏中包含"平行""对齐""等距"命令，用来调整对象的方位；并将"图案填充""颜色填充""墙柱填充" 3 个功能集于一个对话框，简化了命令的操作流程，加快了填充图案的速度。

❏ 多功能命令行

将命令行与绘制符号对话框相结合，置于绘图界面的下方，既方便命令调用又不占用绘图界面，如图 1-8 所示。

将绘图辅助功能按钮统一集合于界面的右下角，单击图标就可以启用或者关闭捕捉模式。

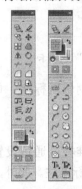

图1-7　天正工具栏

图1-8　多功能命令行

3. 天正注释系统

天正注释系统分为尺寸标注和符号标注两类。

❏ 尺寸标注

"快速标注"命令：能快速标注图中所选构件的尺寸。

"弧弦标注"命令：可以通过鼠标的位置判断标注类型，以准确标注图形。

"双线标注"命令：同时标注第二道总尺寸线。

"两点标注"命令：通过鼠标所点取的位置来自动判断所要标注的墙体及门窗构件。

"等式标注"命令：系统自动执行计算操作。

"取消尺寸"命令：可以取消单个区间，也可通过框选来删除尺寸。

"尺寸等距"命令：把多道尺寸线在垂直于尺寸线方向按等距调整它们之间的位置。

❏ 符号标注

"设置坐标系"命令：调整世界坐标系的位置。

"场地红线"命令：定义场地坐标系。

"标高标注"命令：集标高标注、标高检查、标高对齐于一个面板上，使得标注、检查、选型清晰化，操作简单直观。

"坐标标注"命令：支持以世界坐标系和场地坐标系为标准的坐标标注。

4. 统一的对话框和交互行为

❏ "绘制轴网"/"轴网标注"对话框（见图 1-9 和图 1-10）

"绘制轴网"对话框：通过设置开间、进深参数来绘制轴网。单击"删除轴网"按钮，可删除选中的轴网。单击"拾取轴网参数"按钮，可通过拾取已绘轴网来得到其开间及进深参数。

图 1-9 "绘制轴网"对话框

图 1-10 "轴网标注"选项卡

"轴网标注"对话框：通过自定义起始轴号，可以对多轴及单轴绘制轴网标注。单击"删除轴网标注"按钮，可删除选中的轴网标注。

❑ "标准柱"/"异形柱"对话框（见图 1-11 和图 1-12）

"标准柱"对话框：通过设置柱子的横向、纵向参数来创建矩形标准柱；通过设置半径、直径参数来创建圆形标准柱；通过设置边数、半径参数来创建多边形标准柱。此外，柱高、柱子材料、柱子绘制方式的选择也可在该对话框中完成。

"异形柱"对话框：通过设置参数、选择样式等操作，可以创建异形柱。

图 1-11 "标准柱"对话框

图 1-12 "异形柱"对话框

❑ "墙体"/"玻璃幕"对话框（见图 1-13 和图 1-14）

"墙体"对话框：通过设置墙宽、墙高以及墙体的材料等参数来创建墙体。单击"删除墙体"按钮、"编辑墙体"按钮，可以执行删除或者编辑墙体的操作。单击界面下方的按钮，可以分别绘制直墙、弧墙、回形墙等。

"玻璃幕"对话框：通过设置墙宽、墙高等参数来创建幕墙。使用"立柱""横梁"选项卡，可以修改或自定义其中的参数。

图 1-13 "墙体"对话框

图 1-14 "玻璃幕"对话框

❑ "门"/"窗"对话框（见图 1-15 和图 1-16）

"门"/"窗"对话框：可以创建平开门、门连窗、窗等图形。单击"删除门窗"按钮、"编辑门"/"编辑窗"按钮，可以删除或者编辑已有门窗。在"材料"下拉列表框中可以选择门/窗的材料，如"木复合""铝合金""玻璃门"等。

图 1-15 "门"对话框

图 1-16 "窗"对话框

1.1.3 安装、启动和退出 T20 天正建筑软件

本节介绍安装、启动和退出 T20 天正建筑软件的操作方法。

1. 安装天正建筑软件

从网络上下载试用版或者购买正版的 T20 天正建筑软件后，双击安装图标，弹出安装对话框，如图 1-17 所示。选择"我接受许可证协议中的条款"，单击"下一步"按钮。

单击"下一步"按钮，选择安装路径，如图 1-18 所示。

图 1-17　选择"我接受许可证协议中的条款"　　　图 1-18　选择安装路径

单击"下一步"按钮，选择程序文件夹，如图 1-19 所示，一般保持默认即可。

单击"下一步"按钮，则进入软件的安装状态，如图 1-20 所示。

图 1-19　选择程序文件夹　　　　　　　　　　图 1-20　进入安装状态

安装完成后，单击"完成"按钮，关闭对话框，即可完成天正软件的安装，如图 1-21
所示。

2. 启动 T20 天正建筑软件

双击计算机桌面上的 T20 图标，系统弹出"T20 天正建筑软件 V1.0 启动平台选择"对
话框，如图 1-22 所示；用户需要在该对话框中选择 AutoCAD 平台，并选中"下次不再提
问"复选框，然后单击"确定"按钮，即可开始启动天正建筑软件。

 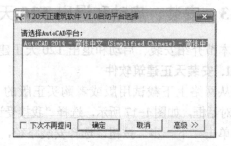

图 1-21　安装完成　　　　　　图 1-22　"T20 天正建筑软件 V1.0 启动平台选择"对话框

T20 的工作界面如图 1-23 所示。

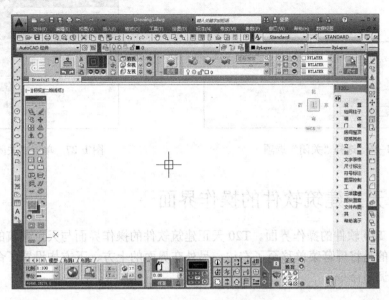

图 1-23　T20 的工作界面

3. T20 天正建筑软件的退出

T20 天正建筑软件的退出与 AutoCAD 绘图软件的退出方法一致，具体如下。

➢ 单击软件左上角的 AutoCAD 图标，在弹出的列表中选择"关闭"→"当前图形"选项，如图 1-24 所示。

此时系统弹出如图 1-25 所示的"AutoCAD"信息提示对话框，根据需要选择是否保存当前图形。

图 1-24　选择"当前图形"选项　　　　　图 1-25　"AutoCAD"信息提示对话框

➢ 执行"文件"→"关闭"命令，在弹出的列表中选择"关闭"命令，如图 1-26 所示，即可关闭当前图形。

➢ 单击软件界面右上角的"关闭"按钮，如图 1-27 所示，也可以关闭当前图形。

提示：按〈Ctrl+F4〉组合键，可以关闭当前图形；按〈Alt+F4〉组合键，可以关闭当前所有窗口。

图 1-26 选择"关闭"选项   图 1-27 单击"关闭"按钮

1.2 T20 天正建筑软件的操作界面

本节介绍 T20 软件的操作界面。T20 天正建筑软件的操作界面与天正建筑的工作界面大致相同，不同的是将屏幕菜单移至了右边，另外在界面的上方、下方均设置了命令选项板，单击按钮即可调用命令。

1.2.1 折叠式屏幕菜单

天正建筑软件所特有的折叠式屏幕菜单，在开启下一个菜单命令后，上一个打开的菜单命令会自动关闭以适应下一个菜单的开启。

图 1-28 所示即为正在开启的"轴网柱子"屏幕菜单，在开启"墙体"屏幕菜单后，"轴网柱子"菜单会自动关闭，如图 1-29 所示。

图 1-28 "轴网柱子"屏幕菜单   图 1-29 "墙体"屏幕菜单

1.2.2 常用/自定义工具栏

T20 天正建筑软件有 4 个工具栏，分别是 3 个常用工具栏和 1 个自定义工具栏；常用工具栏中有常用的绘制图形命令，比如绘制轴网、绘制墙体等，如图 1-30 所示；自定义工具栏则可以用于自定义屏幕菜单、工具栏和快捷键，如图 1-31 所示。

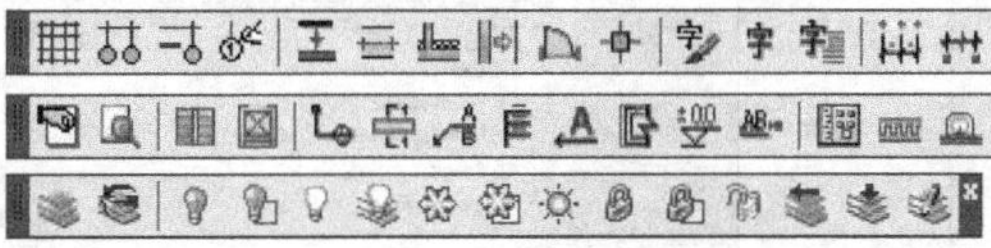

图 1-30　常用工具栏

图 1-31　自定义工具栏

在 AutoCAD 右侧工具栏下方的空白区域右击，在弹出的快捷菜单中选择"天正快捷菜单"命令；在其下级菜单中选择所要开启的工具栏名称，如图 1-32 所示，即可将相应的工具栏显示在绘图区。

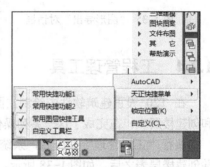

图 1-32　快捷菜单

1.2.3　文档标签

当 T20 天正建筑软件中开启了两个以上的文档时，在绘图区的左上角会显示文档标签，如图 1-33 所示。

将鼠标指针置于文档标签之上，右击，在弹出的快捷菜单中可以选择相应的命令对文档执行操作，如图 1-34 所示。

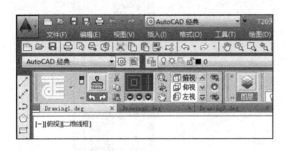

图 1-33　文档标签

图 1-34　快捷菜单选项

选择"关闭文档"命令，可以关闭当前的文档；选择"整图导出"命令，可以在弹出的"图形导出"对话框中设置文件的名称、保存类型等参数，单击"保存"按钮可对图形执行导出操作，如图 1-35 所示。

选择"保存所有文档"命令，系统弹出"图形另存为"对话框，如图 1-36 所示，在其中设置文件名称和保存路径后可对文档执行保存操作。

在保存完成一个文档之后，系统会弹出另一个"图形另存为"对话框，用户需要在此继续设置第二个图形的保存名称和路径，直至全部保存当前已开启的文档为止。

选择"保存所有文档退出"命令，就可以将当前的文档执行保存操作并退出软件。

选择"关闭所有文档"命令，系统弹出"AutoCAD"信息提示对话框，在其中选择相应的命令对文档执行"保存""不保存""取消"操作。

图1-35 "图形导出"对话框   图1-36 "图形另存为"对话框

1.2.4 工程管理工具

在 T20 天正建筑软件中绘制立面图和剖面图时,首先执行"工程管理"命令来新建工程和创建楼层表;在完成了这一系列操作后,才能在此基础上生成建筑立面图或者建筑剖面图。

执行"工程管理"命令后,系统弹出如图1-37所示的"工程管理"选项板。在新建工程并创建楼层表之后,如图1-38所示,就可以在此基础上生成建筑立面图或者建筑剖面图。

图1-37 "工程管理"对话框   图1-38 创建楼层表

1.3 T20 天正建筑软件的设置

T20 天正建筑软件安装完成之后,用户可以先对其进行设置,比如设置热键、图层等各项参数。本节介绍 T20 天正建筑软件的设置方法。

1.3.1 快捷键与自定义快捷键

T20 天正建筑软件的快捷键可以自定义设置,执行"ZDY"(自定义)命令,弹出如图 1-39 所示的"天正自定义"对话框，切换至"快捷键"选项卡，在其中可以设置绘图的快捷键。

图 1-39 "天正自定义"对话框

表 1-1 所示为天正建筑软件的绘图常用快捷键表。用户也可以参照上述方法自定义快捷键。

表 1-1　天正建筑软件的绘图常用快捷键表

快捷键	快捷键的意义	快捷键	快捷键的意义
F1	打开 AutoCAD 的帮助文件	F2	打开/关闭 AutoCAD 的文本窗口
F3	打开/关闭对象捕捉功能	F4	打开/关闭三维对象捕捉功能
F5	在等轴测的各个视图中进行切换	F6	打开/关闭动态 UCS 功能
F7	打开/关闭栅格功能	F8	打开/关闭正交功能
F9	打开/关闭捕捉功能	F10	打开/关闭极轴功能
F11	打开/关闭对象捕捉追踪功能	F12	打开/关闭动态输入功能

1.3.2　图层设置

与 AutoCAD 绘图软件不同的是，T20 天正建筑软件在绘制图形时可以自动创建相应的图层，不必像使用 AutoCAD 软件绘图那样要先设置图层，然后在指定的图层上绘制图形。

执行"TCGL"（图层管理）命令，弹出如图 1-40 所示的"图层标准管理器"对话框，可以在其中对图层的属性执行编辑修改。

"图层管理"对话框中各项选项含义如下：

1）图层标准。"图层标准"下拉列表框中包含 3 个图层标准，分别是"当前标准（TArch）""GBT18112—2000 标准"及"TArch 标准"。选择了某个图层标准后，单击"置为当前标准"按钮，即可将其置为当前正在使用的标准。

2）修改图层属性。在图层编辑区选择"图层名""颜色""线型""备注"选项，可以修改图层的相应属性。

3）新建标准。单击"新建标准"按钮，在如图 1-41 所示的"新建标准"对话框中设置标准名称，单击"确定"按钮可完成新建操作。此时用户可重新设置各图层的属性。

图 1-40 "图层标准管理器"对话框 图 1-41 "新建标准"对话框

4）图层转换。单击"图层转换"按钮，在弹出的"图层转换"对话框中，分别选择源图层标准和目标图层标准，单击"转换"按钮，即可完成转换操作。

1.3.3 视口控制

TArch 绘图软件在绘图区中可以设置视口的显示方式，这个功能与 AutoCAD 绘图软件相同。单击绘图区左上角的"视口控件"按钮[-]，在弹出的下拉菜单中选择"视口配置列表"选项，在其下级菜单中选择视口的配置方式，如图 1-42 所示。

视口配置的结果如图 1-43 所示。

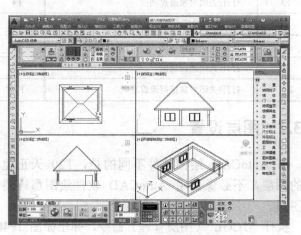

图 1-42 选择"视口配置列表"选项 图 1-43 视口配置的结果

创建/编辑/删除视口的方式如下。

1）新建视口。将鼠标移到视口边缘线，当光标变成双向箭头时，按下〈Ctrl〉键或〈Shift〉键的同时，按住鼠标左键拖动鼠标，即可创建新视口。

2）编辑视口大小。将鼠标移到视口边缘线，当光标变成双向箭头时，上下左右拖动鼠标，可调节视口的大小。

3）删除视口。将鼠标移到视口边缘线，当光标变成双向箭头时，拖动视口边缘线，向其对边方向移动，使两条边重合，即可删除视口。

1.3.4 软件初始化设置

天正软件为用户提供了个性化设置软件的 3 种方式，分别是基本设定、加粗填充以及高级选项。"基本设定"选项可以对图形、符号和圆圈文字进行设置，"加粗填充"选项可以对墙体和柱子的填充方式进行设置，"高级选项"可以对尺寸标注、符号标注等的标注方式和显示效果进行设置。

执行"TZXX"（天正选项）命令，系统弹出"天正选项"对话框，切换至"基本设定"选项卡，如图 1-44 所示，在此可以对图形的当前比例、当前层高以及标号标注、圆圈文字的标注进行详细设置。

切换至"加粗填充"选项卡，可以对选中的"石膏板""填充墙"等类型墙体的填充方式、填充颜色以及线宽等参数进行设置，如图 1-45 所示。

图 1-44 "基本设定"选项卡

图 1-45 "加粗填充"选项卡

切换至"高级选项"选项卡，可以对尺寸标注、符号标注、立剖面的显示样式进行设置，如图 1-46 所示。

单击"确定"按钮关闭对话框，可以完成参数的设置。

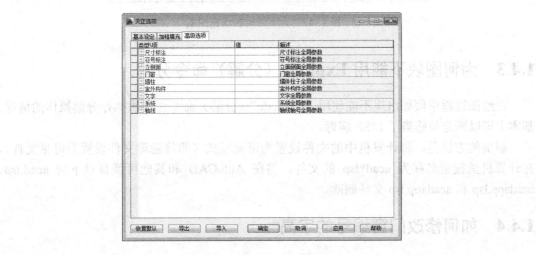

图 1-46 "高级选项"选项卡

1.4　T20 天正建筑软件常见问题解析

本节就使用 T20 天正建筑软件过程中出现的几个常见问题进行解释说明。

1.4.1　如何在 Windows 7/Vista 系统下安装及运行 T20 天正建筑软件

在 Windows 7/Vista 系统下是可以安装和运行 T20 天正建筑软件的。需要使用管理员权限安装该软件。如果当前不是管理员权限，可以在运行安装时单击鼠标右键，在弹出的菜单中选择"以管理员身份运行"选项，这样就可以安装了。

T20 天正建筑软件已经解决了以往要求在管理员权限下运行试用版和正式版的要求，降低了运行的权限，方便用户使用。

1.4.2　如何为墙体填充图案

在"绘制墙体"对话框中可以设置填充图案，然后在绘制墙体的同时可以完成图案填充的操作。在对话框中打开填充开关，系统可根据当前所选的墙体材料来自动对应填充图案，因此所绘制的墙体便自带填充图案，如图 1-47 所示。

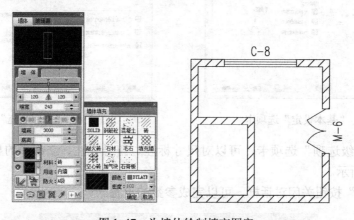

图 1-47　为墙体绘制填充图案

1.4.3　为何图块不能用 Explode（分解）命令分解

在绘图过程中假如出现不能使用"Explode"（分解）命令对图块执行分解操作的情况，基本上可以断定是感染了 LISP 病毒。

解决的方法是：将计算机中的文件设置为可见模式（即将隐藏文件设置为可见文件），在计算机里搜索名称为 acad*lsp 的文件，将在 AutoCAD 和其他可疑目录下的 acad.lsp、acadapp.lsp 和 acadapp.lsp 文件删除。

1.4.4　如何修改门窗编号的字高

门窗编号的字高默认为 3.5，有时在绘制大型图纸时会出现显示不清的情况。此时可以执行"TZXX"（天正选项）命令，系统弹出"天正选项"对话框，切换至"高级选项"选项卡，选择"门窗"→"编号"，在列表中可以更改字高，如图 1-48 所示。

修改字高前，所创建的门窗的编号不会发生改变。只有在设置字高后重新绘制门窗，其编号才会按照所设置的高度来显示，如图 1-49 所示。

图 1-48 "天正选项"对话框

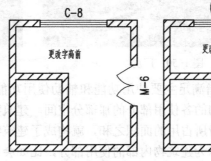
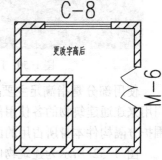

图 1-49 修改字高

假如要修改已有门窗编号的字高，可以选择多个门窗图形，按下〈Ctrl+1〉组合键，调出"特性"选项板，切换至"文字"选项卡，修改其中的"文字高度"参数值，即可完成对编号字高的修改。

1.5 建筑设计概述

建筑设计自古以来便有，早在远古时代，人们已懂得凿穴而居，这就是建筑设计的萌芽。随着人类历史的演变，世界各地的建筑设计风潮愈演愈烈，涌现出不少有代表性的建筑设计典范。

时至近现代，建筑设计技术和现代科学技术的融合使建筑设计焕发出了新的光彩。本节介绍建筑设计的基本内容，包括建筑设计原理、建筑构造以及建筑设计图纸的种类等。

1.5.1 建筑设计原理

建筑设计包括两方面内容，即对建筑空间的研究以及对构成建筑空间的建筑物实体的研究。

建筑物根据其使用性质通常可以分为生产性建筑和非生产性建筑两大类。生产性建筑可以根据其生产内容的区别划分为工业建筑、农业建筑等类别；非生产性建筑可统称为民用建筑。民用建筑根据其使用功能又可以划分为居住建筑和公共建筑两大类。其中居住建筑一般包括住宅、宿舍、公寓楼等。

图 1-50 所示为生产性建筑中的厂房，图 1-51 所示为居住建筑中的公寓楼。

常说的建筑空间，从组成平面各部分空间的使用性质来讲，主要是指使用部分和交通联系部分。

图 1-50 厂房

图 1-51 公寓楼

使用部分是指满足主要使用功能和辅助使用功能的那部分空间。交通联系部分是指专门用来连通建筑物的各使用部分的那部分空间。建筑物的使用部分、交通联系部分和结构、围护分隔构件本身所占用的面积之和，就构成了建筑物的总建筑面积。

图 1-52 所示为建筑物内部的使用部分，比如会议室；图 1-53 所示为建筑物内部的交通联系部分，比如走廊。

图 1-52 会议室

图 1-53 走廊

建筑物总是与周边的环境发生这样或者那样的联系，那么，建筑物与周边环境的关系主要包括哪些内容呢？

1）建筑物与周边物质环境的关系。建筑物与周边物质环境的关系主要表现在室外空间的组织是否舒适合理，建筑物的排列是否井然有序，有关的基本安全性能是否能够得到保障等。

2）建筑物与周边生态环境的关系。从人与自然和谐共存的角度来看，我们所建造的供生产、生活的人工环境一定要纳入自然生态环境良性循环的系统，在设计过程中，可以从建筑的光环境、风环境、卫生绿化条件、节能灯方面来进行调控。

1.5.2 建筑构造

建筑构造主要是指构成房屋的建筑构件，包括墙体、楼地层、楼梯（电梯）以及门窗等主要的建筑构件。

1. 墙体

建筑物的墙体依其在房屋中所处位置的不同，有内墙和外墙之分。位于建筑物周边的墙称为外墙，位于建筑内部的墙称为内墙。

沿建筑物短轴方向布置的墙称为横墙，横向外墙可以统称为山墙；沿建筑物长轴方向布置的墙称为纵墙。在一片墙上，窗与窗或门与窗之间的墙称为窗间墙；窗洞下部的墙称为窗下墙或窗肚墙。

从结构受力的情况来看，墙体又有承重墙和非承重墙之分。填充在骨架承重体系建筑柱子之间的墙统称为填充墙。幕墙一般是指悬挂于建筑物外部骨架或楼板间的轻质外墙。图 1-54 所示为制作完成的玻璃幕墙。

根据墙体建造材料的不同，墙体还可以分为砖墙、石墙、土墙、砌块墙、混凝土墙以及其他用轻质材料制作的墙体。图 1-55 所示为建筑物外围的砖墙。

图 1-54　玻璃幕墙

图 1-55　砖墙

2. 楼盖

目前使用较多的楼盖种类有现浇整体式楼盖和压型钢板组合楼板。

现浇整体式楼盖的整体刚度好，特别适用于那些整体性要求较高的建筑物、有管道穿过楼板的房间以及形状不规则或房间尺度不符合模数要求的房间。但现浇的施工工艺的主要工作在现场进行，湿作业，工序繁多，混凝土需要养护，且施工工期较长，所以存在在一些寒冷的地区难以常年施工的弊端。图 1-56 所示为现浇整体式楼盖。

压型钢板组合楼板是用压型薄钢板做底板，再与混凝土整浇层浇筑在一起。压型钢板本身截面经压制成凹凸状，有一定的刚度，可以作为施工时的底模。压型钢板组合楼板受正弯矩的部分可不需再放置或绑扎受力钢筋，仅需部分构造钢筋即可。不过，其底部钢板外露，需做防火处理。图 1-57 所示为压型钢板组合楼板。

图 1-56　现浇整体式楼盖

图 1-57　压型钢板组合楼板

3. 楼梯

楼梯的一般设计规定如下：

1）公共楼梯设计的每段梯段的步数不超过18级，不少于3级。

2）梯级的踢面高度原则上不超过180mm。作为疏散楼梯时，GB 50352—2005还规定了不同类型建筑楼梯踏步高度的上限和深度的下限，如住宅不超过175mm×260mm，商业建筑不超过160mm×280mm等。

3）楼梯的梯段宽（即净宽，指墙边到扶手中心线的距离）一般按每股人流550mm+(0～150mm)；不同类型的建筑按楼梯的使用性质需要不同的梯段宽。一般一股人流宽度大于900mm，两股人流宽度在1100～1400mm，三股人流宽度在1650～2100mm，但公共建筑都应不少于两股人流。

4）楼梯的平台深度（宽度）不应小于其梯段的宽度。

5）在有门开启的出口处和有结构构件突出处，楼梯平台应适当放宽。

6）楼梯的梯段下面的净高不得小于2200mm，楼梯的平台处净高不得小于2000mm。

图1-58所示为居住空间楼梯，图1-59所示为公共空间楼梯，可以看见，两者从材料的使用到尺寸的设置都有较大的区别。

图1-58　居住空间楼梯

图1-59　公共空间楼梯

4. 门窗

门窗的主要功能有哪些？建筑门窗应满足哪些要求呢？

1）门的主要功能是供交通出入及分隔、联系建筑空间，带玻璃或亮子的门也可具通风、采光的作用。窗的主要功能是采光、通风及观望。

2）建筑门窗应满足的要求：①采光和通风方面的要求；②密闭性能和热工性能方面的要求；③使用和交通安全方面的要求；④在建筑视觉效果方面的要求。

3）门扇的类型：①夹板门；②镶板门；③无框玻璃门；④百叶门。

4）图示门窗的开启方式：①窗——固定窗、平开窗、立式转窗、推拉窗；②门——平开门、弹簧门、推拉门、折叠门、转门、上翻门、升降门、卷帘门。

图1-60所示为居住空间中常用到的平开窗，图1-61所示为公共空间中常用到的旋转门。

图 1-60　平开窗

图 1-61　旋转门

1.5.3　建筑设计图纸的种类

一套完整的建筑设计图纸，应该包括总平面图、平面图、立面图以及剖面图。本节分别介绍图纸种类的概念及其图示内容。

1. 总平面图

总平面图主要表示整个建筑基地的总体布局，具体表达新建房屋的位置、朝向以及周围环境（原有建筑、交通道路、绿化、地形）基本情况的图样。

总平面图的绘制规范如下：

1）总平面图应在现状地形上套画，标明用地范围；标注相邻现状和规划道路的红线位置及道路名称；标明相邻单位名称，标明拟建建筑物与用地边界线之间、与周围现状建筑及规划建筑之间的间距；标明拟拆除的现状建筑，标明代征用地范围等。

2）总平面图中应标注拟建建筑物外形轮廓的尺寸，以±0.00 高度的外墙定位轴线或外墙面线为准，以粗实线表示；新建建筑物±0.00 高度以外的可见轮廓线以中实线表示，除标注建筑尺寸外，应标注各建筑层数、高度；标注机动车出入口位置。

3）标明指北针、风玫瑰图、尺寸单位及比例。

4）居住区（居住小区、组团）项目在总平面图中标明每栋居住建筑的编号。

5）将主要技术经济指标列在总平面图上，居住区（居住小区、组团）项目应标注单栋居住建筑规模（地上、地下建筑面积）和配套明细表。

图 1-62 所示为绘制完成的建筑总平面图。

2. 建筑平面图

建筑平面图，简称平面图，是将新建建筑物或构筑物的墙、门窗、楼梯、地面及内部功能布局等建筑情况，以水平投影方法生成的图纸。

建筑平面图的绘制规范如下：

1）标明承重和非承重墙、柱（壁柱），轴线和轴线编号。

2）标明墙、柱、内外门窗、天窗、楼梯、电梯、雨篷、平台、台阶、坡道、水池、卫生器具等。

3）注明各房间、车间、工段、走道等的名称，主要厅、室的具体布置及与土地有关的主要工艺设备的布置示意。

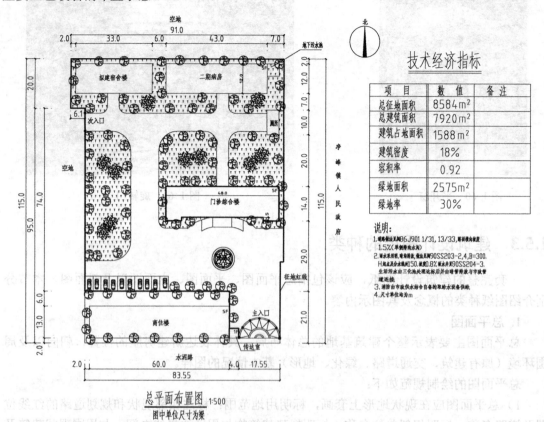

图 1-62　建筑总平面图

4）标明轴线间尺寸，外包轴线尺寸总和。

5）标明室内、外地面设计标高。

6）标明剖切线及编号。

7）标明指北针（画在底层平面）。

8）多层或高层建筑的标准层、标准单元或标准间，需要明确绘制放大平面图。

9）单元式住宅平面图中需标注技术经济指标和标准层套型。

图 1-63 所示为绘制完成的建筑平面图。

3. 建筑立面图

建筑立面图指在与建筑物立面平行的铅垂投影面上所做的投影图，简称立面图。

建筑立面图的绘制规范如下：

1）建筑两端部的轴线、轴线编号。

2）立面外轮廓、门窗、雨篷、女儿墙顶、屋顶、平台、栏杆、台阶、变形缝和主要装饰以及平、剖面未能表示的屋顶、檐口、女儿墙、窗台等标高或高度。

3）关系密切、相互间有影响的相临建筑部分立面。

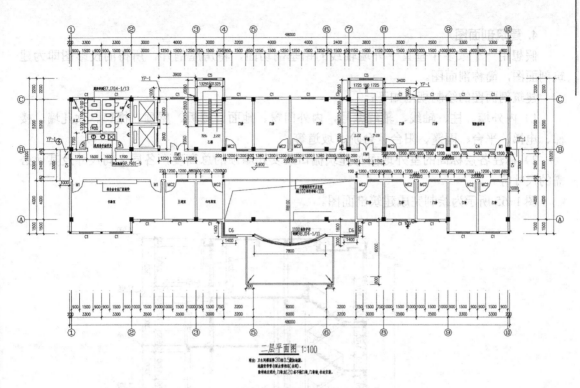

二层平面图 1:100

图 1-63　建筑平面图

图 1-64 所示为绘制完成的住宅楼建筑立面图。

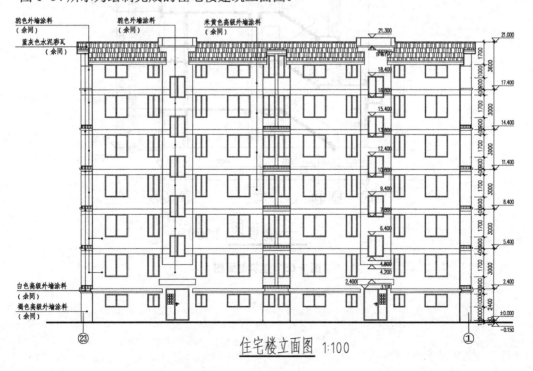

住宅楼立面图 1:100

图 1-64　建筑立面图

4. 建筑剖面图

假想用一个或多个垂直于外墙轴线的铅垂剖切面，将房屋剖开，所得的投影图即为建筑剖面图，简称剖面图。

建筑剖面图的绘制规范如下：

1）内外墙、柱、轴线、轴线编号，内外门窗、地面、楼板、屋顶、檐口、女儿墙、楼梯、电梯、平台、雨篷、阳台、台阶、坡道等。

2）标注各层标高的室外地面与建筑檐口或女儿墙顶的总高度，各层之间尺寸及其他必需的尺寸等。

图 1-65 所示为绘制完成建筑剖面图。

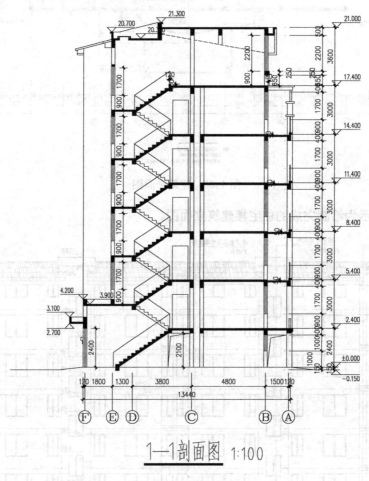

1—1剖面图 1:100

图 1-65　建筑剖面图

第 2 章　轴　　网

在绘制建筑施工图时，需要绘制房屋中的墙、柱、梁和屋架等主要承重构件位置的基准线，这些基准线也称为轴线。垂直方向的轴线和水平方向的轴线组成了轴网，共同表示建筑的开间和进深尺寸。

本章介绍在 T20 天正建筑软件中绘制直线轴网、圆弧轴网的方法以及如何编辑、修改已绘制完成的轴网和对轴网进行标注的方法和技巧等。

2.1　绘制轴网

在 T20 天正建筑中，用来绘制轴网的命令有三种，分别是"直线轴网"命令、"圆弧轴网"命令和"墙生轴网"命令。用户可以根据所绘内容的具体情况来决定调用哪种命令，本节介绍这三种命令的操作方法。

2.1.1　直线轴网

直线轴网是由水平方向上的轴线和垂直方向上的轴线相互交叉形成的，可在此基础上绘制水平或者垂直的直墙。

1. 执行方式

➢ 命令行：输入"HZZW"命令并按〈Enter〉键。

➢ 菜单栏：选择"轴网柱子"→"绘制轴网"命令。

2. 操作步骤

直线轴网的绘制方法如下：

1）在命令行中输入"HZZW"命令并按〈Enter〉键，系统弹出"绘制轴网"对话框，如图 2-1 所示。

2）在右侧的列表中单击选择距离参数值，创建下开轴线，结果如图 2-2 所示。（在列表下方的文本框中可以通过键盘来输入参数值）

3）单击"左进"单选按钮，设置轴网的左进参数，结果如图 2-3 所示。

4）此时命令行提示点取轴网的插入点，绘制轴网的结果如图 2-4 所示。

此处"绘制轴网"对话框中的各项参数含义如下。

➢ "上开"单选按钮：单击该单选按钮，可以通过设置轴间距参数，指定在轴网上方进行轴网标注的房间开间尺寸。

图 2-1 "绘制轴网"对话框   图 2-2 设置下开参数

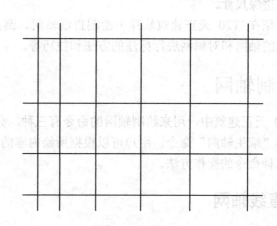

图 2-3 设置轴网的左进参数   图 2-4 创建轴网

- ➢ "下开"单选按钮。单击该单选按钮,可以通过设置轴间距参数,指定在轴网下方进行轴网标注的房间开间尺寸。
- ➢ "左进"单选按钮。单击该单选按钮,可以通过设置轴间距参数,指定在轴网左侧进行轴网标注的房间进深尺寸。
- ➢ "右进"单选按钮。单击该单选按钮,可以通过设置轴间距参数,指定在轴网右侧进行轴网标注的房间进深尺寸。
- ➢ 文本框。可以在其中自定义轴网的间距参数。
- ➢ "清空"按钮。单击该按钮,可以将已定义的轴网参数清空。
- ➢ "删除轴网"按钮。单击该按钮,可以将选中的轴网删除。
- ➢ "拾取轴网参数"按钮。单击该按钮,拾取轴网尺寸标注,可以创建与所拾取尺寸标注一致的轴网。
- ➢ "轴网夹角"文本框。在该文本框中可以定义轴网的角度。

2.1.2 弧线轴网

弧线轴网由一组同心圆弧线和不经过圆心的径向直线组成,主要是为绘制弧墙提供参考和依据。

在 T20 天正建筑软件中,可以通过指定圆心角、进深等参数来绘制弧线轴网,从而为绘制弧墙提供定位依据。

1. 执行方式

➤ 命令行：输入"HZZW"命令并按〈Enter〉键。

➤ 菜单栏：选择"轴网柱子"→"绘制轴网"命令。

2. 操作步骤

执行"绘制轴网"命令，系统弹出"绘制轴网"对话框，切换至"弧线轴网"选项卡，设置圆心角、进深等参数，然后单击"确定"按钮，即可创建弧线轴网。

弧线轴网的绘制方法如下：

1）在命令行中输入"HZZW"命令并按〈Enter〉键，系统弹出"绘制轴网"对话框，切换至"弧线轴网"选项卡，结果如图 2-5 所示。

2）在"绘制轴网"对话框中单击"圆心角"单选按钮，设置圆心角参数，结果如图 2-6 所示。

图 2-5 "绘制轴网"对话框

图 2-6 设置圆心角参数

3）在"绘制轴网"对话框中单击"进深"单选按钮，设置进深参数，结果如图 2-7 所示。

4）在绘图区中点取轴网的插入点，创建弧线轴网，结果如图 2-8 所示。

图 2-7 设置进深参数

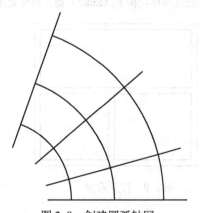

图 2-8 创建圆弧轴网

此处"绘制轴网"对话框中的各项参数含义如下。

➤ "夹角"单选按钮。由起始角开始算起，按照旋转方向排列的轴线开间序列，单位为°。

➤ "进深"单选按钮。可以设置轴网径向及由圆心起到外圆的轴线尺寸序列参数，单位为 mm。

> ➢ "共用轴线"按钮。单击该按钮,在绘图区中点取已绘制完成的轴线,即可以该轴线为边界插入弧线轴网。
> ➢ "内弧半径"按钮。从圆心算起的最内环向轴线半径,可以从图上取两点获得,一般保持默认,也可以自行设置参数,也可以设为0。
> ➢ "拾取轴网角度"按钮 。拾取弧线轴网的角度标注,可以创建与所拾取角度标注一致的弧线轴网。
> ➢ "起始角"文本框:设置弧线轴网的起始角度,一般保持默认值,也可自行设置参数。

2.1.3 墙生轴网

墙生轴网命令可以在已有的墙体中按墙基线生成定位轴线。在方案设计中,建筑师需反复修改平面图,如加、删墙体,改开间、进深等。用轴线定位有时并不方便,为此 T20 天正建筑软件提供根据墙体生成轴网的功能,建筑师可以在参考栅格点上直接设计墙体,待平面方案确定后,再用该命令生成轴网。

1. 执行方式

> ➢ 命令行:输入"QSZW"命令并按〈Enter〉键。
> ➢ 菜单栏:选择"轴网柱子"→"墙生轴网"命令。

2. 操作步骤

墙生轴网的绘制方法如下:

1)按〈Ctrl+O〉组合键,打开配套光盘提供的"第 2 章/2.1.3 墙生轴网.dwg"素材文件,结果如图 2-9 所示。

2)在命令行中输入"QSZW"命令并按〈Enter〉键,命令行的提示如下:

> 命令:QSZW↙
> 请选取要从中生成轴网的墙体:指定对角点: 找到 10 个
> //框选墙体,按下〈Enter〉键,即可完成命令的操作,结果如图 2-10 所示

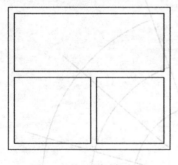

图 2-9　打开素材

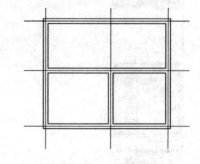

图 2-10　墙生轴网

2.2 编辑轴网

在 T20 天正建筑软件中,使用各相应的命令创建轴网后,可能因为各种各样的原因与实际的使用需求有所差别,这时就需要对轴网进行编辑修改,以使其符合使用要求。天正为

用户提供了编辑轴网的工具，比如添加轴线、轴线裁剪等命令。本节将对编辑轴网命令的使用方法进行讲解。

2.2.1　添加轴线

"添加轴线"命令是在"轴网标注"命令执行之后进行的操作，它是参考某一根已经存在的轴线，在其任意一侧添加一根新的轴线，同时根据用户的选择赋予其新的轴号，并把新的轴线和轴号一起融入到存在的参考轴号系统中。

1. 执行方式

➢ 命令行：输入"TJZX"命令并按〈Enter〉键。

➢ 菜单栏：选择"轴网柱子"→"添加轴线"命令。

2. 操作步骤

添加轴线的绘制方法如下：

1）按〈Ctrl+O〉组合键，打开配套光盘提供的"第 2 章/2.2.1 添加轴线.dwg"素材文件，结果如图 2-11 所示。

2）选择软件界面左侧的天正建筑菜单栏中的"轴网柱子"→"添加轴线"命令，命令行的提示如下：

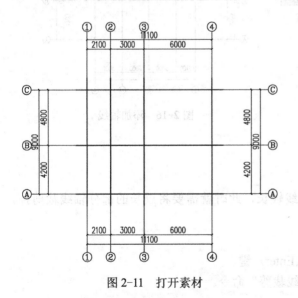

图 2-11　打开素材

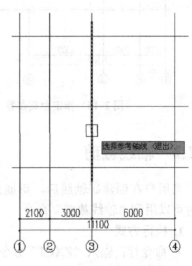

图 2-12　选择参考轴线

命令: TJZX↙
选择参考轴线 <退出>:　　　　　　　　　//选择参考轴线，如图 2-12 所示
新增轴线是否为附加轴线?[是(Y)/否(N)]<N>: Y //选择"是（Y）"选项，结果如图 2-13 所示
是否重排轴号?[是(Y)/否(N)]<Y>: Y　　　 //选择"是（Y）"选项，结果如图 2-14 所示
距参考轴线的距离<退出>: 3000　　　　　 //输入距离参数，如图 2-15 所示，按〈Enter〉
　　　　　　　　　　　　　　　　　　　　　键，添加轴线的结果如图 2-16 所示

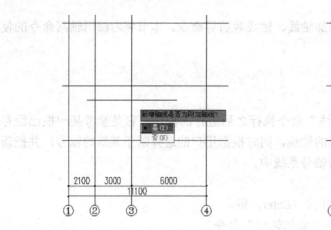

图 2-13 选择"是（Y）"选项

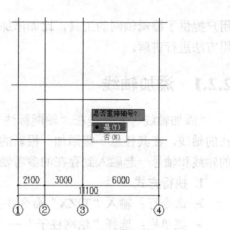

图 2-14 重排轴号

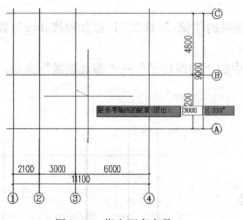

图 2-15 指定距离参数

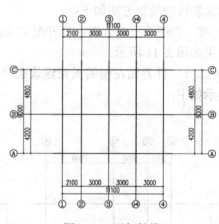

图 2-16 添加轴线

2.2.2 轴线裁剪

当用户在创建好轴线后，可能部分轴线较长，此时就需要将过长的部分轴线裁剪掉，此时可以用到"轴线裁剪"命令。

1. 执行方式

➤ 命令行：输入"ZXCJ"命令并按〈Enter〉键。

➤ 菜单栏：选择"轴网柱子"→"轴线裁剪"命令。

2. 操作步骤

轴线裁剪的绘制方法如下：

1）按〈Ctrl+O〉组合键，打开配套光盘提供的"第 2 章/2.2.2 轴线裁剪.dwg"素材文件，结果如图 2-17 所示。

2）在命令行中输入"ZXCJ"命令并按〈Enter〉键，命令行提示如下：

```
命令: ZXCJ↵
矩形的第一个角点或 [多边形裁剪(P)/轴线取齐(F)]<退出>:
//指定矩形的第一个角点，结果如图 2-18 所示
```

另一个角点<退出>: //指定矩形的另一个角点，结果如图 2-19 所示；此时，被裁剪的区域以
//虚框显示，滑动鼠标滚轮，消除虚框，矩形裁剪的结果如图 2-20 所示

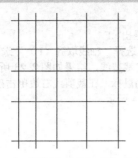

图 2-17　打开素材

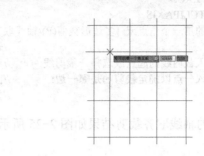

图 2-18　指定第一个角点

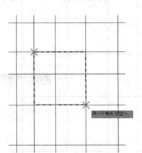

图 2-19　指定另一角点

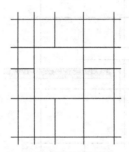

图 2-20　矩形裁剪

3）在命令行中输入"ZXCJ"命令并按〈Enter〉键，命令行提示如下：

命令: ZXCJ↙
矩形的第一个角点或 [多边形裁剪(P)/轴线取齐(F)]<退出>:P
　　　　　　　　　　　　　　//输入 P，选择"多边形裁剪（P）"选项
多边形的第一点<退出>:
下一点或 [回退(U)]<退出>:
下一点或 [回退(U)]<退出>:
下一点或 [回退(U)]<封闭>:
下一点或 [回退(U)]<封闭>:
下一点或 [回退(U)]<封闭>: //在绘图区中分别指定多变形裁剪区域的各个点，如图 2-21 所示

4）被裁剪的区域以虚框显示，滑动鼠标滚轮，消除虚框，多边形裁剪的结果如图 2-22
所示。

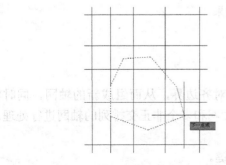

图 2-21　指定多边形裁剪区域

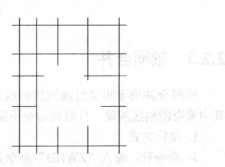

图 2-22　多边形裁剪

5）在命令行中输入"ZXCJ"命令并按〈Enter〉键，命令行的提示如下：

> 命令: ZXCJ↙
> T91_TCLIPAXIS
> 矩形的第一个角点或 [多边形裁剪(P)/轴线取齐(F)]<退出>:F
> 　　　　　　　　　　　　　　　　　//输入 F，选择"轴线取齐（F）"选项
> 请输入裁剪线的起点或选择一裁剪线：　//单击指定裁剪线，结果如图 2-23 所示
> 请输入一点以确定裁剪的是哪一边：　//向右移动鼠标，在裁剪线右边单击确定裁剪方向，
> 　　　　　　　　　　　　　　　　　//如图 2-24 所示

6）完成的轴线取齐裁剪结果如图 2-25 所示。

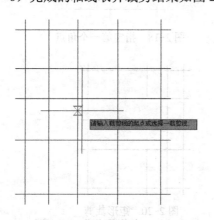

图 2-23　指定裁剪线

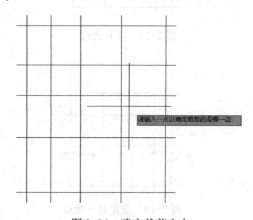

图 2-24　确定裁剪方向

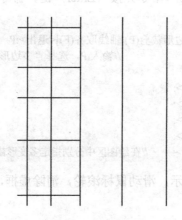

图 2-25　裁剪结果

2.2.3　轴网合并

　　轴网合并用于将多组轴网的轴线延伸到指定的对齐边界，从而组成新的轴网，同时将其中重合的轴线清理。目前该命令不能对非正交的轴网和多个非正交排列的轴网进行处理。

1. 执行方式

➢ 命令行：输入"ZWHB"命令并按〈Enter〉键。

➢ 菜单栏：选择"轴网柱子"→"轴网合并"命令。

2. 操作步骤

轴网合并的操作方法如下:

1)按〈Ctrl+O〉组合键,打开配套光盘提供的"第 2 章/2.2.3 轴网合并.dwg"素材文件,结果如图 2-26 所示。

2)在命令行中输入"ZWHB"命令并按〈Enter〉键,命令行的提示如下:

命令: ZWHB↙

请选择需要合并对齐的轴线<退出>:指定对角点: 找到 9 个

　　　　　　　　　　　　　　//框选需要合并对齐的轴线,结果如图 2-27 所示

请选择对齐边界<退出>:　　　//单击选择对齐边界,结果如图 2-28 所示;轴线延伸至对齐边

　　　　　　　　　　　　　　//界的结果如图 2-29 所示

请选择对齐边界<退出>:　　　//再次单击选择对齐边界,结果如图 2-30 所示;轴线延伸至对

　　　　　　　　　　　　　　//齐边界的结果如图 2-31 所示

请选择对齐边界<退出>:

请选择对齐边界<退出>:

请选择对齐边界<退出>:　　　//重复上述操作,完成轴网合并的操作结果如图 2-32 所示

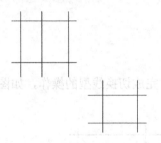

图 2-26　打开素材

图 2-27　选择轴网

图 2-28　选择边界

图 2-29　延伸轴线

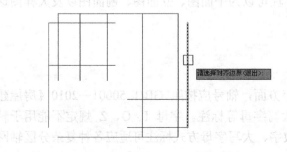

图 2-30　选择对齐边界

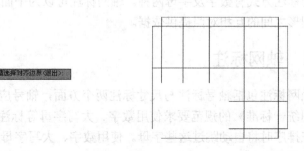

图 2-31　延伸结果

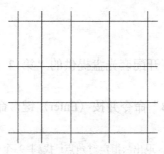

图 2-32　轴网合并

2.2.4　轴改线型

"轴改线型"命令可实现点画线和实线两种轴网线型的转换。由于点画线不便于对象捕捉，因此在绘图过程中常用实线线型，在打印输出时再修改为点画线线型。

1. 执行方式

➢ 命令行：输入"ZGXX"命令并按〈Enter〉键。

➢ 菜单栏：选择"轴网柱子"→"轴改线型"命令。

2. 操作步骤

在命令行中输入"ZGXX"命令并按〈Enter〉键，可以完成切换线型的操作，如图 2-33 所示。

图 2-33　轴改线型

2.3　轴网标注

轴网标注用来标注轴网的开间及进深尺寸，其中的轴号标注可以为各轴线指定轴号。轴号的标注方式有数字及字母两种。轴网标注可以为平面图、立面图、剖面图以及大样图这几类图形之间的互相对照提供依据。

2.3.1　轴网标注

轴网标注包括轴号标注与尺寸标注两个方面，轴号应按照 GB/T 50001—2010《房屋建筑制图统一标准》的规范要求使用数字、大写字母等标注。字母 I、O、Z 规定不能用于轴号，在排序时将自动跳过这些字母。使用数字、大写字母方式标注可适应各种复杂分区轴网的编号规则。

1. 执行方式

➤ 命令行：输入"ZWBZ"命令并按〈Enter〉键。

➤ 菜单栏：选择"轴网柱子"→"轴网标注"命令。

2. 操作步骤

轴网标注的绘制方法如下：

1）按〈Ctrl+O〉组合键，打开配套光盘提供的"第 2 章/2.3.1 轴网标注.dwg"素材文件，结果如图 2-34 所示。

2）在命令行中输入"ZWBZ"命令并按〈Enter〉键，系统弹出"轴网标注"对话框，设置参数如图 2-35 所示。

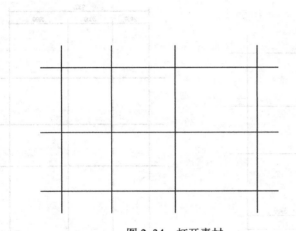

图 2-34 打开素材   图 2-35 "轴网标注"对话框

3）在命令行提示"请选择起始轴线"时，点取第一根垂直轴线；提示"请选择终止轴线"时，点取第四根垂直轴线，绘制开间尺寸标注的结果如图 2-36 所示。

4）沿用上述的操作方法，点取水平方向上的轴线以绘制进深尺寸标注，结果如图 2-37 所示。

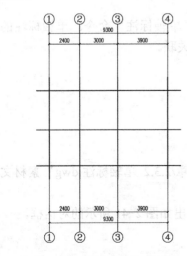

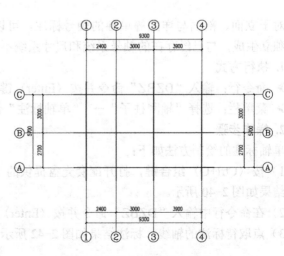

图 2-36 绘制开间尺寸标注   图 2-37 绘制进深尺寸标注

此处"轴网标注"对话框中主要选项的含义如下。

- ➤ "单侧标注"复选框。仅在轴网的一侧创建尺寸标注及轴号标注，如图 2-38 所示。
- ➤ "对侧标注"复选框。在轴网的两侧分别创建尺寸标注或者轴号标注，如图 2-39 所示。
- ➤ "输入起始轴号"文本框。自定义起始轴号。
- ➤ "轴号排列规则"选项组：自定义轴号的排列方式。
- ➤ "删除轴网标注"按钮 。单击该按钮，可将选中的轴号标注删除。
- ➤ "共用轴号"复选框。在图中已存在轴号的情况下，勾选此复选框，新标注的轴号则从所选的起始轴线本来存在的轴号为开端，继续往后标注。

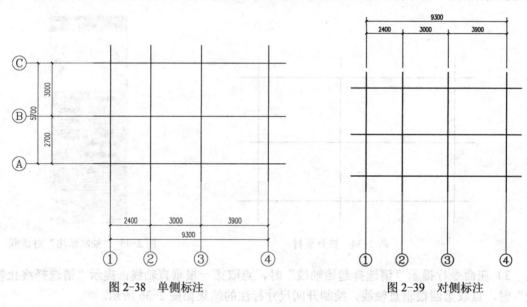

图 2-38　单侧标注　　　　　　　　图 2-39　对侧标注

2.3.2　单轴标注

对于立面、剖面与详图等单独的轴号标注，可以使用"单轴标注"命令。单轴标注的轴号独立生成，与已经存在的轴号系统和尺寸系统不会发生关联。

1. 执行方式

- ➤ 命令行：输入"DZBZ"命令并按〈Enter〉键。
- ➤ 菜单栏：选择"轴网柱子"→"单轴标注"命令。

2. 操作步骤

单轴标注的绘制方法如下：

1）按〈Ctrl+O〉组合键，打开配套光盘提供的"第 2 章/2.3.2 单轴标注.dwg"素材文件，结果如图 2-40 所示。

2）在命令行中输入"DZBZ"命令并按〈Enter〉键，弹出如图 2-41 所示的对话框。

3）点取待标注的轴线，标注结果如图 2-42 所示。

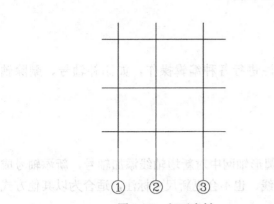

图 2-40　打开素材

图 2-41　弹出对话框

4）在对话框中输入轴号为 E，继续绘制单轴标注，结果如图 2-43 所示。

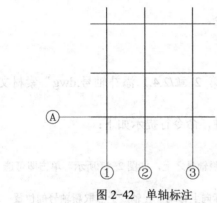

图 2-42　单轴标注

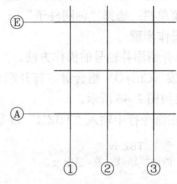

图 2-43　标注结果

5）在"轴网标注"对话框中修改标注样式及引线长度，如图 2-44 所示。

6）单击待标注的轴线，标注结果如图 2-45 所示。

图 2-44　设置参数

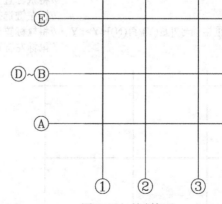

图 2-45　绘制标注

此处"轴网标注"对话框中的主要选项的含义如下。

➢ "单轴标注"选项卡。在其中可以选择单轴标注的样式，在文本框中自定义起始轴号与终止轴号。

➤ "引线长度"文本框。自定义轴号引线的长度。

2.4 编辑轴号

调用编辑轴号系列命令，可以对轴号标注进行各种编辑操作，如添补轴号、删除轴号、重排轴号等。本节介绍编辑轴号的方法。

2.4.1 添补轴号

"添补轴号"命令可用于在矩形、弧形、圆形轴网中对新增轴线添加轴号，新添轴号成为原有轴网轴号对象的一部分，但不会生成轴线，也不会更新尺寸标注，适合为以其他方式增添或修改轴线后进行的轴号标注。

1. 执行方式

➤ 命令行：输入"TBZH"命令并按〈Enter〉键。

➤ 菜单栏：选择"轴网柱子"→"添补轴号"命令。

2. 操作步骤

本节介绍添补轴号的操作方法。

1）按〈Ctrl+O〉组合键，打开配套光盘提供的"第 2 章/2.4.1 添补轴号.dwg"素材文件，结果如图 2-46 所示。

2）在命令行中输入"TBZH"命令并按〈Enter〉键，命令行提示如下：

```
命令: TBZH↙
请选择轴号对象<退出>:           //将鼠标置于参照轴号之上，如图 2-47 所示，单击即可选
                              //中该轴号
请点取新轴号的位置或 [参考点(R)]<退出>:   //鼠标向上移动，在轴线上点取新轴号的位置，
                              //结果如图 2-48 所示
新增轴号<空号>:B               //输入新增轴号为 B，如图 2-49 所示
新增轴号是否双侧标注?[是(Y)/否(N)]<Y>: N
                              //将鼠标置于"否(N)"选项上，如图 2-50 所示，并单击鼠
                              //标左键选择该项
是否重排轴号?[是(Y)/否(N)]<Y>: Y  //将鼠标置于"是(Y)"选项上，如图 2-51 所示，并单击
                              //鼠标左键选择该项
```

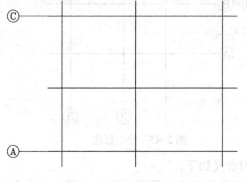

图 2-46 打开素材

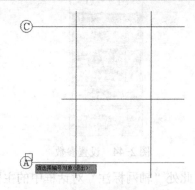

图 2-47 选择轴号

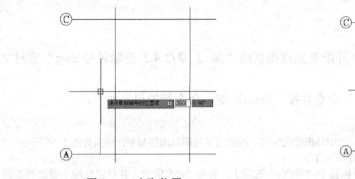

图 2-48　点取位置

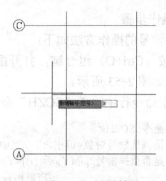

图 2-49　设置轴号

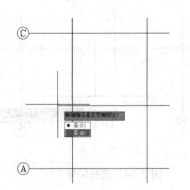

图 2-50　选择"否(N)"选项

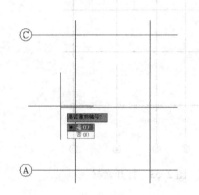

图 2-51　选择"是(Y)"选项

3）添补轴号的结果如图 2-52 所示。

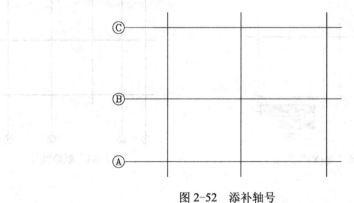

图 2-52　添补轴号

2.4.2　删除轴号

"删除轴号"命令用于删除不需要的轴号，可根据需要决定是否重排轴号，支持一次删除多个轴号。

1. 执行方式

➢ 命令行：输入"SCZH"命令并按〈Enter〉键。

➢ 菜单栏：选择"轴网柱子"→"删除轴号"命令。

2. 操作步骤

删除轴号的操作方法如下：

1）按〈Ctrl+O〉组合键，打开配套光盘提供的"第 2 章/2.4.2 删除轴号.dwg"素材文件，结果如图 2-53 所示。

2）在命令行中输入"SCZH"命令并按〈Enter〉键，命令行的提示如下：

命令: SCZH↙
请框选轴号对象<退出>:　　//选中待删除的轴号，框选后轴号即以虚线显示，结果如图 2-54 所示
是否重排轴号?[是(Y)/否(N)]<Y>: Y
　　　　　　　　　　//将鼠标置于"是(Y)"选项上，如图 2-55 所示，并单击鼠标左键选择该项

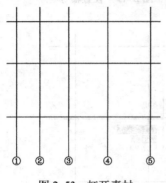

图 2-53　打开素材

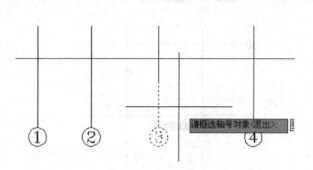

图 2-54　选择轴号

3）删除轴号的结果如图 2-56 所示。

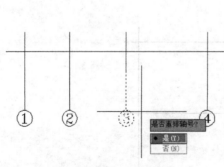

图 2-55　选择"是(Y)"选项

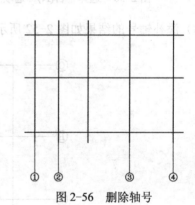

图 2-56　删除轴号

2.4.3　重排轴号

执行"重排轴号"命令，可在已有轴号的基础上更改新的轴号，且后续的轴号标注绘自动重排，以与新增轴号相联系。

1. 执行方式

➢ 命令行：输入"CPZH"命令并按〈Enter〉键。

➢ 选择轴号标注，单击鼠标右键，在弹出的快捷菜单中选择"重排轴号"命令。

2. 操作步骤

重排轴号的操作方法如下：

1）按〈Ctrl+O〉组合键，打开配套光盘提供的"第 2 章/2.4.3 重排轴号.dwg"素材文件，结果如图 2-57 所示。

2）选中轴号标注，单击鼠标右键，在弹出的快捷菜单中选择"重排轴号"命令，如图 2-58 所示。

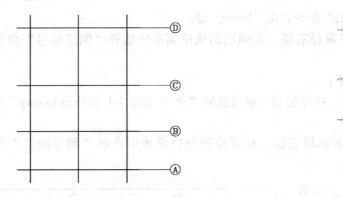

图 2-57　打开素材 　　　　　　　　　　　图 2-58　选择"重排轴号"命令

3）在命令行提示"请选择需重排的第一根轴号"时，选择轴号为 B 的轴号标注，结果如图 2-59 所示。

4）输入新轴号为 D，如图 2-60 所示，即可完成重排轴号的操作，结果如图 2-61 所示。

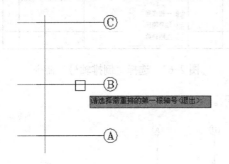

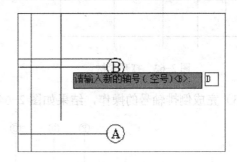

图 2-59　选择轴号 　　　　　　　　　　　图 2-60　指定新轴号

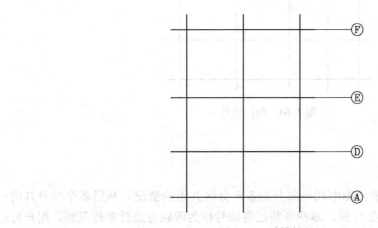

图 2-61　重排轴号

2.4.4　倒排轴号

执行"倒排轴号"命令，可以更改所选轴号标注的排列方向。

1. 执行方式

➤ 命令行：输入"DPZH"命令并按〈Enter〉键。

➤ 选择轴号标注，单击鼠标右键，在弹出的快捷菜单中选择"倒排轴号"命令。

2. 操作步骤

倒排轴号的操作方法如下：

1）按〈Ctrl+O〉组合键，打开配套光盘提供的"第 2 章/2.4.4 倒排轴号.dwg"素材文件，结果如图 2-62 所示。

2）选择轴号标注，单击鼠标右键，在弹出的快捷菜单中选择"倒排轴号"命令，如图 2-63 所示。

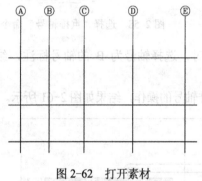

图 2-62　打开素材

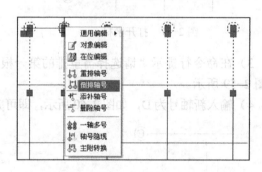

图 2-63　选择"倒排轴号"命令

3）完成倒排轴号的操作，结果如图 2-64 所示。

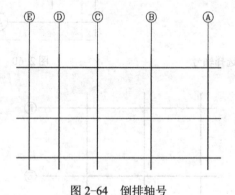

图 2-64　倒排轴号

2.4.5　一轴多号

"一轴多号"命令用于平面图中同一部分为多个分区共用的情况，利用多个轴号共用一根轴线可以节省图纸幅面和工作量。本命令将已有轴号作为源轴号进行多排复制，用户可进一步对各轴号编号获得新轴号系列。

1. 执行方式

➤ 命令行：输入"YZDH"命令并按〈Enter〉键。

➤ 菜单栏：选择"轴网柱子"→"一轴多号"命令。

2. 操作步骤

一轴多号的操作方法如下：

1）按〈Ctrl+O〉组合键，打开配套光盘提供的"第 2 章/2.4.5 一轴多号.dwg"素材文件，结果如图 2-65 所示。

2）在命令行中输入"YZDH"命令并按〈Enter〉键，命令行的提示如下：

> 命令: YZDH↙
> 当前: 忽略附加轴号。状态可在高级选项中修改。
> 请选择已有轴号或[框选轴圈局部操作(F)/单侧创建多号(Q)]<退出>:F
> 请选择已有轴号: //如图 2-66 所示
> 请输入复制排数<2>:1 //如图 2-67 所示

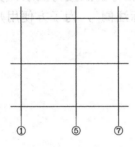

图 2-65　打开素材

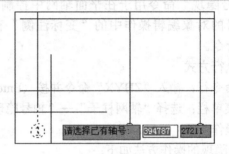

图 2-66　选择轴号

3）按〈Enter〉键，完成一轴多号的操作，结果如图 2-68 所示。

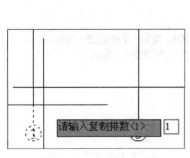

图 2-67　指定复制排数

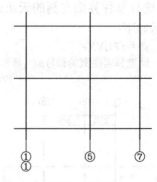

图 2-68　操作结果

4）双击新增轴号，更改轴号标注为 3，如图 2-69 所示。

5）按〈Enter〉键结束操作，结果如图 2-70 所示。

提示：命令行各选项的含义如下。

➤ "选中轴号整体操作(F)"。输入"F"，可以在"选中轴号整体操作(F)"与"框选轴圈局部操作(F)"之间切换；即可选择全体的或局部的轴号进行编辑，该命令默认的编辑选项为该项。

➤ "双侧创建多号(Q)"。输入"Q"，选中该项，可以在选中的轴号两侧创建一轴多号。

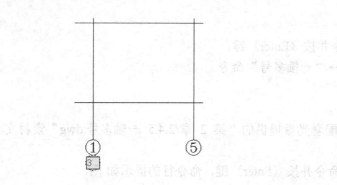

图 2-69　更改轴号

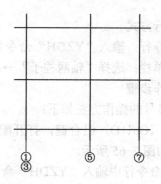

图 2-70　一轴多号

2.4.6　轴号隐现

"轴号隐现"命令用于在平面轴网中控制单个或多个轴号的隐藏与显示，其功能相当于轴号的对象编辑操作中的"变标注侧"和"单轴变标注侧"，为了方便用户使用改为独立命令。

1. 执行方式

➢ 命令行：输入"ZHYX"命令并按〈Enter〉键。

➢ 菜单栏：选择"轴网柱子"→"轴号隐现"命令。

2. 操作步骤

轴号隐现的操作方法如下：

1）按〈Ctrl+O〉组合键，打开配套光盘提供的"第 2 章/2.4.6 轴号隐现.dwg"素材文件，结果如图 2-71 所示。

2）选择软件界面左侧的天正建筑菜单栏中的"轴网柱子"→"轴号隐现"命令，命令行的提示如下：

命令: ZHYX↙
请选择需隐藏的轴号或 [显示轴号(F)/设为双侧操作(Q)，当前: 单侧隐藏] <退出>:
　　　　　　//框选需要隐藏的轴号标注，如图 2-72 所示

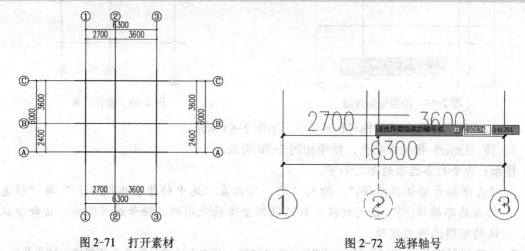

图 2-71　打开素材

图 2-72　选择轴号

3）按〈Enter〉键即可完成操作，结果如图 2-73 所示。

4）重复上述操作，继续对其他轴号执行隐藏操作，结果如图 2-74 所示。

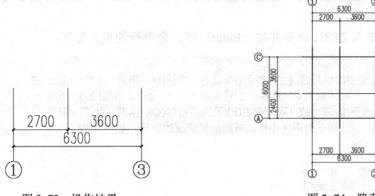

图 2-73　操作结果　　　　　　　　　　　　图 2-74　隐藏轴号

提示：隐藏轴号标注后，再次执行"轴号隐现"命令，即可将隐藏的轴号以虚线显示，结果如图 2-75 所示。

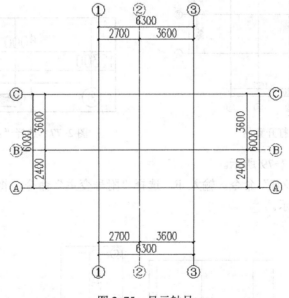

图 2-75　显示轴号

2.4.7　主附转换

"主附转换"命令用于在平面图中将主轴号转换为附加轴号或将附加轴号转换为主轴号，在选择重排模式时，可对轴号编排方向的所有轴号进行重排。

1. 执行方式

➢ 命令行：输入"ZFZH"命令并按〈Enter〉键。

➢ 菜单栏：选择"轴网柱子"→"主附转换"命令。

2. 操作步骤

主附转换的操作方法如下：

1）按〈Ctrl+O〉组合键，打开配套光盘提供的"第 2 章/2.4.7 主附转换.dwg"素材文件，结果如图 2-76 所示。

2）在命令行中输入 ZFZH 命令并按〈Enter〉键，命令行的提示如下：

> 命令: ZFZH↙
> 请选择需附号变主的轴号或 [主号变附(F)/设为不重排(Q), 当前: 重排] <退出>:F
> //输入 F，选择"主号变附（F）"命令，如图 2-77 所示
> 请选择需主号变附的轴号或 [附号变主(F)/设为不重排(Q), 当前: 重排] <退出>:
> //在绘图区中框选需要编辑修改的轴号，如图 2-78 所示

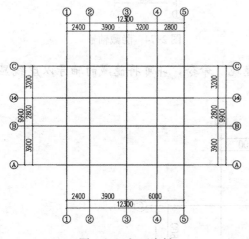

图 2-76 打开素材

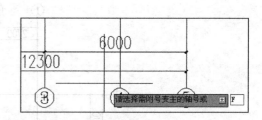

图 2-77 选择"主号变附"命令

3）操作结果如图 2-79 所示。

4）再次执行"ZFZH"命令，输入 F，选择"附号变主"命令，将附加轴号更改为主轴号，结果如图 2-80 所示。

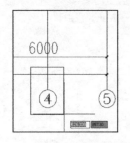

图 2-78 选择轴号

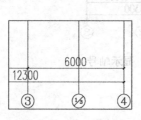

图 2-79 转换操作

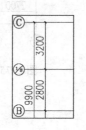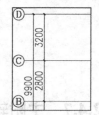

图 2-80 "附号变主"操作

5）主附转换的操作结果如图 2-81 所示。

提示：在执行"主附转换"命令时，选择"设为不重排(Q) ，当前: 不重排"命令，即对轴号进行转换操作后，将不对轴号进行重新排列，如图 2-82 所示。

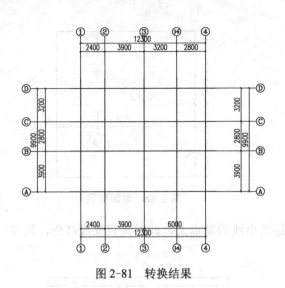

图 2-81 转换结果

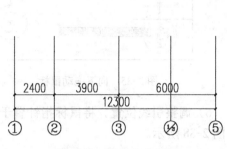

图 2-82 设为"不重排"

2.4.8 轴号的夹点编辑

轴号的"夹点编辑"命令可用于更改轴号标注,包括轴号的位置和轴号的引线长度等,可以使视图更加清晰美观,便于查看。

轴号编辑的操作方法如下:

1)按〈Ctrl+O〉组合键,打开配套光盘提供的"第 2 章/2.4.8 轴号的夹点编辑.dwg"素材文件,结果如图 2-83 所示。

2)调整轴号标注位置。选中轴号,将鼠标指针置于轴号圆圈的上方象限点上,此时夹点变成红色,结果如图 2-84 所示。

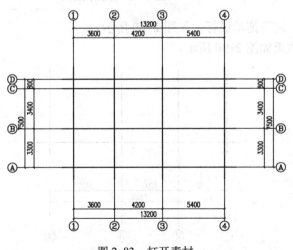

图 2-83 打开素材

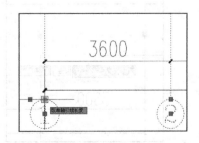

图 2-84 激活夹点

3)选中夹点后,按住鼠标左键不放,向下拖动鼠标,如图 2-85 所示。

4)夹点编辑的结果如图 2-86 所示。

5)重复上述操作,继续调整轴号的位置,结果如图 2-87 所示。

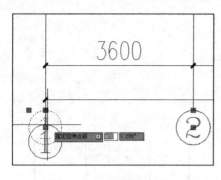

图 2-85　向下拖动鼠标

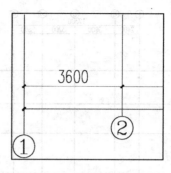

图 2-86　编辑结果

6）调整引线位置。将鼠标指针置于轴号标注引线的端点上，此时夹点变成红色，结果如图 2-88 所示。

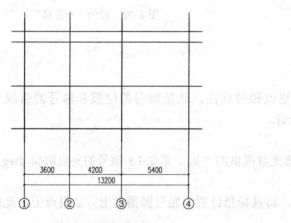

图 2-87　调整轴号的位置

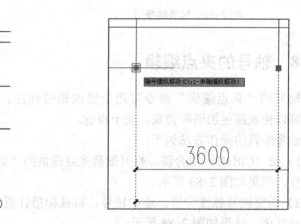

图 2-88　激活夹点

7）选中夹点后，按住鼠标左键不放，向下拖动鼠标，如图 2-89 所示。

8）松开鼠标，完成引线位置的移动结果如图 2-90 所示。

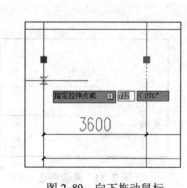

图 2-89　向下拖动鼠标

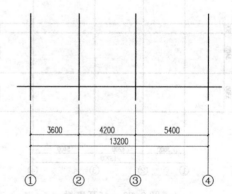

图 2-90　调整引线位置

9）重复上述操作，移动引线位置，结果如图 2-91 所示。

10）轴号偏移。选中轴号标注，将鼠标指针置于轴号圆圈中间的夹点上，此时夹点变成红色，结果如图 2-92 所示。

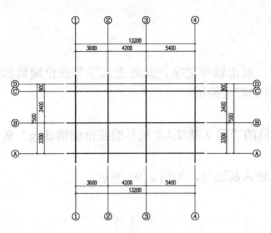

图 2-91 移动引线位置

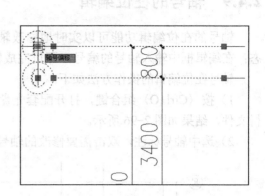

图 2-92 移动结果

11) 按住鼠标左键不放, 向左上方拖动鼠标, 如图 2-93 所示。

12) 松开鼠标左键, 轴号偏移的结果如图 2-94 所示。

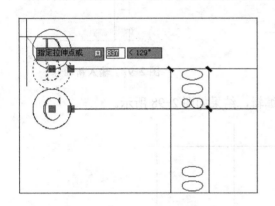

图 2-93 向左上方拖动鼠标

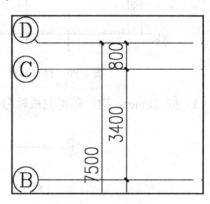

图 2-94 轴号偏移

13) 重复操作, 继续对轴号进行偏移操作, 结果如图 2-95 所示。

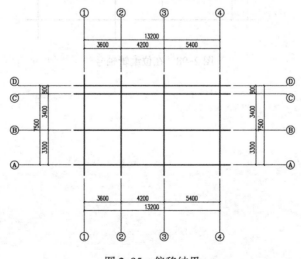

图 2-95 偏移结果

2.4.9 轴号的在位编辑

轴号的在位编辑功能可以实时地修改轴号。双击轴号文字，此时进入轴号在位编辑状态；在编辑框中输入轴号的编号，即可完成轴号的在位编辑。

轴号在位编辑的操作方法如下：

1）按〈Ctrl+O〉组合键，打开配套光盘提供的"第 2 章/2.4.9 轴号的在位编辑.dwg"素材文件，结果如图 2-96 所示。

2）选中轴号标注，双击需要修改的轴号，输入新轴号，如图 2-97 所示。

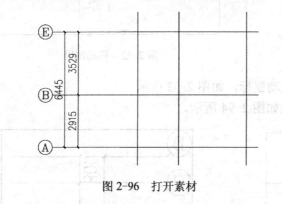

图 2-96　打开素材

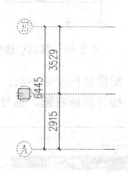

图 2-97　输入新轴号

3）按〈Enter〉键，即可完成轴号的在位编辑，结果如图 2-98 所示。

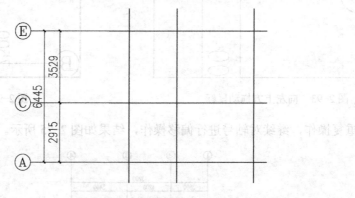

图 2-98　在位编辑轴号

第3章　墙　　体

T20 天正建筑软件为用户提供了一系列绘制墙体、编辑墙体、墙体立面以及识别内外墙的工具，用户在绘制或编辑墙体时，可以根据绘图的需要来调用相应的命令。

T20 天正建筑软件中命令的调用方式多为对话框形式，在执行命令后，系统将弹出相应的对话框；用户在对话框中对所绘制的图形参数进行设置，根据命令行的提示绘制图形即可。

本章介绍关于墙体的知识，包括墙体的绘制、墙体的编辑以及墙体立面和识别内外墙的操作技巧等。

3.1　绘制墙体

关于绘制墙体的命令有 5 个，分别是绘制墙体、等分加墙、单线变墙、墙体分段以及幕墙转换。本节分别举例说明各类命令的调用方法，希望读者在经过本节的学习之后，对绘制墙体的各个命令有所了解，并最终能应用到实际的绘图工作中。

3.1.1　绘制墙体

在 T20 天正建筑软件中，绘制墙体的一般方法就是先绘制好轴网，然后调用"绘制墙体"命令，根据命令行的提示输入相应参数或者在弹出的对话框中设置墙体的高度、宽度、属性等参数，然后单击"确定"按钮，即可完成墙体的绘制。

1. 执行方式

➢ 命令行：输入"HZQT"命令并按〈Enter〉键。

➢ 菜单栏：选择"墙体"→"绘制墙体"命令。

2. 操作步骤

执行"绘制墙体"命令后，系统弹出"绘制墙体"对话框，如图 3-1 所示，用户可以设置墙体的高度、底高、材料、用途和宽度等参数，并可根据需要设置绘制墙体的类型和方法。

1）按〈Ctrl+O〉组合键，打开配套光盘提供的"第 3 章/3.1.1 绘制墙体.dwg"素材文件，结果如图 3-1 所示。

2）在命令行中输入"HZQT"命令并按〈Enter〉键，系统弹出"绘制墙体"对话框，设置参数如图 3-2 所示。

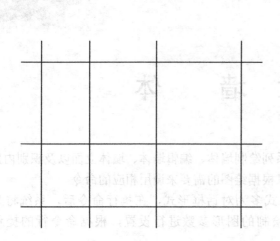

图 3-1　打开素材　　　　　　　　　　　　　　图 3-2　设置参数

3) 命令行的提示如下：

```
命令: HZQT↙
起点或 [参考点(R)]<退出>:        //在绘图区中指定直墙的起点
直墙下一点或 [弧墙(A)/矩形画墙(R)/闭合(C)/回退(U)]<另一段>:
                                //指定直墙的下一点
直墙下一点或 [弧墙(A)/矩形画墙(R)/闭合(C)/回退(U)]<另一段>:
                                //指定直墙的下一点
直墙下一点或 [弧墙(A)/矩形画墙(R)/闭合(C)/回退(U)]<另一段>:
                                //指定直墙的下一点，绘制墙体的结果如图 3-3 所示
```

4) 在"绘制墙体"对话框中修改参数，结果如图 3-4 所示。

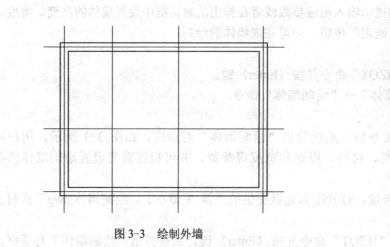

图 3-3　绘制外墙　　　　　　　　　　　　　　图 3-4　修改参数

5) 根据命令行的提示，指定墙体的起点和终点，即可以完成隔墙的绘制，如图 3-5 所示。

6) 将当前视图转换成"西南等轴测视图"，观察墙体的三维效果，如图 3-6 所示。

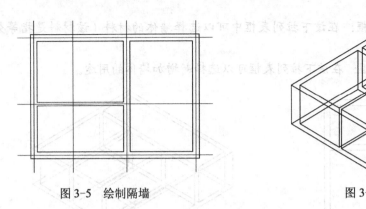
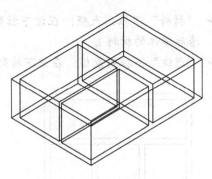

图 3-5 绘制隔墙   图 3-6 三维效果

3.1.2 等分加墙

在绘制住宅楼或者办公楼施工图时，经常要绘制一些开间或进深皆相等的房间，此时就可以调用"等分加墙"命令来绘制。"等分加墙"命令将一段墙按轴线间距等分，垂直方向加墙延伸至给定的边界。

1. 执行方式

➢ 命令行：输入"DFJQ"命令并按〈Enter〉键。

➢ 菜单栏：选择"墙体"→"等分加墙"命令。

2. 操作步骤

调用"等分加墙"命令后，选择等分所参照的墙段，在弹出的"等分加墙"对话框中设置参数，并选择作为另一边界的墙段，即可完成等分加墙操作。

1）按〈Ctrl+O〉组合键，打开配套光盘提供的"第 3 章/3.1.2 等分加墙.dwg"素材文件，结果如图 3-7 所示。

2）选择软件界面左侧的天正建筑菜单栏中的"墙体"→"等分加墙"命令，单击 A 墙体，系统弹出"等分加墙"对话框，设置参数如图 3-8 所示。

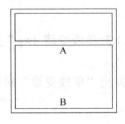

图 3-7 打开素材   图 3-8 "等分加墙"对话框

3）参数设置完成之后，单击 B 墙体，即可创建等分加墙，如图 3-9 所示。

4）将当前视图转换为"西南等轴测视图"，查看等分加墙的三维效果，如图 3-10 所示。

提示：以下是"等分加墙"对话框中的重要选项的解释说明。

➢ "等分数"数值框。在该数值框中可以设置等分墙体的数目。

➢ "墙厚"下拉列表框。在该下拉列表框中可以选定墙体的厚度参数（该参数是等分加墙后墙体的宽度参数）。

> ➤ "材料"下拉列表框：在该下拉列表框中可以选择墙体的材料（该材料是指等分加墙后墙体的材料）。
> ➤ "用途"下拉列表框：在该下拉列表框可以选择新增加墙体的用途。

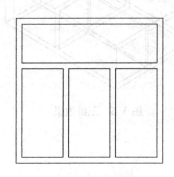
图 3-9 等分加墙

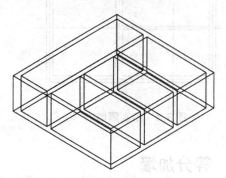
图 3-10 三维效果

3.1.3 单线变墙

"单线变墙"命令有两个功能：一是将用"LINE""ARC""PLINE"命令绘制的单线转为墙体对象，其中墙体的基线与单线相重合；二是在基于设计好的轴网上创建墙体，然后进行编辑，创建墙体后仍保留轴线，智能判断清除轴线的伸出部分，可以自动识别新旧两种多段线，便于生成椭圆墙。

1. 执行方式

> ➤ 命令行：输入"DXBQ"命令并按〈Enter〉键。
> ➤ 菜单栏：选择"墙体"→"单线变墙"命令。

2. 操作步骤

调用"单线变墙"命令后，系统弹出"单线变墙"对话框。在其中设置相应墙体参数，然后选择轴网或者单线，即可完成单线变墙操作。

本节介绍单线变墙的操作方法。

1）按〈Ctrl+O〉组合键，打开配套光盘提供的"第 3 章/3.1.3 单线变墙.dwg"素材文件，结果如图 3-11 所示。

2）在命令行中输入"DXBQ"命令并按〈Enter〉键，系统弹出"单线变墙"对话框，设置参数如图 3-12 所示。

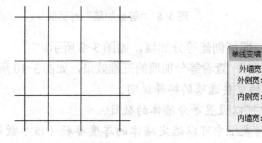
图 3-11 打开素材

图 3-12 "单线变墙"对话框

3）在绘图区中框选轴网并按〈Enter〉键，轴网生墙的操作结果如图 3-13 所示。

4）重复调用"DXBQ"命令，在弹出的"单线变墙"对话框中修改参数，如图 3-14 所示。

5）在绘图区中框选轴网并按〈Enter〉键，单线变墙的操作结果如图 3-15 所示。

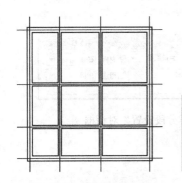

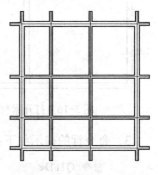

图 3-13　轴网生墙　　　　　图 3-14　修改参数　　　　　图 3-15　单线变墙

提示：以下是"单线变墙"对话框中主要选项的解释说明。

➢ "外侧宽"数值框。以轴线为基线，设定外墙体的外侧宽度参数。

➢ "内侧宽"数值框。以轴线为基线，设定外墙体的内侧宽度参数。

➢ "内墙宽"下拉列表框。可在该下拉列表框中设置内墙的宽度参数。

➢ "轴网生墙"单选按钮。假如已事先绘制轴网，可单击该单选按钮，通过框选轴网来生成墙体。

➢ "单线变墙"单选按钮。单击该单选按钮，选择直线或者弧线可生成墙体。

➢ "保留基线"复选框。若在勾选该复选框的同时单击"单线变墙"单选按钮，则保留生成墙体的基线；若取消勾选，则去除基线。

3.1.4　墙体分段

调用"墙体分段"命令，通过在墙体上指定起点和终点，可将两点之间的墙体分为宽度不同的两段。调用该命令可以绘制造型墙，也可在创建造型墙的同时生成保温层。

1. 执行方式

➢ 命令行：输入"QTFD"命令并按〈Enter〉键。

➢ 菜单栏：选择"墙体"→"墙体分段"命令。

2. 操作步骤

调用"墙体分段"命令后，在弹出的"墙体分段设置"对话框中设置参数，接着根据命令行的提示选择待执行分段操作的墙体，在墙体上分别指定起点、终点，即可完成分段操作。

墙体分段的绘制方法如下：

1）按〈Ctrl+O〉组合键，打开配套光盘提供的"第 3 章/3.1.4 墙体分段.dwg"素材文件，结果如图 3-16 所示。

2）选择软件界面左侧的天正建筑菜单栏中的"墙体"→"墙体分段"命令，系统弹出"墙体分段设置"对话框，设置参数如图 3-17 所示。

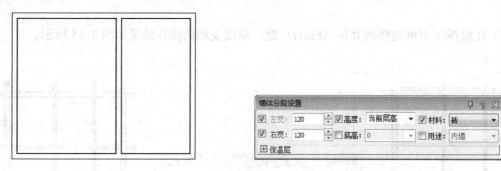

图 3-16　打开素材　　　　　　　　　　图 3-17　"墙体分段设置"对话框

3）命令行的提示如下：

```
命令: QTFD↙
请选择一段墙 <退出>:        //在绘图区中选择一段墙体，结果如图 3-18 所示
选择起点<返回>:            //在墙体上单击分段的起点，如图 3-19 所示
选择终点<返回>:            //在墙体上单击分段的终点，如图 3-20 所示
```

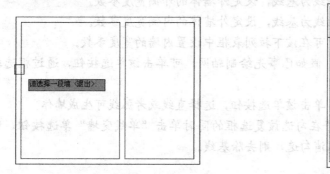

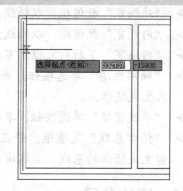

图 3-18　选择墙体　　　　　　　　　　图 3-19　指定起点

4）墙体分段的结果如图 3-21 所示。

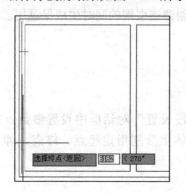

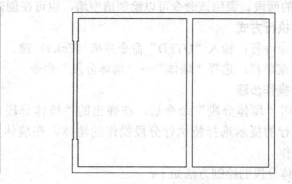

图 3-20　指定终点　　　　　　　　　　图 3-21　墙体分段

5）在"墙体分段设置"对话框中单击展开"保温层"选项组，分别选中"左侧保温"

"右侧保温"复选框，如图 3-22 所示。

　　6）选择右侧的墙体，分别指定起点和终点，创建带保温层的墙体分段，如图 3-23 所示。

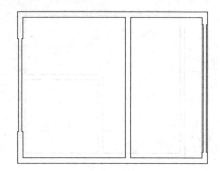

图 3-22　修改参数　　　　　　　　　　图 3-23　分段结果

3.1.5　幕墙转换

　　目前很多高大的建筑物都设计并制作了玻璃幕墙，以加强大厦的采光和通风性。"幕墙转换"命令既可以快速地将绘制完成的墙体转换为幕墙，也可以将幕墙转换为普通的墙体。

1. 执行方式

➤ 命令行：输入"MQZH"命令并按〈Enter〉键。

➤ 菜单栏：选择"墙体"→"幕墙转换"命令。

2. 操作步骤

　　调用"幕墙转换"命令后，根据命令行提示选择需要转换的墙体，按〈Enter〉键结束选择，即可完成幕墙的转换操作。

　　本节介绍幕墙转换的操作方法。

　　1）按〈Ctrl+O〉组合键，打开配套光盘提供的"第 3 章/3.1.5 幕墙转换.dwg"素材文件，结果如图 3-24 所示。

　　2）在命令行中输入"MQZH"命令并按〈Enter〉键，命令行的提示如下：

```
命令: MQZH↙
请选择要转换为玻璃幕墙的墙或[幕墙转换(Q)]<退出>:
                    //选择要转换为玻璃幕墙的墙体，结果如图 3-25 所示
```

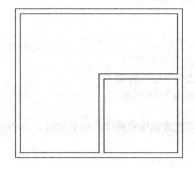

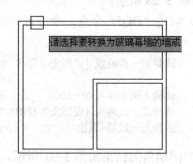

图 3-24　打开素材　　　　　　　　　　图 3-25　选择墙体

3）按〈Enter〉键可完成幕墙转换操作，结果如图 3-26 所示。

4）将当前视图转换为"西南等轴测视图"，观察幕墙转换的三维效果，如图 3-27 所示。

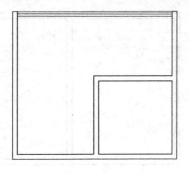

图 3-26 转换为幕墙

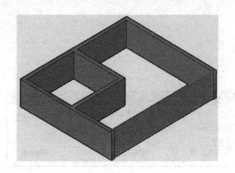

图 3-27 三维效果

3.2 墙体编辑

T20 天正建筑软件中有多种墙体编辑命令，如倒墙角、修墙角、基线对齐等。
本节介绍墙体编辑命令的使用方法与技巧。

3.2.1 倒墙角

与 AutoCAD 中的"Fillet"（圆角）命令类似，倒墙角是对两段不平行的墙体进行处理，使两段墙以指定的圆角半径进行连接，生成圆墙角，其中圆角半径按墙中线计算。

1. 执行方式

➤ 命令行：输入"DQJ"命令并按〈Enter〉键。

➤ 菜单栏：选择"墙体"→"倒墙角"命令。

2. 操作步骤

调用"倒墙角"命令后，根据命令行的提示来指定圆角半径，然后分别选择第一段墙体和另一段墙，即可完成倒墙角操作。

本节介绍"倒墙角"命令的调用方法。

1）按〈Ctrl+O〉组合键，打开配套光盘提供的"第 3 章/3.2.1 倒墙角.dwg"素材文件，结果如图 3-28 所示。

2）调用"DQJ"命令，命令行的提示如下：

```
命令: DQJ↵
选择第一段墙或 [设圆角半径(R),当前=0]<退出>: R
                        //输入 R，选择"设圆角半径"选项
请输入圆角半径<0>:1000    //输入半径值，结果如图 3-29 所示
选择第一段墙或 [设圆角半径(R),当前=1000]<退出>:
选择另一段墙<退出>:        //分别选择墙体，即可完成倒墙角操作，结果如图 3-30 所示
```

3）倒墙角的结果如图 3-31 所示。

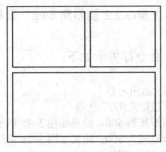

图 3-28 打开素材

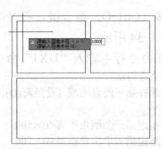

图 3-29 指定半径值

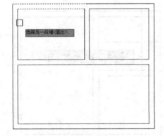

图 3-30 选择墙体

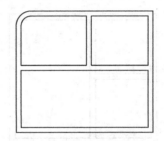

图 3-31 倒墙角结果

4）重复上述操作，绘制另一倒墙角，如图 3-32 所示。

5）将当前视图转换为"西南等轴测视图"，查看墙体倒角的三维效果，如图 3-33 所示。

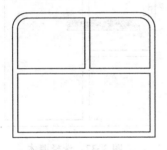

图 3-32 绘制另一倒墙角

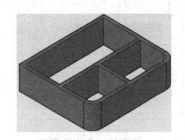

图 3-33 三维效果

3.2.2 倒斜角

"倒斜角"命令与 AutoCAD 中的"Chamfer"（倒角）命令类似，可以按给定墙角中线两边长度对墙进行倒角。

1. 执行方式

➢ 命令行：输入"DXJ"命令并按〈Enter〉键。

➢ 菜单栏：选择"墙体"→"倒斜角"命令。

2. 操作步骤

调用"倒斜角"命令后，输入"DXJ"并按〈Enter〉键，根据命令行的提示分别设置第一个和第二个倒角距离，然后选择倒斜角的墙体，即可完成倒斜角操作。

"倒斜角"命令的调用方法如下：

1）按〈Ctrl+O〉组合键，打开配套光盘提供的"第 3 章/3.2.2 倒斜角.dwg"素材文件，结果如图 3-34 所示。

2）在命令行中输入"DXJ"命令并按〈Enter〉键，命令行提示如下：

```
命令: DXJ↙
选择第一段直墙或 [设距离(D),当前距离 1=0,距离 2=0]<退出>: D
                      //输入 D，选择"设距离(D)"选项
指定第一个倒角距离<0>:500     //输入第一个倒角距离为 500，结果如图 3-35 所示
指定第二个倒角距离<0>:500     //输入第二个倒角距离为 500，结果如图 3-36 所示
选择第一段直墙或 [设距离(D),当前距离 1=500,距离 2=500]<退出>:
选择另一段直墙<退出>:        //选择另一段直墙，如图 3-37 所示
```

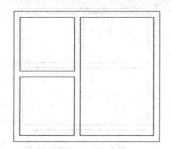

图 3-34　打开素材

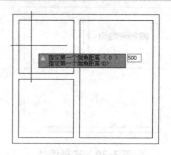

图 3-35　指定第一个倒角距离

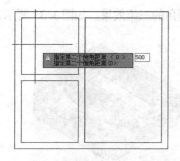

图 3-36　指定第二个倒角距离

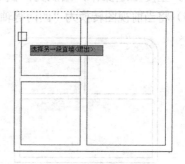

图 3-37　选择墙体

3）倒斜角结果如图 3-38 所示。

4）重复上述操作，为墙体绘制另一倒角，结果如图 3-39 所示。

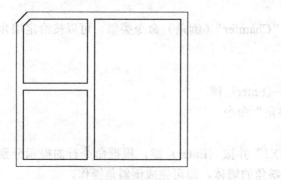

图 3-38　倒斜角结果

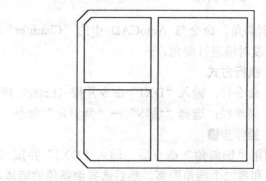

图 3-39　墙体倒斜角

5）将当前视图转换为"西南等轴测视图"，查看倒斜角的三维效果，如图 3-40 所示。

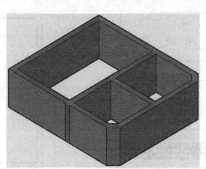

图 3-40　三维效果

3.2.3　修墙角

在用"绘制墙体"命令创建墙体时，若两个墙体相交，系统会自动对其修剪，但当用户对墙体进行移动后，墙体交叉时墙角就不会自动修剪了，这时就需要用到"修墙角"命令。

1. 执行方式

➢ 命令行：输入"XQJ"命令按〈Enter〉键。

➢ 菜单栏：选择"墙体"→"修墙角"命令。

2. 操作步骤

调用"修墙角"命令，根据命令行的提示框选需要处理的墙角、柱子或墙体造型，即可完成修墙角操作。

"修墙角"命令的调用方法如下：

1）按〈Ctrl+O〉组合键，打开配套光盘提供的"第 3 章/3.2.3 修墙角.dwg"素材文件，结果如图 3-41 所示。

2）选择软件界面左侧的天正建筑菜单栏中的"墙体"→"修墙角"命令，命令行提示如下：

命令: XQJ↙
请框选需要处理的墙角、柱子或墙体造型.
请点取第一个角点或 [参考点(R)]<退出>:　　//点取第一个角点，如图 3-42 所示
点取另一个角点<退出>:　　//点取另一个角点，结果如图 3-43 所示

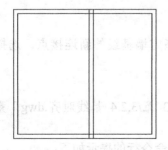

图 3-41　打开素材

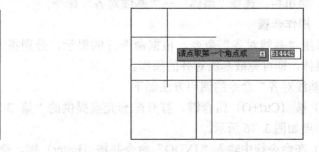

图 3-42　点取第一个角点

3）修墙角的结果如图 3-44 所示。

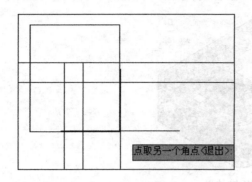

图 3-43　点取另一个角点

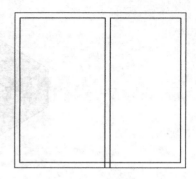

图 3-44　修墙角

4）重复上述操作，对另一墙角进行修墙角操作，结果如图 3-45 所示。

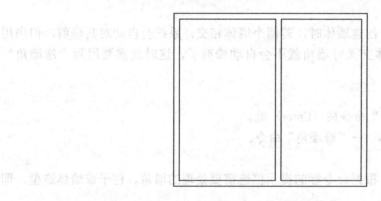

图 3-45　修墙角结果

3.2.4　基线对齐

若基线不对齐或不精确，则会导致墙体显示错误或搜索房间数据出错，"基线对齐"命令就是用来纠正墙线编辑过程中造成的基线对齐错误，同时还可纠正因短墙的存在而造成墙体显示不正确的情况。

1. 执行方式

➢ 命令行：输入"JXDQ"命令并按〈Enter〉键。

➢ 菜单栏：选择"墙体"→"基线对齐"命令。

2. 操作步骤

调用"基线对齐"命令，根据命令行的提示，分别指定墙基线的新连接点、选择待连接的墙体，即可完成基线对齐的操作。

"基线对齐"命令的调用方法如下：

1）按〈Ctrl+O〉组合键，打开配套光盘提供的"第 3 章/3.2.4 基线对齐.dwg"素材文件，结果如图 3-46 所示。

2）在命令行中输入"JXDQ"命令并按〈Enter〉键，命令行的提示如下：

命令: JXDQ↙
请点取墙基线的新端点或新连接点或 [参考点(R)]<退出>:
　　　　　　　　　　//点取墙体基线的新端点，结果如图 3-47 所示
请选择墙体（注意:相连墙体的基线会自动联动!）<退出>:找到 1 个
　　　　　　　　　　//选择需要对齐的墙体，结果如图 3-48 所示

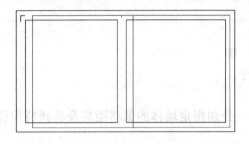

图 3-46　打开素材

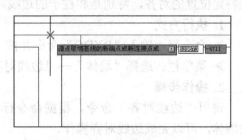

图 3-47　点取端点

3）按〈Enter〉键，即可完成基线对齐的操作，结果如图 3-49 所示。

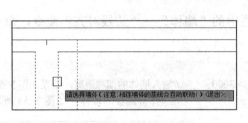

图 3-48　选择墙体

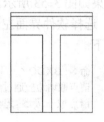

图 3-49　对齐结果

4）重复调用"JXDQ"命令，在绘图区中点取墙体基线的新端点，如图 3-50 所示。

5）选择需要对齐的墙体，如图 3-51 所示。

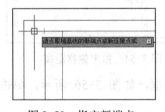

图 3-50　指定新端点

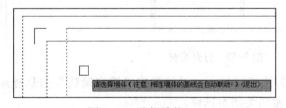

图 3-51　选择墙体

6）按〈Enter〉键，完成基线对齐操作，结果如图 3-52 所示。

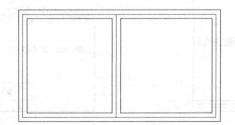

图 3-52　基线对齐

3.2.5　边线对齐

　　"边线对齐"命令用来对齐墙边，并维持基线不变。换句话说，就是维持基线位置和总宽不变，通过修改左右宽度达到边线与给定位置对齐的目的。本命令通常用于处理墙体与某些特定位置的对齐，特别是和柱子的边线对齐。

1. 执行方式

➢ 命令行：输入"BXDQ"命令并按〈Enter〉键。

➢ 菜单栏：选择"墙体"→"边线对齐"命令。

2. 操作步骤

　　调用"边线对齐"命令，根据命令行的提示，分别指定墙体的偏移距离及选择待偏移的墙体，可以完成边线对齐操作。

　　"边线对齐"命令的调用方法如下：

　　1）按〈Ctrl+O〉组合键，打开配套光盘提供的"第 3 章/3.2.5 边线对齐.dwg"素材文件，结果如图 3-53 所示。

　　2）选择软件界面左侧的天正建筑菜单栏中的"墙体"→"边线对齐"命令，命令行的提示如下：

```
命令: BXDQ↵
请点取墙边应通过的点或 [参考点(R)]<退出>:3000      //输入墙体的偏移距离，结果如图 3-54 所示
请点取一段墙<退出>:                              //选择待偏移的墙体，如图 3-55 所示
```

图 3-53　打开素材

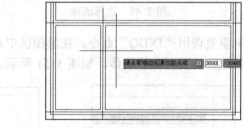

图 3-54　指定偏移距离

　　3）选择墙体后，系统弹出"请您确认"信息提示对话框，如图 3-56 所示，单击"是（Y）"按钮关闭对话框。

图 3-55　输入距离参数

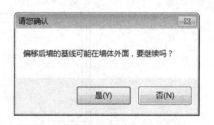

图 3-56　"请您确认"对话框

　　4）边线对齐的操作结果如图 3-57 所示。

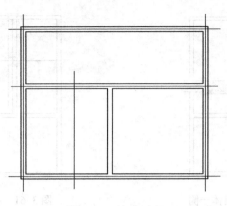

图 3-57　边线对齐

3.2.6　净距偏移

调用"净距偏移"命令，可以在指定墙体偏移方向和偏移距离的情况下，生成新墙体。

1. 执行方式

➢ 命令行：输入"JJPY"命令并按〈Enter〉键。

➢ 菜单栏：选择"墙体"→"净距偏移"命令。

2. 操作步骤

调用"净距偏移"命令，根据命令行的提示，分别指定墙体的偏移距离和偏移方向，即可完成净距偏移操作。

"净距偏移"命令的调用方法如下：

1）按〈Ctrl+O〉组合键，打开配套光盘提供的"第 3 章/3.2.6 净距偏移.dwg"素材文件，结果如图 3-58 所示。

2）在命令行中输入"JJPY"命令并按〈Enter〉键，命令行的提示如下：

```
命令: JJPY↵
输入偏移距离<200>:4000          //输入偏移距离为 4000，结果如图 3-59 所示
请点取墙体一侧<退出>:           //点取新墙体的偏移方向，结果如图 3-60 所示
请点取墙体一侧<退出>:           //重复操作，点取新墙体的偏移方向，结果如图 3-61 所示
```

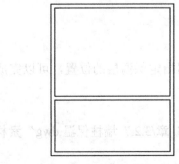

图 3-58　打开素材

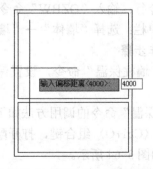

图 3-59　输入偏移距离

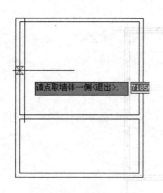

图 3-60　请点取墙体一侧　　　　图 3-61　指定偏移方向

3）净距偏移墙体的结果如图 3-62 所示。

4）将视图转换为"西南等轴测视图"，查看净距偏移墙体的三维效果，如图 3-63 所示。

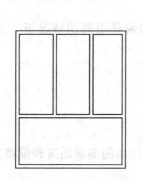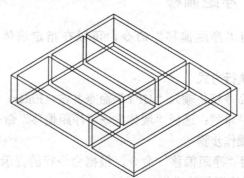

图 3-62　净距偏移墙体　　　　　图 3-63　三维效果

3.2.7　墙柱保温

在我国北方地区，通常会为墙体增设保温层，用来抵御严寒，以确保室内的温度。

"墙柱保温"命令可用于在墙线、柱子或墙体造型指定的一侧加入或删除保温层线，遇到门时该线自动打断，遇到窗时自动增加窗厚度。

1. 执行方式

➢ 命令行：输入"QZBW"命令并按〈Enter〉键。

➢ 菜单栏：选择"墙体"→"墙柱保温"命令。

2. 操作步骤

调用"墙柱保温"命令，设置保温层的厚度值及分别指定保温层的位置，可以完成墙柱保温操作。

"墙柱保温"命令的调用方法如下：

1）按〈Ctrl+O〉组合键，打开配套光盘提供的"第 3 章/3.2.7 墙柱保温.dwg"素材文件，结果如图 3-64 所示。

2）选择软件界面左侧的天正建筑菜单栏中的"墙体"→"墙柱保温"命令，命令行的提示如下：

命令：QZBW↙
指定墙、柱、墙体造型保温一侧或 [内保温(I)/外保温(E)/消保温层(D)/保温层厚(当前=50)(T)]<退
出>:T   //输入 T，选择"保温层厚(当前=50)"选项
保温层厚<50>:80   //输入保温层的厚度参数，结果如图 3-65 所示
指定墙、柱、墙体造型保温一侧或 [内保温(I)/外保温(E)/消保温层(D)/保温层厚(当前=80)(T)]<退
出>:   //在绘图区中点取保温层所在的墙体一侧，如图 3-66 所示

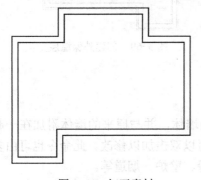

图 3-64　打开素材

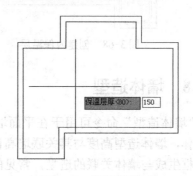

图 3-65　设置厚度参数

3）创建保温层的结果如图 3-67 所示。

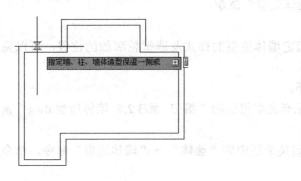

图 3-66　点取墙线

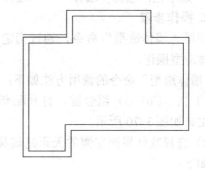

图 3-67　创建保温层

4）重复点取保温层所在的墙体一侧，创建内保温层的结果如图 3-68 所示。

提示：以下是在"墙柱保温"命令的过程中，命令行其余选项的解释说明。

➢ "内保温(I)"选项。在执行"墙柱保温"命令的过程中输入"I"，可选取该选项。在执行该选项之前，首先要对建筑进行内外墙的识别；调用该选项后，选取外墙体，即可在外墙体内创建保温层，如图 3-69 所示。

➢ "外保温(E)"选项。在执行"墙柱保温"命令的过程中输入"E"，可选取该选项。在执行该选项之前，首先要对建筑进行内外墙的识别；调用该选项后，选取外墙体，即可在外墙体的外面创建保温层，其创建效果如上述所举例子的绘制效果相一致。

➢ "消保温层(D)"选项。在执行"墙柱保温"命令的过程中输入"D"，可选取该选项。在调用该选项后，框选墙柱、保温层，即可消除所绘制的保温层。

图 3-68　创建内保温层

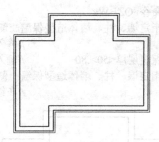

图 3-69　创建外保温层

3.2.8　墙体造型

"墙体造型"命令可用于在平面墙体上绘制凸出的墙体，并与原来的墙体附加在一起形成一体，墙体造型高度与其关联墙高保持一致，但是可以双击加以修改。此命令也可由多线段外框生成与墙体关联的造型，常见的墙体造型有墙垛、壁炉、烟道等。

1. 执行方式

➤ 命令行：输入"QTZX"命令并按〈Enter〉键。

➤ 菜单栏：选择"墙体"→"墙体造型"命令。

2. 操作步骤

调用"墙体造型"命令，通过指定墙体造型的样式及造型轮廓线的位置，可以完成绘制墙体造型操作。

"墙体造型"命令的调用方法如下：

1）按〈Ctrl+O〉组合键，打开配套光盘提供的"第 3 章/3.2.8 墙体造型.dwg"素材文件，结果如图 3-70 所示。

2）选择软件界面左侧的天正建筑菜单栏中的"墙体"→"墙体造型"命令，命令行的提示如下：

```
命令: QTZX↵
选择 [外凸造型(T)/内凹造型(A)]<外凸造型>:T
//输入 T，选择"外凹造型（T）"选项，如图 3-71 所示
墙体造型轮廓起点或 [点取图中曲线(P)/点取参考点(R)]<退出>:
//指定墙体造型轮廓线的起点
直段下一点或 [弧段(A)/回退(U)]<结束>:
…
直段下一点或 [弧段(A)/回退(U)]<结束>:　//指定墙体造型轮廓线的各点，结果如图 3-72 所示
```

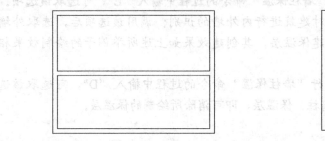

图 3-70　打开素材

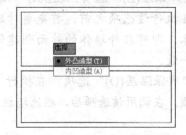

图 3-71　选择"外凹造型（T）"选项

3）按〈Enter〉键，即可完成外凸墙体造型的绘制，结果如图 3-73 所示。

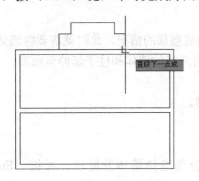

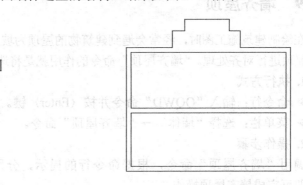

图 3-72　指定墙体造型轮廓线　　　　　　　　　图 3-73　创建外凸墙体造型

4）重复调用"墙体造型"命令，根据命令行的提示，选择"内凹造型（A）"选项，如图 3-74 所示。

5）在绘图区中分别单击指定墙体造型轮廓起点和终点，结果如图 3-75 所示。

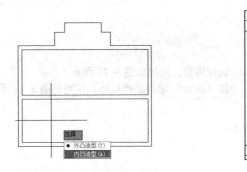

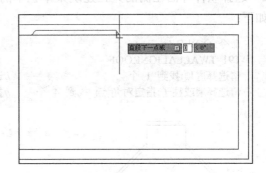

图 3-74　选择"内凹造型（A）"选项　　　　　　图 3-75　指定轮廓线

6）按〈Enter〉键即可完成内凹墙体造型的创建，如图 3-76 所示。

7）将当前视图转换为"西南等轴测视图"，查看创建墙体造型的三维效果，如图 3-77 所示。

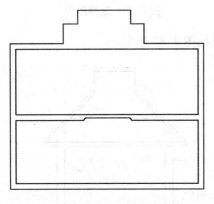

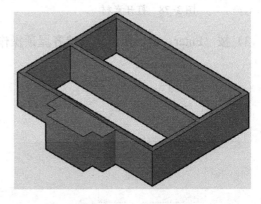

图 3-76　创建内凹墙体造型　　　　　　　　　　图 3-77　三维效果

3.2.9 墙齐屋顶

在绘制建筑施工图时，经常会遇到建筑物的屋顶为坡屋顶的情况，此时就需要将墙体轮廓与坡屋顶进行对齐处理。"墙齐屋顶"命令的作用就是将选择的墙体和柱子延伸至屋顶。

1. 执行方式

➤ 命令行：输入"QQWD"命令并按〈Enter〉键。

➤ 菜单栏：选择"墙体"→"墙齐屋顶"命令。

2. 操作步骤

调用"墙齐屋顶"命令，根据命令行的提示，分别选择墙体及屋顶，并按〈Enter〉键，即可完成墙齐屋顶操作。

"墙齐屋顶"命令的调用方法如下：

1）按〈Ctrl+O〉组合键，打开配套光盘提供的"第 3 章/3.2.9 墙齐屋顶.dwg"素材文件，结果如图 3-78 所示。

2）选择软件界面左侧的天正建筑菜单栏中的"墙体"→"墙齐屋顶"命令，命令行的提示如下：

```
命令: QQWD↙
T91_TWALLALIGNROOF
请选择屋顶:找到 1 个              //选择屋顶，结果如图 3-79 所示
请选择墙或柱子:指定对角点: 找到 4 个    //按〈Enter〉键，选择墙体，结果如图 3-80 所示
```

图 3-78　打开素材

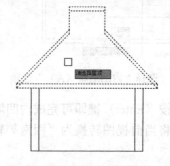

图 3-79　选择屋顶

3）按〈Enter〉键，即可完成墙齐屋顶操作，结果如图 3-81 所示。

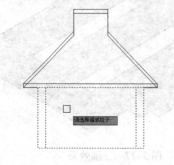

图 3-80　选择墙体

图 3-81　墙齐屋顶

3.3 墙体工具

墙体工具（如改墙厚、改高度等）为修改墙体的高度及厚度提供了便利。用户可根据实际的绘图情况来选用各类工具命令，以提高绘图效率。

本节将介绍墙体工具各项命令的调用方法。

3.3.1 改墙厚

调用"改墙厚"命令，可以对墙体的厚度进行批量修改，且修改后墙体的墙基线保持居中不变。

1. 执行方式

➢ 命令行：输入"GQH"命令并按〈Enter〉键。

➢ 菜单栏：选择"墙体"→"墙体工具"→"改墙厚"命令。

2. 操作步骤

调用"改墙厚"命令，选择待修改的墙体并设置新的厚度值，按〈Enter〉键，即可完成修改操作。

"改墙厚"命令的调用方法如下：

1）按〈Ctrl+O〉组合键，打开配套光盘提供的"第 3 章/3.3.1 改墙厚.dwg"素材文件，结果如图 3-82 所示。

2）选择软件界面左侧的天正建筑菜单栏中的"墙体"→"墙体工具"→"改墙厚"命令，命令行的提示如下：

> 命令: GQH↙
> 选择墙体: 指定对角点: 找到 12 个　　//框选需要改墙厚的墙体，结果如图 3-83 所示
> 新的墙宽<400>:800 //按〈Enter〉键，输入墙体的新宽度参数，结果如图 3-84 所示

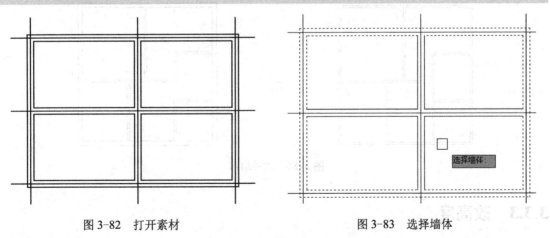

图 3-82　打开素材　　　　　　　　　　　图 3-83　选择墙体

3）按〈Enter〉键即可完成改墙厚操作，结果如图 3-85 所示。

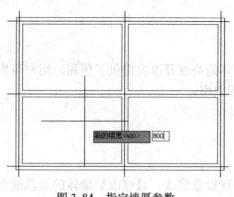

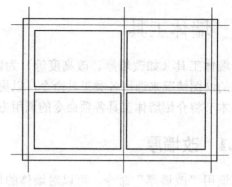

图 3-84　指定墙厚参数　　　　　　　　　　　图 3-85　修改墙厚

3.3.2　改外墙厚

调用"改外墙厚"命令，可以对外墙的厚度进行更改。需要注意的是，在执行此操作之前，必须对图形进行内外墙识别的操作，否则该命令不能执行。

1. 执行方式

➢ 命令行：输入"GWQH"命令并按〈Enter〉键。

➢ 菜单栏：选择"墙体"→"墙体工具"→"改外墙厚"命令。

2. 操作步骤

输入"GWQH"命令并按〈Enter〉键，命令行的提示如下：

> 命令: GWQH↙
> 请选择外墙:指定对角点: 找到 10 个
> 内侧宽<120>:250
> 外侧宽<240>:250   //分别指定宽度参数，按〈Enter〉键，即可完成改外墙厚操作，如图 3-86 所示

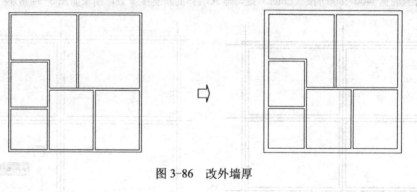

图 3-86　改外墙厚

3.3.3　改高度

调用"改高度"命令，可以修改墙体的高度参数。更改高度后，需要将视图转换为三维视图，才能观察到改高度的效果。

1. 执行方式

➢ 命令行：输入"GGD"命令并按〈Enter〉键。

➢ 菜单栏：选择"墙体"→"墙体工具"→"改高度"命令。

2. 操作步骤

调用"改高度"命令，选择墙体并设置新的高度值，按〈Enter〉键，即可完成修改操作。

"改高度"命令的调用方法如下：

1）按〈Ctrl+O〉组合键，打开配套光盘提供的"第 3 章/3.3.3 改高度.dwg"素材文件，结果如图 3-87 所示。

2）在命令行中输入"GGD"命令并按〈Enter〉键，命令行的提示如下：

```
命令: GGD↙
请选择墙体、柱子或墙体造型:指定对角点: 找到 4 个
                            //框选需要更改高度的墙体，结果如图 3-88 所示
新的高度<3000>:8000         //按〈Enter〉键，输入新的高度参数，结果如图 3-89 所示
新的标高<0>:                //按〈Enter〉键保持默认值，如图 3-90 所示
是否维持窗墙底部间距不变?[是(Y)/否(N)]<N>:
                            //选择"否（N）"选项，如图 3-91 所示，即保持默认值
```

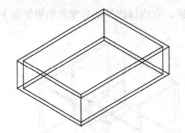

图 3-87　打开素材

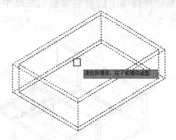

图 3-88　选择墙体

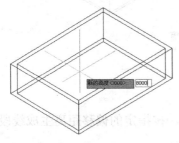

图 3-89　指定高度值

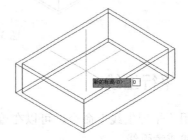

图 3-90　指定标高值

3）按〈Enter〉键，即可完成改高度操作，结果如图 3-92 所示。

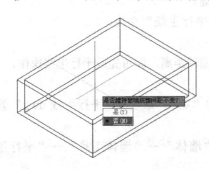

图 3-91　选择"否（N）"选项

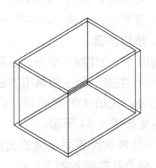

图 3-92　改墙体高度

3.3.4 改外墙高

调用"改外墙高"命令，可以对指定的外墙高度进行修改；执行此命令之前，需要对图形进行内外墙的识别，否则该命令不能被执行。

1. 执行方式

➢ 命令行：输入"GWQG"命令并按〈Enter〉键。

➢ 菜单栏：选择"墙体"→"墙体工具"→"改外墙高"命令。

2. 操作步骤

输入"GWQG"命令并按〈Enter〉键，命令行的提示如下：

```
命令: GWQG↙
请选择外墙:指定对角点: 找到 9 个
新的高度<3000>:6000
新的标高<0>:
是否保持墙上门窗到墙基的距离不变?[是(Y)/否(N)]<N>
                //按〈Enter〉键，完成修改外墙高度的结果如图 3-93 所示
```

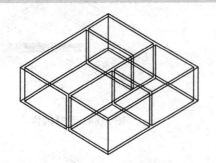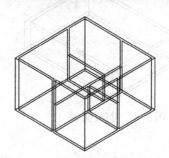

图 3-93　修改外墙高度

3.3.5 平行生线

调用"平行生线"命令，可以在墙体的任意一侧，按指定的偏移距离生成线段，其中包括直线或者弧线。

1. 执行方式

➢ 命令行：输入"PXSX"命令并按〈Enter〉键。

➢ 菜单栏：选择"墙体"→"墙体工具"→"平行生线"命令。

2. 操作步骤

调用"平行生线"命令，点取墙边或柱子后输入偏移距离，即可完成平行生线操作。

"平行生线"命令的调用方法如下：

1）按〈Ctrl+O〉组合键，打开配套光盘提供的"第 3 章/3.3.5 平行生线.dwg"素材文件，结果如图 3-94 所示。

2）选择软件界面左侧的天正建筑菜单栏中的"墙体"→"墙体工具"→"平行生线"命令，命令行的提示如下：

命令: PXSX↙
请点取墙边或柱子<退出>:   //点取墙边，如图 3-95 所示
输入偏移距离<100>:3000   //按〈Enter〉键，输入偏移距离，结果如图 3-96 所示

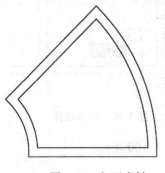

图 3-94　打开素材

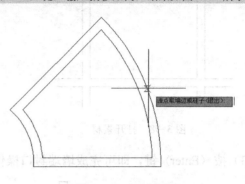

图 3-95　点取墙边

3）按〈Enter〉键，即可完成偏移弧线操作，结果如图 3-97 所示。

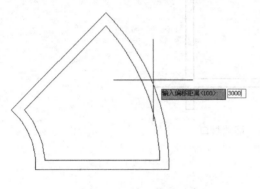

图 3-96　输入偏移距离

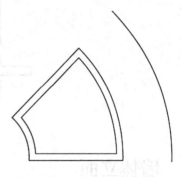

图 3-97　平行生线

3.3.6　墙端封口

"墙端封口"命令用于改变墙体对象自由端的二维显示形式，可以使其在封闭和开口两种形式之间转换。本命令不影响墙体的三维效果，对已经与其他墙相接的墙端不起作用。

1. 执行方式

➤ 命令行：输入"QDFK"命令并按〈Enter〉键。
➤ 菜单栏：选择"墙体"→"墙体工具"→"墙端封口"命令。

2. 操作步骤

"墙端封口"命令的调用方法如下：

1）按〈Ctrl+O〉组合键，打开配套光盘提供的"第 3 章/3.3.6 墙端封口.dwg"素材文件，结果如图 3-98 所示。

2）在命令行中输入"QDFK"命令并按〈Enter〉键，命令行的提示如下：

命令: QDFK↙
选择墙体: 指定对角点: 找到 12 个   //选择墙体，如图 3-99 所示

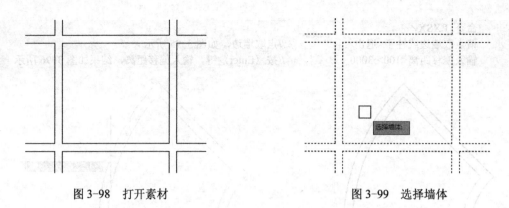

图 3-98　打开素材　　　　　　　　　图 3-99　选择墙体

3）按〈Enter〉键，即可完成墙端封口操作，结果如图 3-100 所示。

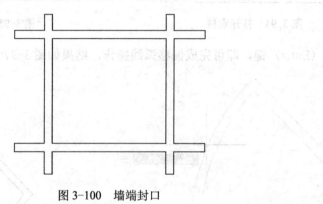

图 3-100　墙端封口

3.4　墙体立面

墙体立面命令包括"墙面 UCS""异形立面""矩形立面"等，可用于在绘制墙体立面时对墙体执行各项操作，如制作墙体造型，或者将异形立面还原为矩形立面。

本节介绍墙体立面命令的调用方法。

3.4.1　墙面 UCS

为了构造异型洞口或构造异型墙面，必须在墙体立面上定位和绘制图元，这就需要把用户坐标系（User Coordinate System，UCS）设置到墙面上。"墙面 UCS"命令就是用来基于所选的墙面上定义临时 UCS，在指定视口转化为立面显示。

1. 执行方式

➢ 命令行：输入"QMUCS"命令并按〈Enter〉键。

➢ 菜单栏：选择"墙体"→"墙体立面"→"墙面 UCS"命令。

2. 操作步骤

本节介绍"墙面 UCS"命令的调用方法。

1）按〈Ctrl+O〉组合键，打开配套光盘提供的"第 3 章/3.4.1 墙面 UCS.dwg"素材文件，结果如图 3-101 所示。

2）选择软件界面左侧的天正建筑菜单栏中的"墙体"→"墙体立面"→"墙面 UCS"命令，命令行的提示如下：

命令: QMUCS↙
请点取墙体一侧<退出>:   //点取墙体的一侧，结果如图 3-102 所示

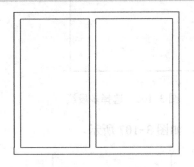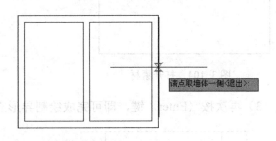

图 3-101   打开素材   图 3-102   点取墙体的一侧

3）墙面 UCS 的操作结果如图 3-103 所示。

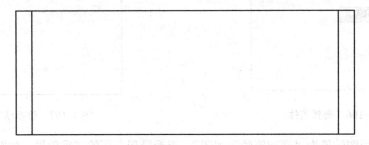

图 3-103   操作结果

3.4.2   异形立面

"异形立面"命令可以在立面显示状态下，裁剪轮廓线进行剪裁，生成非矩形的不规则立面墙体，如创建双坡或单坡山墙与坡屋顶底面相交等。

1. 执行方式

➤ 命令行：输入"YXLM"命令并按〈Enter〉键。

➤ 菜单栏：选择"墙体"→"墙体立面"→"异形立面"命令。

2. 操作步骤

"异形立面"命令的调用方法如下：

1）按〈Ctrl+O〉组合键，打开配套光盘提供的"第 3 章/3.4.2 异形立面.dwg"素材文件，结果如图 3-104 所示。

2）在命令行中输入"YXLM"命令并按〈Enter〉键，命令行的提示如下：

命令: YXLM↙
选择定制墙立面的形状的不闭合多段线<退出>:   //选择定制墙立面的形状的不闭合多段线，结果
                                              //如图 3-105 所示
选择墙体:找到 1 个   //按〈Enter〉键，选择墙体，如图 3-106 所示

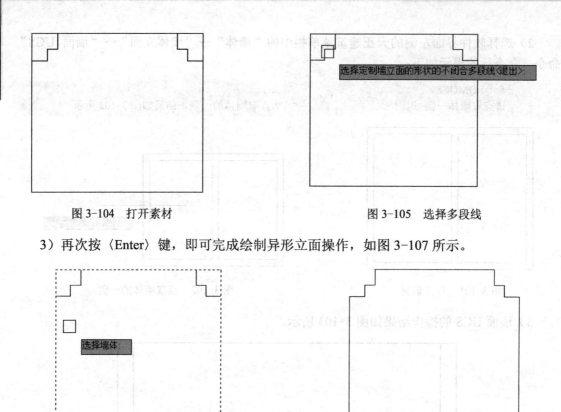

图 3-104　打开素材　　　　　　　　　　　图 3-105　选择多段线

3）再次按〈Enter〉键，即可完成绘制异形立面操作，如图 3-107 所示。

图 3-106　选择墙体　　　　　　　　　　　图 3-107　转换结果

4）将当前视图转换为"西南等轴测视图"，查看异形立面的三维效果，如图 3-108 所示。

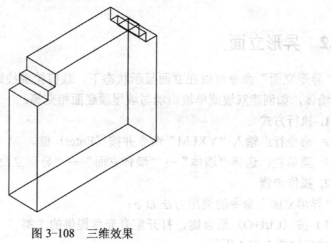

图 3-108　三维效果

3.4.3　矩形立面

与"异形立面"命令正好相反，"矩形立面"命令可在图形的立面状态下，将立面的异形部分删除，使之恢复为矩形立面。

1. 执行方式

➢ 命令行：输入"JXLM"命令并按〈Enter〉键。

➢ 菜单栏：选择"墙体"→"墙体立面"→"矩形立面"命令。

2. 操作步骤

"矩形立面"命令的调用方法如下：

1）按〈Ctrl+O〉组合键，打开配套光盘提供的"第 3 章/3.4.3 矩形立面.dwg"素材文件，结果如图 3-109 所示。

2）选择软件界面左侧的天正建筑菜单栏中的"墙体"→"墙体立面"→"矩形立面"命令，命令行的提示如下：

```
命令: JXLM↙
选择墙体: 指定对角点: 找到 1 个                    //选择墙体，结果如图 3-110 所示
```

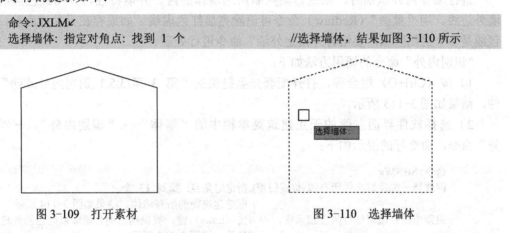

图 3-109　打开素材　　　　　　　　　　　　　　　　图 3-110　选择墙体

3）按〈Enter〉键，即可完成绘制矩形立面操作，结果如图 3-111 所示。

4）将当前视图转换为"西南等轴测视图"，查看矩形立面的三维效果，如图 3-112 所示。

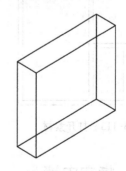

图 3-111　矩形立面　　　　　　　　　　　　　　　　图 3-112　三维效果

3.5　识别内外

建筑物的外墙和内墙的功能是不同的，外墙主要为建筑物的框架，承载建筑物的重量，并起到遮风挡雨的作用；内墙则主要为建筑物内部功能区的划分起到间隔作用。

T20 天正建筑软件提供了内、外墙识别的工具。用户可以在对墙体进行编辑、修改之前，先对其进行内外识别，然后在相互区分的情况下对其进行编辑。

本节介绍识别内外墙工具的使用方法。

3.5.1 识别内外

调用"识别内外"命令，可以对墙体进行内外墙的识别，被识别后的外墙以红色的虚线来显示。

1. 执行方式

➢ 命令行：输入"SBNW"命令并按〈Enter〉键。

➢ 菜单栏：选择"墙体"→"识别内外"→"识别内外"命令。

2. 操作步骤

进行墙体内外识别时，系统自动判断所选墙体的内、外墙特性，并用红色虚线亮显外墙外边线。用"重画"（Redraw）命令可消除亮显红色虚线。如果存在天井或庭院，外墙的包线是多个封闭区域，要结合"指定外墙"命令进行处理。

"识别内外"命令的调用方法如下：

1）按〈Ctrl+O〉组合键，打开配套光盘提供的"第 3 章/3.5.1 识别内外.dwg"素材文件，结果如图 3-113 所示。

2）选择软件界面左侧的天正建筑菜单栏中的"墙体"→"识别内外"→"识别内外"命令，命令行的提示如下：

```
命令: SBNW↙
请选择一栋建筑物的所有墙体(或门窗):指定对角点: 找到 13 个
                        //框选建筑物的所有墙体，结果如图 3-114 所示
识别出的外墙用红色的虚线示意。 //按〈Enter〉键，被识别后的外墙即以红色的外轮廓虚线
                        //显示，如图 3-115 所示
```

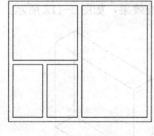

图 3-113　打开素材

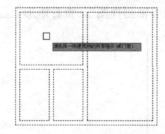

图 3-114　选择墙体

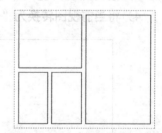

图 3-115　识别外墙

3.5.2 指定内墙

调用"指定内墙"命令，可以人工识别内墙。该命令主要用于在绘图过程中出现无法自动识别内墙的情况，比如内天井、局部平面等区域。

1. 执行方式

➢ 命令行：输入"ZDNQ"命令并按〈Enter〉键。

➢ 菜单栏：选择"墙体"→"识别内外"→"指定内墙"命令。

2. 操作步骤

输入"ZDNQ"命令并按〈Enter〉键，命令行的提示如下：

命令: ZDNQ↙

选择墙体: 找到 3 个　　　　//选择墙体并按〈Enter〉键，可将选中的墙体指定为内墙

3.5.3　指定外墙

调用"指定外墙"命令，可以手动识别外墙。该命令主要用于在绘图过程中出现无法自动识别外墙的情况，比如内天井、局部平面等区域。

1. 执行方式

➤ 命令行：输入"ZDWQ"命令并按〈Enter〉键。

➤ 菜单栏：选择"墙体" → "识别内外" → "指定外墙"命令。

2. 操作步骤

输入"ZDWQ"命令并按〈Enter〉键，命令行的提示如下：

命令: ZDWQ↙

请点取墙体外皮<退出>:　//点取墙体外墙皮，外墙线以红色虚线显示，表示该墙体被指定为外墙

3.5.4　加亮外墙

在执行"识别外墙"命令之后，可以调用"加亮外墙"命令来亮显已经进行识别过的外墙。

1. 执行方式

➤ 命令行：输入"JLWQ"命令并按〈Enter〉键。

➤ 菜单栏：选择"墙体" → "识别内外" → "加亮外墙"命令。

2. 操作步骤

输入"JLWQ"命令并按〈Enter〉键，则所有外墙线均以红色虚线来显示。

第4章 柱 子

柱子指在工程结构中主要承受压力，有时也同时承受弯矩的竖向杆件。柱子的材质一般为钢筋混凝土，多由现场浇筑而成。混凝土是由水泥、石子、砂子和水按一定的比例配合，浇注入模，经过养护硬化后得到的一种人工石材。

本章介绍绘制柱子和编辑柱子的操作方法。

4.1 绘制柱子

本节主要介绍建筑中常见的柱子类型，包括标准柱、角柱和构造柱的绘制方法。在 T20 天正建筑软件中绘制柱子比较便利，可先指定柱子的参数，然后在绘图区中指定柱子的插入位置即可。在插入柱子时，还可以根据命令行的提示，变换柱子的插入基点或者插入方向。

4.1.1 柱子的种类

按照在建筑物中所起的主要作用和结构类型，柱子又可分为以下几种类型。

1. 构造柱

为提高多层建筑砌体结构的抗震性能，相关规范要求应在房屋的砌体内适宜部位设置钢筋混凝土柱并与圈梁连接，以共同加强建筑物的稳定性。这种钢筋混凝土柱通常就被称为构造柱。构造柱主要不是承担竖向荷载的，而是抗击剪力、抗震等横向荷载的。

2. 框架柱

框架柱在框架结构中承受梁和板传来的荷载，并将荷载传给基础，是主要的竖向受力构件。需要通过计算进行配筋。

3. 框支柱

因为建筑功能要求，下部大空间、上部部分竖向构件不能直接连续贯通落地，而是通过水平转换结构与下部竖向构件连接。当布置的转换梁支撑上部的剪力墙时，转换梁叫框支梁，支撑框支梁的柱子就叫作框支柱。

4. 梁上柱

柱子本应该从基础一直升上去，但是由于某些原因，建筑物的底部没有柱子，到了某一层后又需要设置柱子，那么柱子只能从下一层的梁上生根了，这就是梁上柱。

5. 剪力墙上柱

剪力墙上柱是指生根于剪力墙上的柱子，与框架柱的不同之处在于，受力后将力通过剪力墙传递给基础。应注意柱与剪力墙钢筋的搭接。

4.1.2 标准柱

标准柱为具有均匀断面形状的竖直构件。使用 T20 天正建筑软件的"标准柱"命令可插入矩形柱、圆柱或正多边形柱，后者包括常用的三、五、六、八、十二边形等多种断面。同时还可以绘制自定义形状的异形柱。

1. 执行方式

➤ 命令行：输入"BZZ"命令并按〈Enter〉键。

➤ 菜单栏：选择"轴网柱子"→"标准柱"命令。

2. 操作步骤

调用"标准柱"命令后，系统弹出"标准柱"对话框，在其中设置标准柱的材料、形状、尺寸和布置方式，然后在绘图区点取插入点，即可插入标准柱。

"标准柱"命令的调用方法如下：

1）按〈Ctrl+O〉组合键，打开配套光盘提供的"第 4 章/4.1.1 标准柱.dwg"素材文件，结果如图 4-1 所示。

2）调用"BZZ"命令，系统弹出"标准柱"对话框，设置参数如图 4-2 所示。

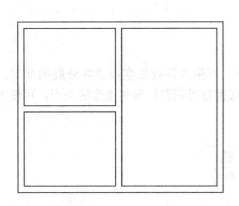

图 4-1 打开素材

图 4-2 设置参数

3）参数设置完成后，命令行的提示如下：

命令: BZZ↙
点取位置或 [转 90 度(A)/左右翻(S)/上下翻(D)/对齐(F)/改转角(R)/改基点(T)/参考点(G)]<退出>:
//在绘图区中点取插入点，如图 4-3 所示。

4）单击鼠标左键，绘制矩形标准柱，结果如图 4-4 所示。

5）重复上述操作，继续为图形绘制标准柱，结果如图 4-5 所示。

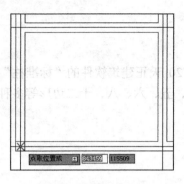

图 4-3 点取插入点

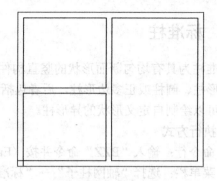

图 4-4 创建标准柱

6）将当前视图转换为"西南等轴测视图"，查看标准柱的三维效果，如图 4-6 所示。

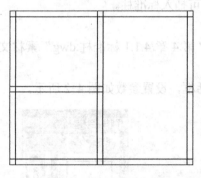

图 4-5 绘制结果

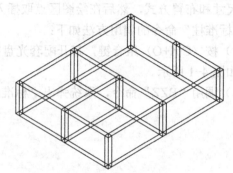

图 4-6 三维效果

4.1.3 角柱

角柱是在墙角插入形状与墙角一致的柱子，可更改各肢长度以及各分肢的宽度，高度
为当前层高。生成的角柱与标准柱类似，每一边都有可调整长度和宽度的夹点，可便于按要
求修改。

1. 执行方式

➤ 命令行：输入"JZ"命令并按〈Enter〉键。

➤ 菜单栏：选择"轴网柱子"→"角柱"命令。

2. 操作步骤

调用"角柱"命令，根据命令行的提示点取墙角，在弹出的"转角柱参数"对话框中
设置柱子的材料、长度及宽度参数，然后单击"确定"按钮关闭该对话框，即可完成转角柱
的创建。

"角柱"命令的调用方法如下：

1）按〈Ctrl+O〉组合键，打开配套光盘提供的"第 4 章/4.1.2 角柱.dwg"素材文件，结
果如图 4-7 所示。

2）在命令行中输入"JZ"命令并按〈Enter〉键，命令行的提示如下：

命令: JZ↙
请选取墙角或 [参考点(R)]<退出>:　　　　　　　　//在绘图区中点取墙角位置，结果如图 4-8 所示

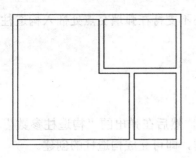

图 4-7　打开素材

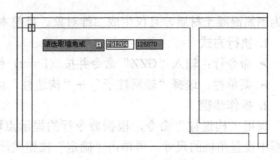

图 4-8　点取墙角位置

3）此时，系统弹出"转角柱参数"对话框，设置参数如图 4-9 所示。

4）单击"确定"按钮关闭对话框，绘制角柱的结果如图 4-10 所示。

图 4-9　"转角柱参数"对话框

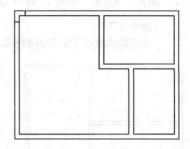

图 4-10　创建角柱

5）重复上述操作，绘制角柱图形，结果如图 4-11 所示。

6）将当前视图转换成"西南等轴测视图"，查看角柱的三维效果，如图 4-12 所示。

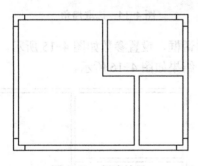

图 4-11　创建结果

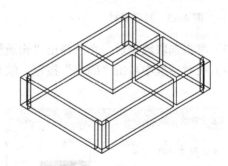

图 4-12　三维效果

提示："转角柱参数"对话框中的主要选项的含义如下。

➤ "取点 A"选项：在其中可设置在对话框左侧预览窗口中的 a 墙体上点取该段角柱的长度参数。

➤ "取点 B"选项：在其中可设置在对话框左侧预览窗口中的 b 墙体上点取该段角柱的长度参数。

4.1.4　构造柱

"构造柱"命令可在墙角交点处或墙体内插入构造柱，柱的宽度不超过墙体的宽度，默认为钢筋混凝土材质，且仅生成二维对象。目前本命令还不支持在弧墙交点处插入构造柱。

1. 执行方式

➢ 命令行：输入"GZZ"命令并按〈Enter〉键。

➢ 菜单栏：选择"轴网柱子"→"构造柱"命令。

2. 操作步骤

调用"构造柱"命令，根据命令行的提示点取墙角，然后在弹出的"构造柱参数"对话框中设置角柱的尺寸，再单击"确定"按钮关闭对话框，即可完成构造柱的创建。

"构造柱"命令的调用方法如下：

1）按〈Ctrl+O〉组合键，打开配套光盘提供的"第 4 章/4.1.3 构造柱.dwg"素材文件，结果如图 4-13 所示。

2）调用"GZZ"命令，命令行的提示如下：

```
命令: GZZ↙
请选取墙角或 [参考点(R)]<退出>:                    //选取墙角，如图 4-14 所示
```

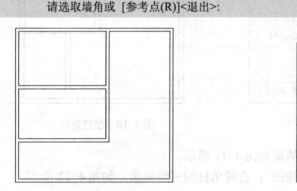

图 4-13　打开素材

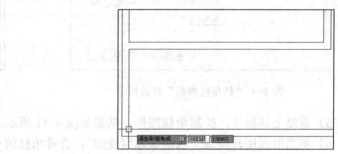

图 4-14　选取墙角

3）单击选取墙角后，系统弹出"构造柱参数"对话框，设置参数如图 4-15 所示。

4）在对话框中单击"确定"按钮，绘制构造柱，结果如图 4-16 所示。

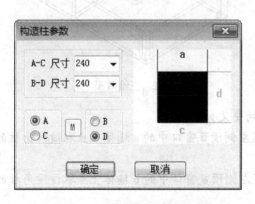

图 4-15　"构造柱参数"对话框

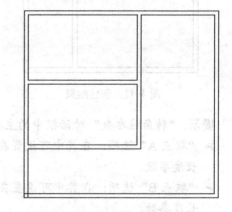

图 4-16　绘制构造柱

5）重复上述操作，绘制构造柱图形，结果如图 4-17 所示。

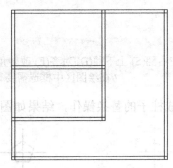

图 4-17　绘制结果

技巧：在"构造柱参数"对话框中设置参数时，A-C 尺寸以及 B-D 的尺寸都不能超过墙体的宽度，即在宽度为 240 的墙体上绘制构造柱时，A-C 尺寸以及 B-D 的尺寸不能超过 240。

4.2　编辑柱子

编辑柱子的操作主要包括柱子替换、柱子特性编辑以及柱齐墙边。通过这些操作，可以在原来的基础上修改柱子的样式或者尺寸，节省重新绘制图形的时间。

本节介绍编辑柱子的操作方法。

4.2.1　柱子替换

"标准柱"命令同时具有替换柱子的功能，选择"轴网柱子"→"标准柱"命令，在弹出的"标准柱"对话框中设置新柱子参数，然后单击对话框下方的"替换图中已插入的柱子"按钮，命令行提示"选择被替换的柱子"，此时可直接选取要替换的单个柱子，或指定需要替换的柱子区域，即可完成柱子的替换。

替换柱子的操作方法如下：

1）按〈Ctrl+O〉组合键，打开配套光盘提供的"第 4 章/4.2.1 柱子替换.dwg"素材文件，结果如图 4-18 所示。

2）在命令行中输入"BZZ"命令并按〈Enter〉键，在弹出的"标准柱"对话框中设置参数，单击"替换图中已插入的柱子"按钮，如图 4-19 所示。

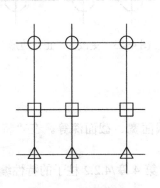

图 4-18　打开素材

图 4-19　"标准柱"对话框

3）命令行的提示如下：

命令: BZZ↙
点取位置或 [转 90 度(A)/左右翻(S)/上下翻(D)/对齐(F)/改转角(R)/改基点(T)/参考点(G)]<退出>:
选择被替换的柱子:找到 1 个　　　　　　//在绘图区中框选需要替换的柱子，结果如图 4-20 所示

4）按〈Enter〉键，即可完成柱子的替换操作，结果如图 4-21 所示。

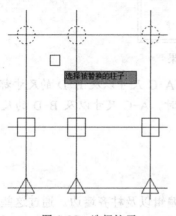

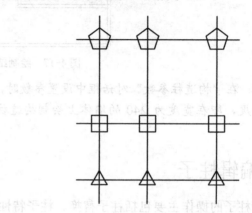

图 4-20　选择柱子　　　　　　　　　　图 4-21　替换结果

5）在"标准柱"对话框中选择类型为"正六边形"的柱子，将半径参数设置为 500，替换图中的矩形标准，结果如图 4-22 所示。

6）在"标准柱"对话框中选择类型为"正八边形"的柱子，将半径参数设置为 500，替换图中的矩形标准柱，结果如图 4-23 所示。

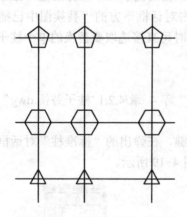

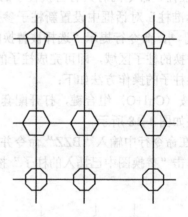

图 4-22　更改为"正六边形"　　　　　　图 4-23　更改为"正八边形"

4.2.2　柱子特性编辑

柱子的特性包括柱子的高度、图层、颜色以及截面宽、截面深等。在"特性"面板中可以修改柱子的特性，本节介绍修改柱子特性的方法。

1）按〈Ctrl+O〉组合键，打开配套光盘提供的"第 4 章/4.2.2 柱子的特性编辑.dwg"素材文件，结果如图 4-24 所示。

2）选择外墙上的柱子，然后按〈Ctrl+1〉组合键，系统弹出"特性"面板，如图 4-25 所示。

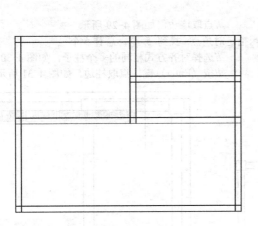

图 4-24　打开素材

图 4-25　"特性"面板

3）在"特性"面板中的"数据"选项组下，修改"截面宽"参数和"截面深"参数，结果如图 4-26 所示。

4）此时可以观察到外墙上的标准柱尺寸已经发生了变化，编辑结果如图 4-27 所示。

图 4-26　修改参数

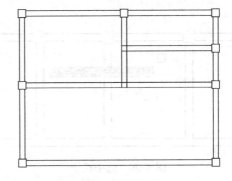

图 4-27　编辑结果

4.2.3　柱齐墙边

"柱齐墙边"命令用于将柱边与指定墙边对齐，可一次选多个柱子一起完成墙边对齐，条件是各柱都在同一墙段，且对齐方向的柱子尺寸相同。

1. 执行方式

➢ 命令行：输入"ZQQB"命令并按〈Enter〉键。

➢ 菜单栏：选择"轴网柱子"→"柱齐墙边"命令。

2. 操作步骤

在进行柱齐墙边操作时，应先点取墙边作为对齐边界，然后选择需要墙边的柱子，最后指定对齐的柱边，即可完成柱齐墙边操作。

1）按〈Ctrl+O〉组合键，打开配套光盘提供的"第 4 章/4.2.3 柱齐墙边.dwg"素材文件，结果如图 4-28 所示。

2）在命令行中输入"ZQQB"命令并按〈Enter〉键，命令行的提示如下：

命令: ZQQB↙
请点取墙边<退出>:   //点取墙边，如图 4-29 所示
选择对齐方式相同的多个柱子<退出>:指定对角点: 找到 5 个，总计 5 个
                                             //选择对齐方式相同的多个柱子，如图 4-30 所示
请点取柱边<退出>:   //按〈Enter〉键，点取柱边，如图 4-31 所示

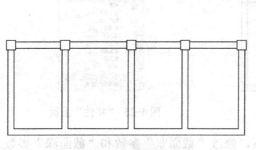

图 4-28　打开素材

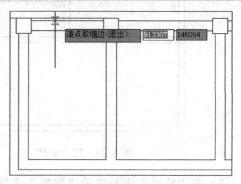

图 4-29　点取墙边

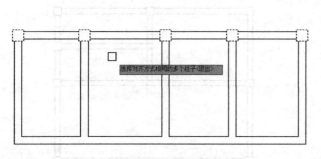

图 4-30　选中柱子

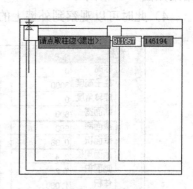

图 4-31　点取柱边

3）柱齐墙边操作的结果如图 4-32 所示。

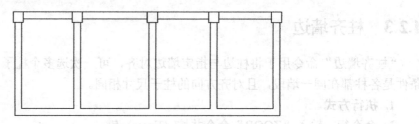

图 4-32　柱齐墙边

第5章 门 窗

在 T20 天正建筑软件中，绘制门窗的工具有普通门窗、组合门窗等，编辑门窗的工具有门窗规整、门窗填墙等。此外，绘制完成门窗后，还可创建门窗表，以列表的形式来注明门窗的规格。

本章介绍绘制门窗、编辑门窗以及绘制门窗表等命令的调用方法。

5.1 绘制门窗

调用"门窗"命令，通过在对话框中选择门窗的样式及设置门窗参数，可以创建多种不同类型的门窗图形。双击门窗图形，在调出的对话框中可以对图形执行修改操作，包括门窗的样式及其尺寸参数。

本节介绍绘制门窗的操作方法。

5.1.1 普通门窗

普通门窗是指我们经常见到的门窗，如推拉门、平开门、旋转门、平开窗、推拉窗等。调用"门窗"命令，通过在对话框中设置门窗参数，可在墙体的指定位置创建门窗。

1. 执行方式

➤ 命令行：输入"MC"命令并按〈Enter〉键。

➤ 菜单栏：选择"门窗"→"门窗"命令。

2. 操作步骤

调用"门窗"命令后，弹出"门"对话框。该对话框可分为两个部分：对话框上方的参数用于设置门窗的编辑、类型、样式和尺寸；对话框下方的工具按钮用于设置插入门窗的种类和插入方式。

"门窗"命令的调用方法如下：

1）按〈Ctrl+O〉组合键，打开配套光盘提供的"第 5 章/5.1.1 标准柱.dwg"素材文件，结果如图 5-1 所示。

2）在命令行中输入"MC"命令并按〈Enter〉键，在弹出的"门"对话框中设置参数，结果如图 5-2 所示。

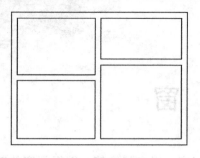

图 5-1 打开素材

图 5-2 设置门参数

3）命令行的提示如下：

命令: MC↙
点取门窗大致的位置和开向(Shift－左右开)<退出>:　　　　//插入门图形的结果如图 5-3 所示

4）在"门"对话框中单击左边的二维显示窗口，打开"天正图库管理系统"窗口，在其中选择平开门的二维样式，结果如图 5-4 所示。

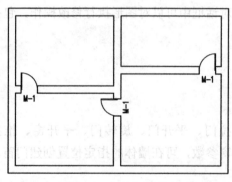

图 5-3 插入门图形

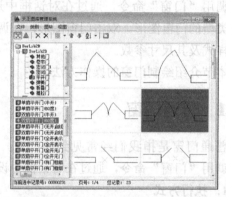

图 5-4 "天正图库管理系统"窗口

5）在所选的图标上双击，返回"门"对话框；然后单击右边的三维显示窗口，系统弹出"天正图库管理系统"对话框，在其中选择平开门的三维样式，结果如图 5-5 所示。

6）在所选的图标上双击，返回"门"对话框；设置编号为 M-2 的门图形参数，结果如图 5-6 所示。

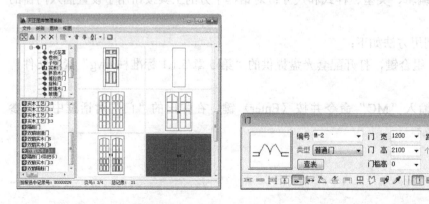

图 5-5 选择门样式

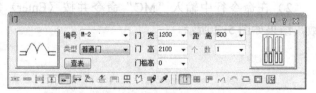

图 5-6 设置参数

7）在绘图区中点取门的大致位置和开向，插入双开门图形的结果如图 5-7 所示。

8）选择软件界面左侧的天正建筑菜单栏中的"门窗"→"门窗"命令，弹出"门窗"
对话框；在其中单击"插窗"按钮 ▦，弹出"窗"对话框，设置参数如图 5-8 所示。

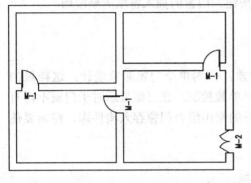

图 5-7　插入双开门

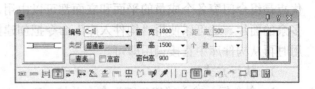

图 5-8　设置窗参数

9）在墙体上点取窗的大致位置和开向，插入窗图形如图 5-9 所示。

10）将当前视图转换为"西南等轴测视图"，查看插入门窗图形的三维效果，如图 5-10
所示。

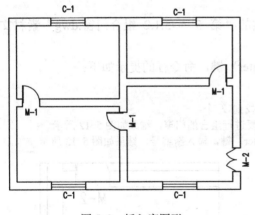

图 5-9　插入窗图形

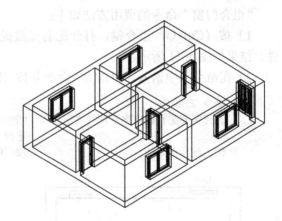

图 5-10　三维效果

提示："门" / "窗"对话框中主要命令按钮的含义如下。

➢ "自由插入"按钮 ▣。单击此按钮可以在墙体上自定义门窗的插入位置。按
〈Shift〉键切换门的开启方向。

➢ "沿墙顺序插入"按钮 ▣。单击此按钮可以在墙体上指定门窗的离墙间距，单击鼠
标左键即可插入门窗图形。

➢ "依据点取位置两侧的轴线进行等分插入"按钮 ▣。点取门窗的插入位置，按命令
行的提示选择参考轴线，即可在两根轴线之间的中点插入门窗图形。

➢ "在点取的墙段上等分插入"按钮 ▣。可以在选中的墙段上等分插入门窗图形，门
窗距左右或上下两边的墙距离相等。

➢ "垛宽定距插入"按钮 ▣。通过指定门窗图形距某一边墙体的距离参数来插入图形。

> ➤ "轴线定距插入"按钮▣。通过指定轴线与门窗图形之间的距离参数来插入图形。
> ➤ "按角度插入弧墙上的门窗"按钮▣。单击此按钮,可以在选中的弧墙上插入门窗图形。
> ➤ "充满整个墙段插入门窗"按钮▣。单击此按钮,门窗的插入将填满整段墙。

5.1.2 组合门窗

组合门窗是指将插入的多个门窗组合为一个对象,作为单个门窗对象统计。这样做的优点是组合门窗各个成员的平面和立面都可以由用户单独控制,在三维显示时子门窗不再有多余的面片,还可以使用"构件入库"命令把创建好的常用组合门窗存入构件库,待需要使用时再从构件库中直接调用即可。

1. 执行方式

> ➤ 命令行:输入"ZHMC"命令并按〈Enter〉键。
> ➤ 菜单栏:选择"门窗"→"组合门窗"命令。

2. 操作步骤

调用"组合门窗"命令后,根据命令行的提示选择门窗图形,然后输入新的门窗组合编号,按〈Enter〉键,即可完成组合门窗操作。

"组合门窗"命令的调用方法如下:

1)按〈Ctrl+O〉组合键,打开配套光盘提供的"第 5 章/5.1.2 组合门窗.dwg"素材文件,结果如图 5-11 所示。

2)在命令行中输入"ZHMC"命令并按〈Enter〉键,命令行的提示如下:

```
命令: ZHMC↵
选择需要组合的门窗和编号文字:指定对角点: 找到 2 个
                        //选择需要进行组合的门窗,结果如图 5-12 所示
输入编号:MC-1          //按〈Enter〉键,输入新编号,结果如图 5-13 所示
```

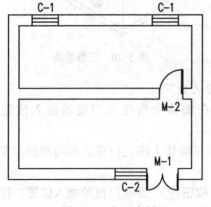

图 5-11 打开素材

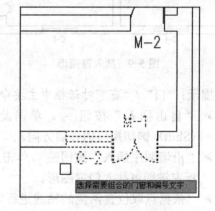

图 5-12 选择门窗

3)按〈Enter〉键,组合门窗操作的结果如图 5-14 所示。

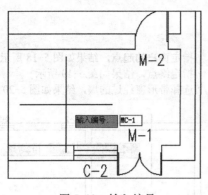

图 5-13　输入编号

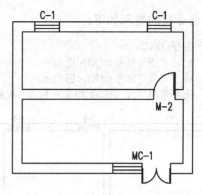

图 5-14　门窗组合

4）将当前视图转换为"西南等轴测视图"，查看插入门窗的三维效果，如图 5-15 所示。

5.1.3　带形窗

调用"带形窗"命令，可以在指定的多段墙体上创建若干扇普通窗，且所创建的窗的编号相同，宽度与墙体的宽度一致。

1．执行方式

➢ 命令行：输入"DXC"命令并按〈Enter〉键。

➢ 菜单栏：选择"门窗"→"带形窗"命令。

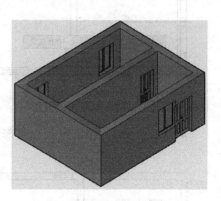

图 5-15　三维效果

2．操作步骤

调用"带形窗"命令后，系统弹出"带形窗"对话框，在其中可以设置带形窗的编号、窗户高和窗台高参数，接着在绘图窗口中指定带形窗的起点和终点，然后选择带形窗所经过的墙体，并按〈Enter〉键，即可完成带形窗的创建。

"带形窗"命令的调用方法如下：

1）按〈Ctrl+O〉组合键，打开配套光盘提供的"第 5 章/5.1.3 带形窗.dwg"素材文件，结果如图 5-16 所示。

2）调用"DXC"命令，系统弹出"带形窗"对话框，设置参数如图 5-17 所示。

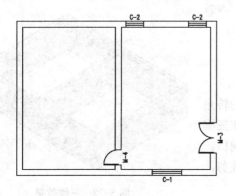

图 5-16　打开素材

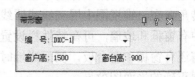

图 5-17　"带形窗"对话框

3）命令行的提示如下：

命令: DXC↙
起始点或 [参考点(R)]<退出>:   //指定窗户的起点，结果如图 5-18 所示
终止点或 [参考点(R)]<退出>:   //指定终点，结果如图 5-19 所示
选择带形窗经过的墙:指定对角点: 找到 2 个   //选择带形窗经过的墙，结果如图 5-20 所示

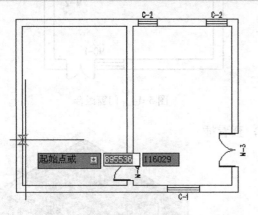

图 5-18　指定起点

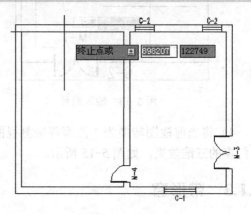

图 5-19　指定终点

4）按〈Enter〉键即可创建带形窗，如图 5-21 所示。

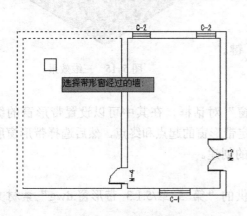

图 5-20　选择墙体

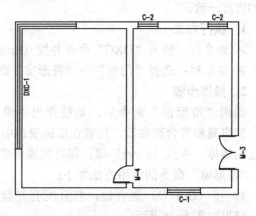

图 5-21　创建带形窗

5）将当前视图转换为"西南等轴测视图"，查看带形窗的三维效果，如图 5-22 所示。

5.1.4　转角窗

跨越两段相邻转角墙体的平窗或凸窗，称为转角窗。转角窗在二维视图中用三线或四线表示，在三维视图中有窗框和玻璃，可在特性栏设置为转角洞口。角凸窗还有窗楣和窗台板，侧面碰墙时会自动裁剪，以获得正确的平面图效果。

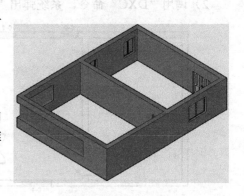

图 5-22　三维效果

1. 执行方式

➤ 命令行：输入"ZJC"命令并按〈Enter〉键。

➤ 菜单栏：选择"门窗"→"转角窗"命令。

2. 操作步骤

绘制转角窗时，系统首先弹出"绘制角窗"对话框，以设置编号、窗高、窗台高等参数，接着单击要插入转角窗的墙内角，并输入两侧转角距离，即可完成转角窗的绘制。"转角窗"命令的调用方法如下：

1）按〈Ctrl+O〉组合键，打开配套光盘提供的"第 5 章/5.1.4 转角窗.dwg"素材文件，结果如图 5-23 所示。

2）在命令行中输入"ZJC"命令并按〈Enter〉键，系统弹出"绘制角窗"对话框，设置参数如图 5-24 所示。

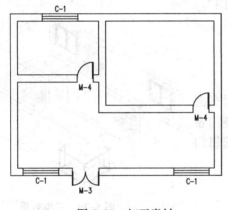

图 5-23　打开素材

图 5-24　"绘制角窗"对话框

3）命令行的提示如下：

```
命令: ZJC↙
请选取墙角<退出>:              //点取墙角，结果如图 5-25 所示
转角距离 1<1000>:1500          //输入转角距离 1 的参数，结果如图 5-26 所示
转角距离 2<1000>:1500          //输入转角距离 2 的参数，结果如图 5-27 所示
```

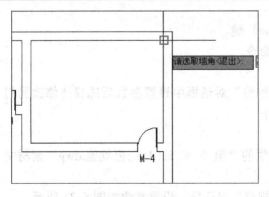

图 5-25　点取墙角

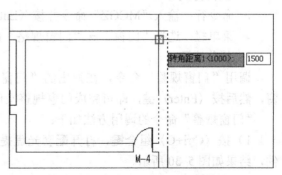

图 5-26　指定转角距离 1

4）按〈Enter〉键，即可完成转角窗的创建，如图 5-28 所示。

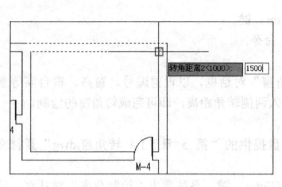

图 5-27 指定转角距离 2

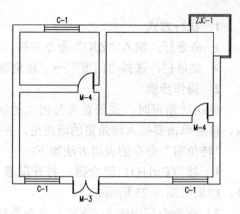

图 5-28 创建转角窗

5）将当前视图转换为"西南等轴测视图"，查看转角窗的三维效果，如图 5-29 所示。

5.2 门窗编辑和工具

使用门窗编辑工具的各项命令，可以对平面图上的门窗图形执行各项编辑操作，如调整门窗与墙体之间的关系、调整门的开启方向、编辑门窗编号等。

本节介绍编辑门窗的操作方法。

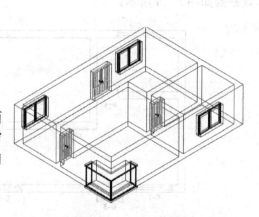

图 5-29 三维效果

5.2.1 门窗规整

在调入门窗图形时，可以在"门"/"窗"对话框中设置门窗的位置参数。在批量插入门窗图形后，其统一的位置有时会不符合图纸本身的要求，因此就可以调用"门窗规整"命令来调整门窗的位置。通过调用该命令，可以执行修改门窗垛宽参数、将门窗居中等操作。

1. 执行方式

➢ 命令行：输入"MCGZ"命令并按〈Enter〉键。

➢ 菜单栏：选择"门窗"→"门窗规整"命令。

2. 操作步骤

调用"门窗规整"命令，在弹出的"门窗规整"对话框中设置参数后选择待修改的门窗，然后按〈Enter〉键，即可完成门窗规整操作。

"门窗规整"命令的调用方法如下：

1）按〈Ctrl+O〉组合键，打开配套光盘提供的"第 5 章/5.2.1 门窗规整.dwg"素材文件，结果如图 5-30 所示。

2）调用"MCGZ"命令，系统弹出"门窗规整"对话框，设置参数如图 5-31 所示。

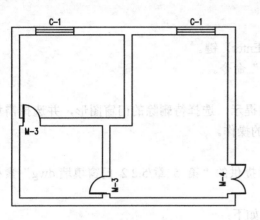

图 5-30　打开素材

图 5-31　"门窗规整"对话框

3）命令行的提示如下：

命令: MCGZ↙
请选择需归整的门窗<退出>:　　　　　　　　//单击选择门图形，结果如图 5-32 所示

4）门规整的结果如图 5-33 所示。

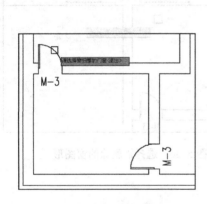

图 5-32　选择门图形

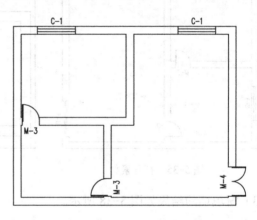

图 5-33　规整门

5）继续对窗户执行规整操作，结果如图 5-34
所示。

5.2.2　门窗填墙

　　建筑物各层之间的门窗位置都大致相同，因此可
以通过移动复制其中一层的平面图，并对其执行编辑
修改操作得到另一楼层的平面图。有时需要删除门窗
图形，但又要保留门窗洞口以作参考，此时可以调用
"门窗填墙"命令来进行该项操作。

　　调用"门窗填墙"命令，既可以删除门窗图形，
保留门窗洞口，也可以在其中填充墙体。

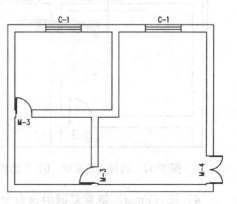

图 5-34　规整窗

1. 执行方式

➢ 命令行：输入"MCTQ"命令并按〈Enter〉键。

➢ 菜单栏：选择"门窗"→"门窗填墙"命令。

2. 操作步骤

调用"门窗填墙"命令，根据命令行的提示，选择待删除的门窗图形，并选择需填补的墙体材料，即可以完成"门窗填墙"命令的操作。

"门窗填墙"命令的调用方法如下：

1）按〈Ctrl+O〉组合键，打开配套光盘提供的"第 5 章/5.2.2 门窗填墙.dwg"素材文件，结果如图 5-35 所示。

2）调用"MCTC"命令，命令行的提示如下：

```
命令: MCTQ↙
请选择需删除的门窗<退出>:              //选择需删除的窗图形，结果如图 5-36 所示
请选择需填补的墙体材料:[填充墙(0)/填充墙 1(1)/填充墙 2(2)/砖墙(3)/无(4)]<0>: 0
                                    //选择"填充墙（0）"选项，如图 5-37 所示
```

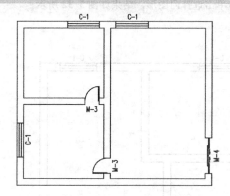

图 5-35　打开素材

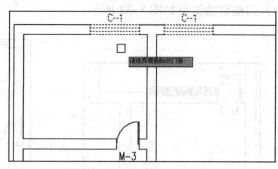

图 5-36　选择需删除的窗图形

3）窗填墙的结果如图 5-38 所示。

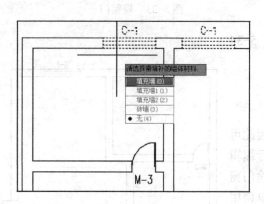

图 5-37　选择"填充墙（0）"选项

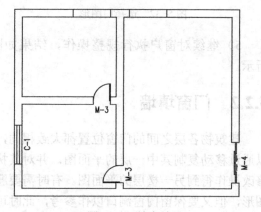

图 5-38　填充结果

4）按〈Enter〉键重复调用该命令，选择门窗图形按〈Enter〉键，在弹出的下拉列表中选择"砖墙（3）"选项，如图 5-39 所示。

5）填充结果如图 5-40 所示。

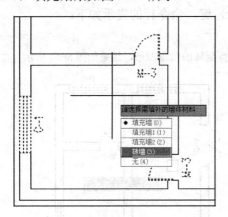
图 5-39 选择"砖墙（3）"选项

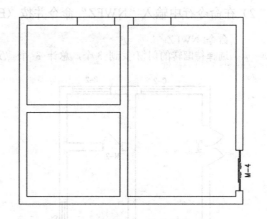
图 5-40 填充墙体

6）按〈Enter〉键调用"MCTQ"命令，选择推拉门图形，在弹出的下拉列表中选择"无（4）"选项，如图 5-41 所示。

7）填充结果如图 5-42 所示。

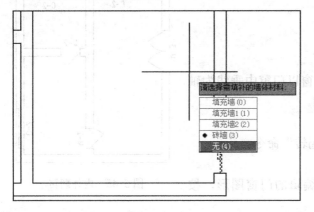
图 5-41 选择"无（4）"选项

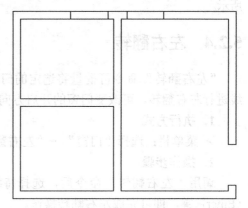
图 5-42 门窗填墙

5.2.3 内外翻转

使用夹点编辑可以进行门窗内外翻转操作，但一次只能编辑单个对象。"内外翻转"命令可对选择的门窗统一以墙基线为轴线进行翻转，一次可处理多个门窗。

1. 执行方式

➢ 命令行：输入"NWFZ"命令并按〈Enter〉键。

➢ 菜单栏：选择"门窗"→"内外翻转"命令。

2. 操作步骤

调用"内外翻转"命令，选择待执行编辑修改的门窗，然后按〈Enter〉键，即可完成内外翻转的操作。

1）按〈Ctrl+O〉组合键，打开配套光盘提供的"第 5 章/5.2.3 内外翻转.dwg"素材文件，结果如图 5-43 所示。

2）在命令行中输入"NWFZ"命令并按〈Enter〉键，命令行的提示如下：

命令: NWFZ↙
选择待翻转的门窗:找到 3 个，总计 3 个 //选择待翻转的门窗图形，结果如图 5-44 所示

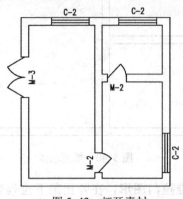

图 5-43　打开素材

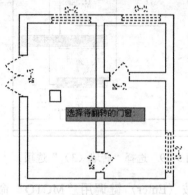

图 5-44　选择待翻转的门窗

3）按〈Enter〉键，即可完成内外翻转操作，结果如图 5-45
所示。

5.2.4　左右翻转

"左右翻转"命令可批量将选定的门窗以门窗中垂线为轴
线进行左右翻转，可改变门窗的开启方向。

1. 执行方式

➢ 菜单栏：选择"门窗"→"左右翻转"命令。

2. 操作步骤

调用"左右翻转"命令后，选择待编辑的门窗图形，按

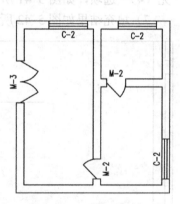

图 5-45　内外翻转

〈Enter〉键，即可完成左右翻转操作。

1）按〈Ctrl+O〉组合键，打开配套光盘提供的"第 5 章/5.2.4 左右翻转.dwg"素材文
件，结果如图 5-46 所示。

2）选择"门窗"→"左右翻转"命令，命令行的提示如下：

命令: T91_TMirWinLR
选择待翻转的门窗:找到 3 个，总计 3 个　　　　　　　　//选择门图形，结果如图 5-47 所示

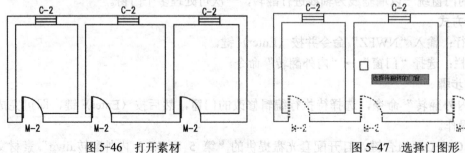

图 5-46　打开素材

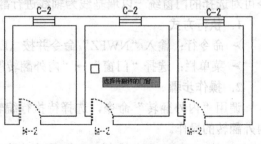

图 5-47　选择门图形

3）按〈Enter〉键，即可完成左右翻转操作，结果如图 5-48 所示。

5.2.5 编号复位

"编号复位"命令用于将门窗编号恢复到默认位置，特别适用于解决因门窗改变编号位置夹点与其他夹点重合而使两者无法分开的问题。

1. 执行方式

➤ 命令行：输入"BHFW"命令并按〈Enter〉键。

➤ 菜单栏：选择"门窗"→"门窗工具"→"编号复位"命令。

2. 操作步骤

调用"编号复位"命令，选择待编辑的门窗，按〈Enter〉键，即可使门窗编号恢复至指定的位置。

1）按〈Ctrl+O〉组合键，打开配套光盘提供的"第 5 章/5.2.5 编号复位.dwg"素材文件，结果如图 5-49 所示。

2）在命令行中输入"BHFW"命令并按〈Enter〉键，命令行的提示如下：

命令：BHFW✓
选择名称待复位的门窗: 指定对角点: 找到 4 个   //选择名称待复位的门窗，结果如图 5-50 所示

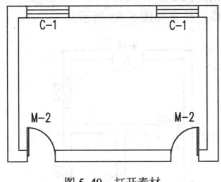

图 5-49　打开素材

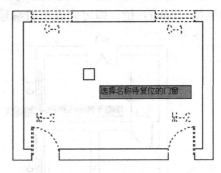

图 5-50　选择名称待复位的门窗

3）按〈Enter〉键，即可完成编号复位操作，结果如图 5-51 所示。

5.2.6 编号后缀

"编号后缀"命令用于为门窗编号添加指定的后缀，适用于对称的门窗在编号后增加"反"缀号的情况，添加后缀的门窗与原门窗独立编号。

1. 执行方式

➤ 命令行：输入"BHHZ"命令并按〈Enter〉键。

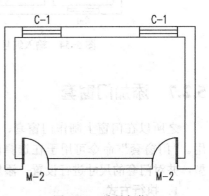

图 5-51　编号复位

> 菜单栏：选择"门窗"→"门窗工具"→"编号后缀"命令。

2．操作步骤

调用"编号后缀"命令，可以为编号添加用户自定义的后缀文字。

1）按〈Ctrl+O〉组合键，打开配套光盘提供的"第 5 章/5.2.6 编号后缀.dwg"素材文件，结果如图 5-52 所示。

2）调用"BHHZ"命令，根据命令行的提示，选择需要添加编号后缀的门窗，结果如图 5-53 所示。

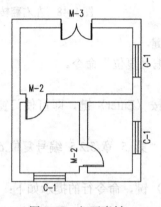

图 5-52 打开素材

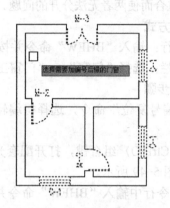

图 5-53 选择门窗

3）按〈Enter〉键，输入门窗的编号后缀，结果如图 5-54 所示。

4）按〈Enter〉键，即可完成添加编号后缀操作，结果如图 5-55 所示。

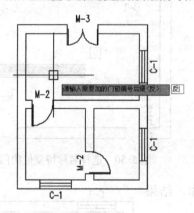

图 5-54 输入编号

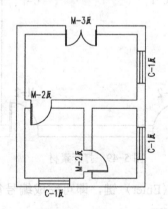

图 5-55 编号后缀

5.2.7 添加门窗套

之所以在门窗上制作门窗套，主要是用于保护门窗，同时也具有一定的装饰和美化作用。"门窗套"命令可用于在选择的门窗口上添加门窗套，也可为多个门窗添加门窗套造型，并对门套的尺寸进行设置。添加的门窗套将出现在门窗洞的四周。

1．执行方式

> 命令行：输入"MCT"命令并按〈Enter〉键。

➢ 菜单栏：选择"门窗"→"门窗工具"→"门窗套"命令。

2．操作步骤

添加门窗套时，在"门窗套"对话框中设置门窗套的材料、长宽、宽度等参数，选择需要进行添加门窗套的门窗，指定窗套所在的一侧，即可完成绘制门窗套的操作。

"门窗套"命令的调用方法如下：

1）按〈Ctrl+O〉组合键，打开配套光盘提供的"第 5 章/5.2.7 门窗套.dwg"素材文件，结果如图 5-56 所示。

2）调用"MCT"命令，系统弹出"门窗套"对话框，设置参数如图 5-57 所示。

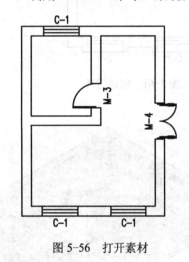

图 5-56　打开素材

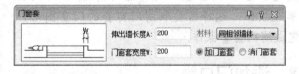

图 5-57　"门窗套"对话框

3）命令行的提示如下：

```
命令: MCT↙
请选择外墙上的门窗: 找到 2 个, 总计 2 个    //选择待添加窗套的窗图形, 结果如图 5-58 所示
点取窗套所在的一侧:              //鼠标向下移动, 指定窗套所在的一侧, 结果如图 5-59 所示
```

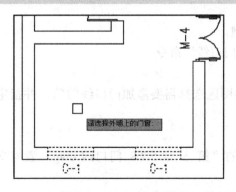

图 5-58　选择窗图形

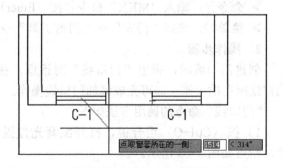

图 5-59　指定方向

4）添加窗套的结果如图 5-60 所示。

5）重复上述操作，添加门套，结果如图 5-61 所示。

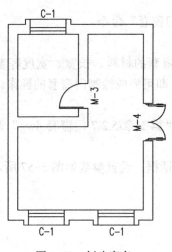

图 5-60   创建窗套

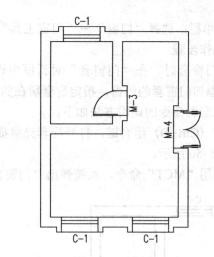

图 5-61   创建门套

6）将当前视图转换为"西南等轴测视图"，查看门窗套的三维效果，如图 5-62 所示。

技巧：在"门窗套"对话框中单击"消门窗套"单选按钮，选择需要取消门窗套的门窗图形，即可完成消门窗套操作。

5.2.8   添加门口线

"门口线"命令用于在平面图上指定的一个或多个门的某一侧添加门口线，表示门槛或者门两侧地面标高不同，门口线是门的对象属性之一，因此门口线会自动随门移动。

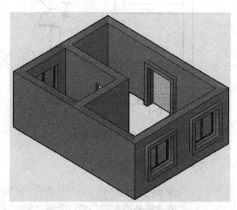

图 5-62   门窗套的三维效果

1．执行方式

➢ 命令行：输入"MKX"命令并按〈Enter〉键。

➢ 菜单栏：选择"门窗"→"门窗工具"→"门口线"命令。

2．操作步骤

创建门口线时，弹出"门口线"对话框，在绘图区选择需要添加门口线的门，并指定门口线所在的一侧，即可完成添加门口线操作。

"门口线"命令的调用方法如下：

1）按〈Ctrl+O〉组合键，打开配套光盘提供的"第 5 章/5.2.8 门口线.dwg"素材文件，结果如图 5-63 所示。

2）调用"MKX"命令，系统弹出"门口线"对话框，设置参数如图 5-64 所示。

命令：MKX↙
请选取需要加门口线的门:找到 1 个   //选择门图形，结果如图 5-65 所示
请点取门口线所在的一侧<退出>: //点取门口线所在的位置，创建门口线的结果如图 5-66 所示

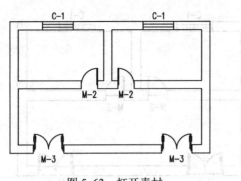

图 5-63 打开素材

图 5-64 "门口线"对话框

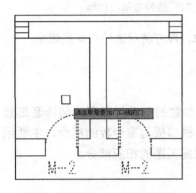

图 5-65 选择需要加门口线的门

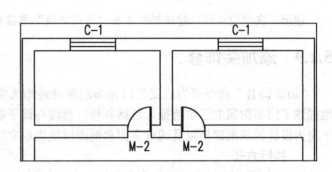

图 5-66 绘制居中门口线

3）在"门口线"对话框中修改参数，结果如图 5-67 所示。

4）在绘图区中选择门图形，并且拖动鼠标向下移动，指定门口线的位置，结果如图 5-68 所示。

5）添加门口线的结果如图 5-69 所示。

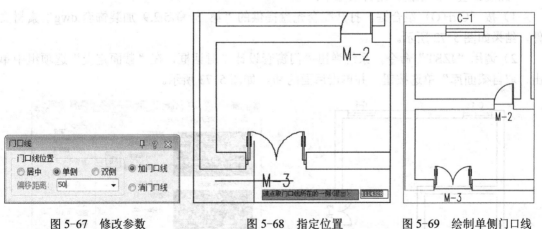

图 5-67 修改参数   图 5-68 指定位置   图 5-69 绘制单侧门口线

6）在"门口线"对话框中修改参数，结果如图 5-70 所示。

7）根据命令行的提示分别选择门图形和指定门口线的位置，添加门口线的结果如图 5-71 所示。

图 5-70 修改参数

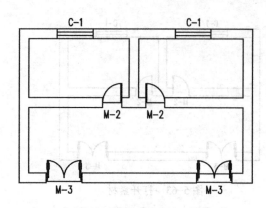

图 5-71 绘制双侧门口线

提示：在"门口线"对话框中单击"消门口线"单选按钮，即可将所选的门口线删除。

5.2.9 添加装饰套

"加装饰套"命令可为选定的门窗添加各种装饰风格和参数的三维门窗套。装饰套细致地描述了门窗附属的三维特征，包括各种门套线与筒子板、檐口板与窗台板的组合，主要用于室内设计的三维建模以及通过立面和剖面模块生成立剖面施工图的相应部分。

1. 执行方式

➢ 命令行：输入"JZST"命令并按〈Enter〉键。

➢ 菜单栏：选择"门窗"→"门窗工具"→"加装饰套"命令。

2. 操作步骤

添加装饰套时，弹出"门窗套设计"对话框，在其中设置相关参数，然后选择需要添加装饰套的门窗，按〈Enter〉键确认，即可完成添加装饰套的操作。

"加装饰套"命令的调用方法如下：

1）按〈Ctrl+O〉组合键，打开配套光盘提供的"第 5 章/5.2.9 加装饰套.dwg"素材文件，结果如图 5-72 所示。

2）调用"JZST"命令，系统弹出"门窗套设计"对话框，在"截面定义"选项组中单击"取自截面库"单选按钮，并单击后面的 ⬚，如图 5-73 所示。

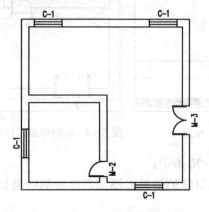

图 5-72 打开素材

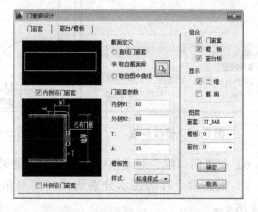

图 5-73 "门窗套设计"对话框

3）单击该按钮，打开"天正图库管理系统"窗口，在其中选择门窗套线截面，结果如图 5-74 所示。

4）双击选择的图案，返回"门窗套设计"对话框；单击"确定"按钮关闭对话框。

5）命令行的提示如下：

命令: JZST↙

选择需要加门窗套的门窗:找到 6 个，总计 6 个　　　　　//选择门窗，结果如图 5-75 所示

点取室内一侧<退出>:　　//按〈Enter〉键，分别指定门窗套所在的位置，结果如图 5-76 所示

6）门窗套的添加结果如图 5-77 所示。

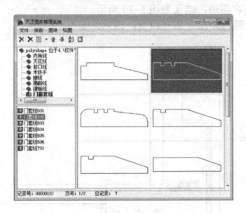

图 5-74　"天正图库管理系统"窗口

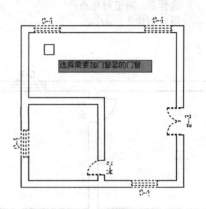

图 5-75　选择门窗

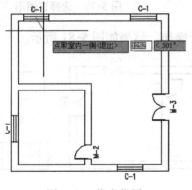

图 5-76　指定位置

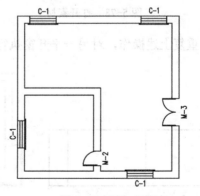

图 5-77　添加门窗套

5.2.10　窗棂展开

"窗棂展开"命令可以把窗的立面展开到 WCS 平面上，以便更改窗棂的划分。

在 T20 天正建筑软件中，可以通过在命令行中输入"CLZK"调用"窗棂展开"命令，选择需要进行展开的窗，单击展开位置，即可完成窗棂展开操作。

1. 执行方式

➤ 命令行：输入"CLZK"命令并按〈Enter〉键。

➤ 菜单栏：选择"门窗"→"门窗工具"→"窗棂展开"命令。

2. 操作步骤

调用"窗棂展开"命令，根据命令行的提示，选择窗图形，指定展开位置可以完成窗棂展开操作。

"窗棂展开"命令的调用方法如下：

1）按〈Ctrl+O〉组合键，打开配套光盘提供的"第 5 章/5.2.10 窗棂展开.dwg"素材文件，结果如图 5-78 所示。

2）调用"CLZK"命令，命令行的提示如下：

```
命令: CLZK↵
选择窗: 指定对角点:              //选择窗图形，结果如图 5-79 所示
展开到位置<退出>:               //在绘图区中指定展开位置，结果如图 5-80 所示
```

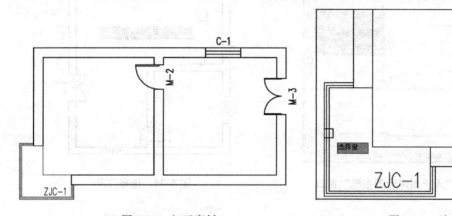

图 5-78　打开素材　　　　　　　　　　　　　　　　图 5-79　选择窗图形

3）重复上述操作，对另一平开窗执行窗棂展开操作，结果如图 5-81 所示。

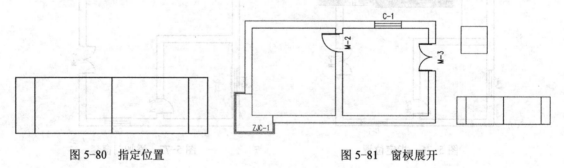

图 5-80　指定位置　　　　　　　　　　　　　　　　图 5-81　窗棂展开

5.2.11　窗棂映射

调用"窗棂映射"命令，可以在已展开的窗立面图上绘制窗棂分格线，再在目标窗上按默认尺寸映射，此时目标窗即更新为所定义的三维窗棂分格效果。

1. 执行方式

➢ 命令行：输入"CLYS"命令并按〈Enter〉键。

➢ 菜单栏：选择"门窗"→"门窗工具"→"窗棂映射"命令。

2. 操作步骤

调用"窗棂映射"命令，分别选择待映射的窗及棂线，点取基点，即可完成窗棂映射操作。

"窗棂映射"命令的调用方法如下：

1）按〈Ctrl+O〉组合键，打开配套光盘提供的"第 5 章/5.2.11 窗棂映射.dwg"素材文件，结果如图 5-82 所示。

2）调用"直线"命令，在执行"窗棂展开"命令后的窗立面图上绘制窗棂分格线，结果如图 5-83 所示。

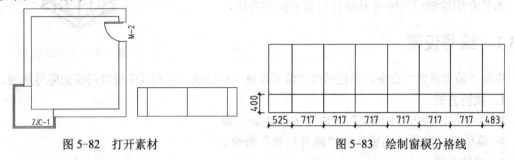

图 5-82　打开素材　　　　　　　　　　　　　　　图 5-83　绘制窗棂分格线

3）在命令行中输入"CLYS"命令并按〈Enter〉键，命令行的提示如下：

```
命令: CLYS↙
选择待映射的窗: 指定对角点: 找到 1 个          //选择待映射的窗，结果如图 5-84 所示
```

提示： 若空选择，则恢复原始默认的窗框。

```
选择待映射的棱线: 指定对角点: 找到 2 个，总计 4 个
选择待映射的棱线: 找到 1 个，总计 5 个    //选择待映射的棱，结果如图 5-85 所示
基点<退出>:                           //指定基点，结果如图 5-86 所示
```

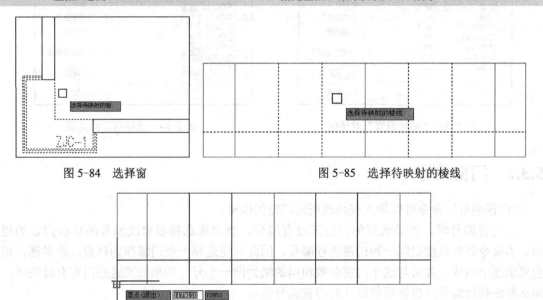

图 5-84　选择窗　　　　　　　　　　　　　图 5-85　选择待映射的棱线

图 5-86　指定基点

4）将视图转换为三维视图，即可观察到窗楞映射的结果，如图 5-87 所示。

5.3 门窗编号和门窗表

建筑平面图中有各种类型的门窗，调用"门窗编号"命令，可以为门窗绘制编号以方便识别。调用"门窗表"命令，可以统计平面图中的门窗并创建门窗表格。

本节介绍绘制门窗编号及统计门窗的操作方法。

5.3.1 编号设置

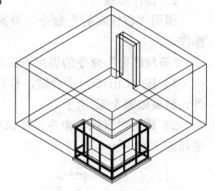

图 5-87 窗楞映射

调用"编号设置"命令，系统弹出"编号设置"对话框，可在其中设置门窗的编号规则。

1. 执行方式

➢ 命令行：输入"BHSZ"命令并按〈Enter〉键。

➢ 菜单栏：选择"门窗"→"编号设置"命令。

2. 操作步骤

调用"BHSZ"命令，系统弹出如图 5-88 所示的"编号设置"对话框，在右侧的"编号规则"选项组中选择门窗的编号方式。

在"门窗类别"下拉列表框中选择门窗的类型，如图 5-89 所示。

单击"确定"按钮关闭对话框，即可完成编号设置操作。

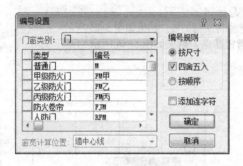

图 5-88 "编号设置"对话框

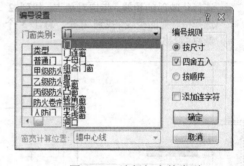

图 5-89 选择门窗的类型

5.3.2 门窗编号

"门窗编号"命令可以输入或修改所选门窗的编号。

在门窗编号时，如果选择的门窗还没有编号，会出现选择要修改编号的样板门窗的提示。本命令每次只能对同一种门窗进行编号，因此只能选择一个门窗作为样板，若多选，则会要求逐个确认，并将与这个门窗参数相同的编为同一个号。如果以前这些门窗有过编号，那么即使删除编号，也会提供默认的门窗编号值。

1. 执行方式

➢ 命令行：输入"MCBH"命令并按〈Enter〉键。

> 菜单栏：选择"门窗"→"门窗编号"命令。

2. 操作步骤

调用"门窗编号"命令后，先选择需要进行编号的门窗，然后根据命令行提示输入新编号，按〈Enter〉键即可完成门窗编号操作。

"门窗编号"命令的调用方法如下：

1）按〈Ctrl+O〉组合键，打开配套光盘提供的"第 5 章/5.3.2 门窗编号.dwg"素材文件，结果如图 5-90 所示。

2）调用"MCBH"命令，命令行的提示如下：

> 命令: MCBH↙
> 请选择需要改编号的门窗的范围<退出>:找到 3 个，总计 3 个
> //选择窗图形，结果如图 5-91 所示
> 请输入新的门窗编号或[删除编号(E)]<C-1515>:C-1 //输入窗户的编号参数，结果如图 5-92 所示

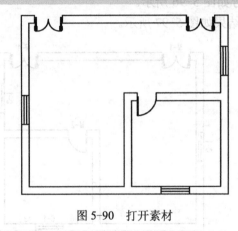

图 5-90 打开素材

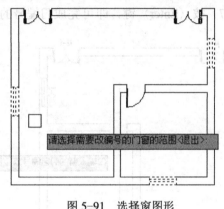

图 5-91 选择窗图形

3）按〈Enter〉键，即可完成编号的设置，结果如图 5-93 所示。

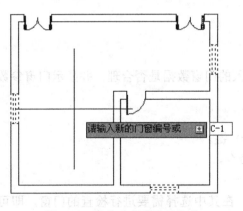

图 5-92 输入窗户的编号参数

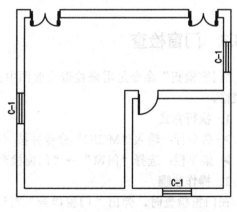

图 5-93 输入编号

4）重复调用命令，选择门图形并输入门编号，如图 5-94 所示。

5）按〈Enter〉键，门编号的设置结果如图 5-95 所示。

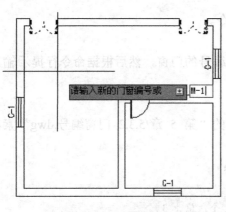

图 5-94　设置门编号

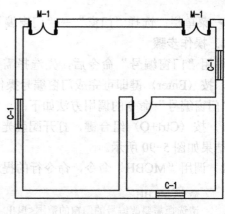

图 5-95　绘制编号

6）重复调用"MCBH"命令，输入新的门编号如图 5-96 所示。

7）按〈Enter〉键，即可完成门编号的设置，结果如图 5-97 所示。

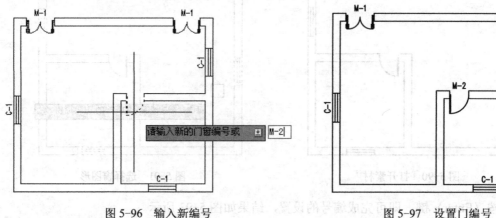

图 5-96　输入新编号

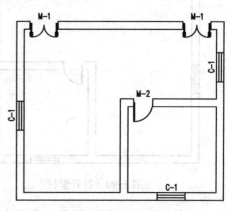

图 5-97　设置门编号

5.3.3　门窗检查

"门窗检查"命令是用来检查当前图中已插入的门窗数据是否合理，并显示门窗参数电子表格。

1. 执行方式

➤ 命令行：输入"MCJC"命令并按〈Enter〉键。

➤ 菜单栏：选择"门窗"→"门窗检查"命令。

2. 操作步骤

在门窗检查时，弹出"门窗检查"对话框，在其中选择需要进行检查的门窗，即可在对话框中详细查看所选门窗的数据。

"门窗检查"命令的调用方法如下：

1）按〈Ctrl+O〉组合键，打开配套光盘提供的"第 5 章/5.3.3 门窗检查.dwg"素材文件，结果如图 5-98 所示。

2）调用"MCJC"命令，打开如图 5-99 所示的"门窗检查"窗口。

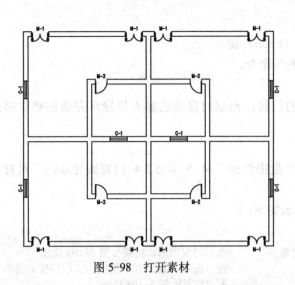

图 5-98　打开素材

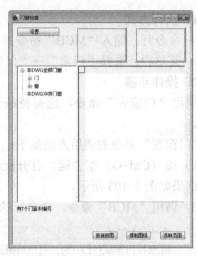

图 5-99　"门窗检查"窗口

3）单击"选取范围"按钮，选取门窗如图 5-100 所示。

4）按〈Enter〉键返回"门窗检查"对话框，在其中可以显示选中门窗的参数，如图 5-101 所示。

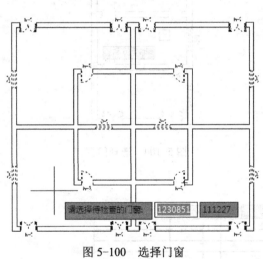

图 5-100　选择门窗

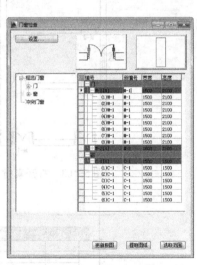

图 5-101　显示门窗参数

提示：单击对话框左上角的"设置"按钮，在弹出的"设置"对话框中可以定义检查的内容以及门窗显示参数，如图 5-102 所示。

5.3.4　门窗表

"门窗表"命令用于统计本图中使用的门窗参数，检查后生成传统样式门窗表。天正建筑软件从 TArch 8 版开始提供用户定制门窗表的方法，各设计单位可以根据需要定制自己的门窗表格入库，定制本单位的门窗表格样式。

图 5-102　设置门编号

1. 执行方式

➢ 命令行：输入"MCB"命令并按〈Enter〉键。

➢ 菜单栏：选择"门窗"→"门窗表"命令。

2. 操作步骤

调用"门窗表"命令，选择待统计的门窗，点取门窗表的插入位置可完成创建表格的操作。

"门窗表"命令的调用方法如下：

1）按〈Ctrl+O〉组合键，打开配套光盘提供的"第 5 章/5.3.4 门窗编号.dwg"素材文件，结果如图 5-103 所示。

2）调用"MCB"命令，命令行的提示如下：

```
命令: MCB↙
请选择门窗或[设置(S)]<退出>:指定对角点:        //选择门窗图形，结果如图 5-104 所示
请点取门窗表位置(左上角点)<退出>:              //按〈Enter〉键，在绘图区中点取门窗表的位
                                                置，结果如图 5-105 所示
```

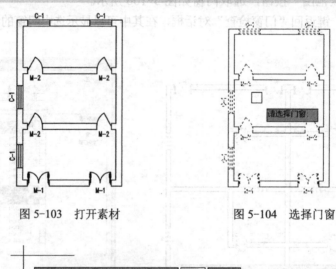

图 5-103　打开素材　　　　　　　　图 5-104　选择门窗

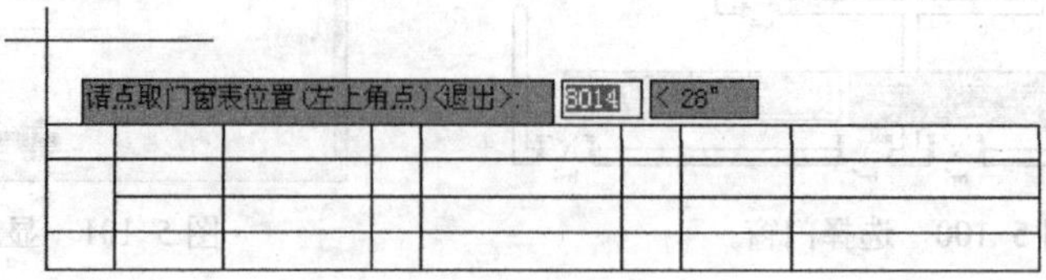

图 5-105　点取插入点

3）创建门窗表的结果如图 5-106 所示。

门窗表

类型	设计编号	洞口尺寸/(mm×mm)	数量	图集名称	页次	选用型号	备注
普通门	M-1	1500×2100	2				
	M-2	1000×2100	4				
普通窗	C-1	1500×1500	4				

图 5-106　创建门窗表

5.3.5 门窗总表

"门窗总表"命令用于统计当前工程中多个平面图使用的门窗编号，检查后生成门窗总表，可由用户在当前图上指定各楼层平面所属门窗，适用于在一个 DWG 图形文件上存放多楼层平面图的情况，也可指定分别保存在多个不同 DWG 图形文件上的不同楼层平面。

1．执行方式

➤ 命令行：输入"MCZB"命令并按〈Enter〉键。

➤ 菜单栏：选择"门窗"→"门窗总表"命令。

2．操作步骤

使用"门窗总表"命令来统计门窗的操作方法如下：

1）按〈Ctrl+O〉组合键，打开配套光盘提供的"第 5 章/5.3.5 门窗编号.dwg"素材文件，结果如图 5-107 所示。

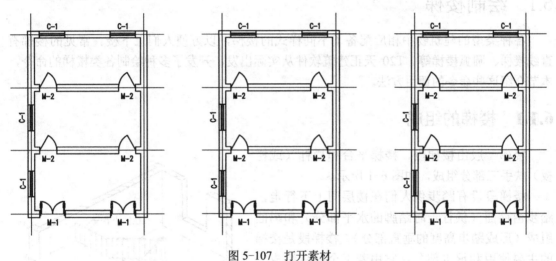

图 5-107　打开素材

2）调用"MCZB"命令，命令行的提示如下：

```
命令: MCZB↙
统计标准层住宅楼平面图的门窗表...
请点取门窗表位置(左上角点)或[设置(S)]<退出>:        //点取表格插入位置，创建表格并完成统
                                                     //计操作的结果如图 5-108 所示
```

门窗表

类型	设计编号	洞口尺寸/(mm×mm)	数量				图集选用			备注
			1	2	3	合计	图集名称	页次	选用型号	
普通门	M-1	1500×2100	2	2	2	6				
	M-2	1000×2100	4	4	4	12				
普通窗	C-1	1500×1500	4	4	4	12				

图 5-108　门窗总表

第 6 章　创建室内外设施

　　建筑施工图的室内设施包括各种类型的楼梯、电梯、扶梯等，其室外设施包括散水、台阶、坡道等。T20 天正建筑软件为用户提供了绘制室内外设施的命令，调用这些命令可弹出对话框，在对话框中可设置图形的参数，然后在绘图区中指定位置就可以创建图形。

　　本章介绍创建室内外设施的方法。

6.1　绘制楼梯

　　各种类型的建筑物中相应配备了不同样式的楼梯，以方便人们上下楼。常见的楼梯有直线楼梯、圆弧楼梯等。T20 天正建筑软件从实际出发，开发了多种绘制各类楼梯的命令，本节介绍这些命令的调用方法。

6.1.1　楼梯的组成

　　楼梯一般由楼梯段、楼梯平台和栏杆（或栏板）扶手三部分组成，如图 6-1 所示。

　　楼梯段设有踏步供人们在楼层间上下行走，踏步由踏面（供行走时踏脚的水平部分）和踢面组成（形成踏步高度的垂直部分）。楼梯段是楼梯的主要使用和承重部分，它由若干个踏步组成。为减少人们上下楼梯时的疲劳和适应人行的习惯，要求一个楼梯段的踏步数最少不少于 3 级且最多不超过 18 级。

　　连接两楼梯段之间的水平板称为楼梯平台。楼梯平台可用来连接楼层、转换梯段方向及供行人中间休息，有楼层平台和中间平台之分。介于两个楼层中间供人们在连续上楼时稍加休息的平台称为中间平台。中间平台又称休息平台。在楼层上下楼梯的起始部位与楼层标高相一致的平台称为楼层平台。

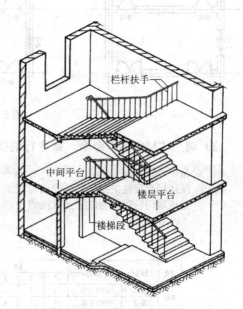

图 6-1　楼梯的组成

　　栏杆扶手是楼梯段的安全设施，一般设置在梯段的边缘和平台临空的一边。栏杆扶手必须坚固可靠，并保证有足够的安全高度。栏杆扶手是栏杆或栏板顶部供行人依扶用的连续构件。当梯段宽度>1400mm 时，还应加设靠墙扶手；当梯段宽度>2200mm 时，还应设中间扶手。扶手高度一般为自踏面中心线以上 900mm，儿童使用的楼梯应在 500~600mm 高度再加设一道扶手；当楼梯水平段栏杆长度>500mm 时，扶手高度应≥1050mm；栏杆垂直杆件之间的水平净空应≤110mm。

6.1.2 楼梯的分类

按平面的形式不同，楼梯可分为如下几种类型。

1．单跑楼梯

单跑楼梯是指连接上、下层楼梯并且中途不改变方向的楼梯。单跑楼梯不设中间平台，由于其梯段踏步数不能超过 18 步，因此一般用于层高较小的建筑内。单跑楼梯又可分为直线梯段、圆弧梯段和任意梯段 3 种。

2．交叉式楼梯

交叉式楼梯由两个直行单跑楼梯交叉并列布置而成。通行的人流量较大，且为上下楼层的人流提供了两个方向，对于空间开敞、楼层人流多方向进入有利，但仅适合于层高小的建筑。

3．双跑楼梯

双跑楼梯由两个梯段组成，中间设休息平台。这种楼梯可通过平台改变人流方向，导向较自由。折角可改变，当折角≥90°时，因其行进方向似直行双跑梯，故常用于仅上二层楼的门厅、大厅等处。当折角<90°时，往往用于不规则楼梯间中。

4．双分平行楼梯

这种形式是在双跑平行楼梯的基础上演变出来的。第一跑位置居中且较宽，到达中间平台后分开两边上，第二跑一般是第一跑的 1/2 宽，两边加在一起与第一跑等宽，通常用在人流多、需要梯段宽度较大时。由于其造型严谨对称，经常被用作办公建筑门厅中的主楼梯。

5．螺旋楼梯

螺旋楼梯平面呈圆形，通常中间设一根圆柱，用来悬挑支撑扇形踏步板。由于踏步外侧宽度较大，并形成较大的坡度，行走时不安全，因此这种楼梯不能用作主要人流交通和疏散楼梯。螺旋楼梯构造复杂，但因其流线形造型比较优美，故常作为观赏楼梯。

6．弧形楼梯

弧形楼梯的圆弧曲率半径较大，其扇形踏步的内侧宽度也较大，使坡度不致于过大。一般规定这类楼梯的扇形踏步上、下级所形成的平面角不超过 10°，且每级离内扶手 0.25m 处的踏步宽度超过 0.22m 时，可用作疏散楼梯。弧形楼梯常布置在大空间公共建筑门厅里，供一至二层之间较多的人流通行，也丰富了空间处理方式。但其结构和施工难度较大，成本高。

7．剪刀式楼梯

剪刀式楼梯实际上是由两个双跑楼梯交叉并列布置而形成的。它既提升了人流通行能力，又为人流变换行进方向提供了方便，适用于商场、多层食堂等人流量大、行进方向有多向性选择要求的建筑。

8．转折式三跑楼梯

转折式三跑楼梯中部形成较大梯井，有时可用于电梯井位置。由于有三跑梯段，踏步数量较多，因此这种楼梯常用在层高较大的公共建筑中。

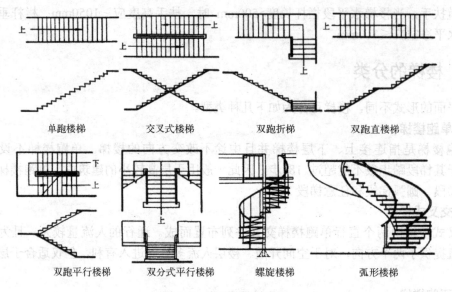

| 单跑楼梯 | 交叉式楼梯 | 双跑折梯 | 双跑直楼梯 |

| 双跑平行楼梯 | 双分式平行楼梯 | 螺旋楼梯 | 弧形楼梯 |

图 6-2　常见的楼梯类型

6.1.3　直线梯段

直线梯段是最常见的楼梯样式之一，也是 T20 天正建筑软件中最基本的楼梯样式，属于单跑楼梯类型。直线楼梯通常用于进入楼层不高的室内空间，例如地下室和阁楼等。

1. 直线方式

➢ 命令行：输入"ZXTD"命令按〈Enter〉键。

➢ 菜单栏：选择"楼梯其他"→"直线梯段"命令。

2. 操作步骤

创建直线梯段时，弹出"直线梯段"对话框，在其中设置梯段参数，在绘图区中指定插入位置，即可绘制直线梯段。

"直线梯段"命令的调用方法如下：

1）在命令行中输入"ZXTD"命令并按〈Enter〉键，系统弹出"直线梯段"对话框，在其中设置参数，如图 6-3 所示。

图 6-3　"直线梯段"对话框

2）命令行的提示如下：

命令: ZXTD↙

点取位置或 [转 90 度(A)/左右翻(S)/上下翻(D)/对齐(F)/改转角(R)/改基点(T)]<退出>:
//在绘图区中单击指定梯段的插入位置，即可创建直线梯段，结果如图 6-4 所示

3）将当前视图转换为"西南等轴测视图"，查看直线梯段的三维效果，结果如图 6-5 所示。

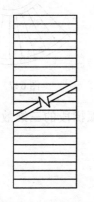
图 6-4　直线梯段

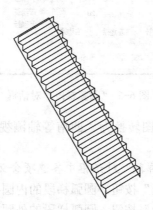
图 6-5　三维效果

提示：命令行提示中各选项的含义如下。

➢ 转 90 度(A)。在命令行中输入 A，梯段将成 90°角进行翻转。

➢ 左右翻(S)。在命令行中输入 S，梯段在左、右两个方向进行翻转。

➢ 上下翻(D)。在命令行中输入 D，梯段在上、下两个方向进行翻转。

➢ 对齐(F)。在命令行中输入 F，可将梯段与指定的基点对齐。

➢ 改转角(R)。在命令行中输入 R，可以修改梯段的翻转角度。

➢ 改基点(T)。在命令行中输入 T，可以自定义梯段的插入基点。

6.1.4　圆弧梯段

"圆弧梯段"命令用于绘制单段弧线型梯段，既适合单独的圆弧楼梯，也可与直线梯段组合创建复杂楼梯和坡道，如大堂的螺旋楼梯与入口的坡道。圆弧楼梯因其形式较为美观，故在居住建筑方面多用于别墅；而在公共建筑方面，则多用于商场、酒店、咖啡店等。

1. 直线方式

➢ 命令行：输入"YHTD"命令并按〈Enter〉键。

➢ 菜单栏：选择"楼梯其他"→"圆弧梯段"命令。

2. 操作步骤

绘制圆弧梯段时，弹出"圆弧梯段"对话框，在其中设置圆弧梯段的半径、宽度、圆心角、剖断位置等参数。

1）调用"YHTD"命令，在弹出的"圆弧梯段"对话框中设置参数，结果如图 6-6 所示。

2）在绘图区中指定圆弧梯段的插入点，圆弧梯段的三维效果如图 6-7 所示。

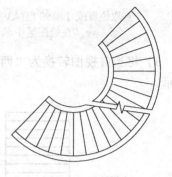

图 6-6 "圆弧梯段"对话框   图 6-7 圆弧梯段

3）将当前视图转换为"西南等轴测视图"，查看圆弧梯段的三维效果，如图 6-8 所示。

提示："圆弧梯段"对话框中各选项含义如下。

➢ "内圆半径"按钮。圆弧梯段的内圆半径。

➢ "外圆半径"按钮。圆弧梯段的外圆半径。

➢ "起始角"按钮。定位圆弧梯段的起始角位置。

➢ "圆心角"文本框。圆弧梯段的角度，值越大，梯段弧线也越长。

➢ "梯段高度"文本框。圆弧梯段的高度，等于踏步高度的总和。

➢ "梯段宽度"文本框。圆弧梯段的宽度。

➢ "踏步高度"文本框。输入踏步高度数值。

➢ "踏步数目"文本框。输入需要的踏步数值，也可通过右侧上下箭头进行数值的调整。

图 6-8 三维效果

➢ "作为坡道"复选框。楼梯段按坡道生成。

在绘图窗口创建圆弧梯段后，可以通过夹点编辑调整楼梯的位置和大小。

➢ 改内径。梯段被选中后亮显，同时显示 7 个夹点，如果该圆弧梯段带有剖断，在剖断的两端还会显示两个夹点。在梯段内圆中心的夹点为改内径。点取该夹点，即可拖移该梯段的内圆改变其半径。

➢ 改外径。在梯段外圆中心的夹点为改外径。点取该夹点，即可拖移该梯段的外圆改变其半径。

➢ 移动梯段。拖动 5 个夹点中的任意一个，即可以该夹点为基点移动梯段。

6.1.5 任意梯段

调用"任意梯段"命令，分别指定梯段两侧的边线，接着在弹出的对话框中设置梯段的参数来，即可完成梯段图形的创建。

1. 执行方式

➢ 命令行：输入"RYTD"命令并按〈Enter〉键。

➢ 菜单栏：选择"楼梯其他"→"任意梯段"命令。

2. 操作步骤

"任意梯段"命令的调用方法如下：

1）按〈Ctrl+O〉组合键，打开配套光盘提供的"第 4 章/绘制任意梯段.dwg"素材文件，结果如图 6-9 所示。

2）调用"RYTD"命令，命令行的提示如下：

命令: RYTD↙
请点取梯段左侧边线(LINE/ARC):   //点取梯段左侧边线，结果如图 6-10 所示
请点取梯段右侧边线(LINE/ARC):   //点取梯段右侧边线，结果如图 6-11 所示

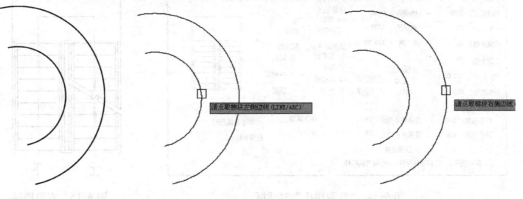

图 6-9　打开素材　　　　图 6-10　点取梯段左侧边线　　　图 6-11　点取梯段右侧边线

3）系统弹出"任意梯段"对话框，设置参数如图 6-12 所示。

4）单击"确定"按钮，关闭对话框，即可完成任意梯段的创建，结果如图 6-13 所示。

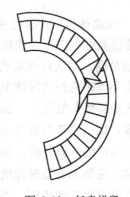

图 6-12　"任意梯段"对话框　　　　图 6-13　任意梯段

6.1.6　双跑楼梯

双跑楼梯是最常见的楼梯形式，由双跑直线梯段、一个休息平台、一个或两个扶手和一组或两组栏杆构成的自定义对象，具有二维视图和三维视图样式。

双跑楼梯对象内包括常见的构件组合形式变化，如是否设置两侧扶手、中间扶手在平台是否连接、设置扶手伸出长度、有无梯段边梁（尺寸需要在特性栏中调整）、休息平台是半圆形或矩形等，可以满足建筑设计的个性化要求。

1. 执行方式

➤ 命令行：输入"SPLT"命令并按〈Enter〉键。

> 菜单栏：选择"楼梯其他"→"双跑楼梯"命令。

2. 操作步骤

"双跑楼梯"命令的调用方法如下：

1）调用"SPLT"命令，系统弹出"双跑楼梯"对话框，设置参数如图 6-14 所示。

2）在绘图区中点取插入位置，即可完成双跑楼梯的绘制，如图 6-15 所示。

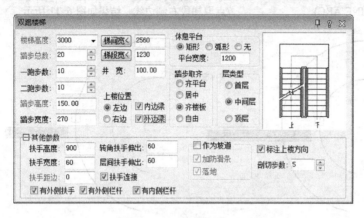

图 6-14 "双跑楼梯"对话框

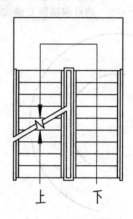

图 6-15 双跑楼梯

3）将当前视图转换为"西南等轴测视图"，视图样式设置为"概念"样式，查看双跑楼梯的三维效果，如图 6-16 所示。

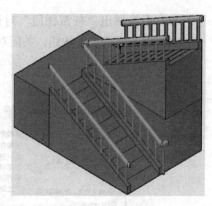

图 6-16 三维效果

提示："双跑楼梯"对话框中各选项含义如下。

> "楼梯高度"下拉列表框。在其中可以设置双跑楼梯的总高。默认自动取当前层高的值，当相邻楼层高度不等时应按实际情况调整。

> "踏步总数"数值框。踏步总数是双跑楼梯的关键参数，默认踏步总数为 20。

> "一跑步数"数值框。以踏步总数推算一跑与二跑步数，总数为奇数时先增加二跑步数。

> "二跑步数"数值框。在其中设置二跑步数二跑步数默认与一跑步数相同，两者都允许用户修改。

> "踏步高度"文本框。用户可在其中先输入大约的初始值，再由楼梯高度与踏步数推算出最接近初始值的设计值，推算出的踏步高有均分的舍入误差。

> "踏步宽度"文本框。在其中设置踏步宽度，即踏步沿梯段方向的宽度，是用户优先决定的楼梯参数，但在勾选"作为坡道"复选框后，仅用于推算出的防滑条宽度。

> "梯间宽"按钮。梯间宽即双跑楼梯的总宽。单击该按钮可从平面图中直接量取楼梯间净宽作为双跑楼梯总宽。

> "梯段宽"按钮。默认宽度或由总宽计算，余下二等分作梯段宽初值，单击该按钮可从平面图中直接量取。

> "井宽"文本框。在其中设置井宽参数,井宽＝梯间宽-(2×梯段宽),最小井宽可以等于 0,这 3 个数值互相关联。

> "休息平台"选项组。该选项组包括"矩形""弧形""无"三个单选按钮。在非矩形休息平台时,可以选无平台,以便自己用平板功能设计休息平台。

> "平台宽度"文本框。按建筑设计规范,休息平台的宽度应大于梯段宽度,在选弧形休息平台时应修改宽度值,最小值不能为零。

> "踏步取齐"选项组。除了两跑步数不等时可直接在"齐平台""居中""齐楼板"中选择两梯段相对位置外,也可以通过拖动夹点任意调整两梯段之间的位置,此时踏步取齐设为"自由"。

> "层类型"选项组。在平面图中按楼层分为 3 种类型绘制:首层只给出一跑的下剖断;中间层的一跑是双剖断;顶层的一跑无剖断。

> "扶手高度"。默认值分别为 900,60mm×100mm 的扶手断面尺寸。

> "扶手距边"。在 1:100 图上一般取 0,在 1:50 详图上应标以实际值。

> "转角扶手伸出"文本框。在其中可以设置在休息平台扶手转角处的伸出长度,默认 60,为 0 或者负值时扶手不伸出。

> "层间扶手伸出"文本框。在其中可以设置在楼层间扶手起末端和转角处的伸出长度,默认 60,为 0 或者负值时扶手不伸出。

> "扶手连接"复选框。默认勾选此复选框,扶手过休息平台和楼层时连接,否则扶手在该处断开。

> "有外侧扶手"复选框。在外侧添加扶手,但不会生成外侧栏杆,在室外楼梯时需要选择以下项添加。

> "有外侧栏杆"复选框。外侧绘制扶手也可选择是否勾选绘制外侧栏杆,边界为墙时常不用绘制栏杆。

> "有内侧栏杆"复选框。默认创建内侧扶手,勾选此复选框自动生成默认的矩形截面竖栏杆。

> "剖切步数"数值框。作为楼梯时,按步数设置剖切线中心所在位置;作为坡道时,按相对标高设置剖切线中心所在位置。

> "作为坡道"复选框。勾选此复选框,楼梯段按坡道生成,对话框中会显示出"单坡长度"的编辑框输入长度。

> "单坡长度"编辑框。勾选作为坡道后,显示此编辑框,在其中输入其中一个坡道梯段的长度,但精确值依然受踏步数和踏步宽度的制约。

6.1.7 多跑楼梯

多跑楼梯指以梯段开始且以梯段结束、梯段和休息平台交替布置的不规则楼梯。在 T20 天正建筑软件中,使用"多跑楼梯"命令,可以通过输入关键点来创建多跑楼梯。

1. 执行方式

> 命令行:输入"DPLT"命令并按〈Enter〉键。

➤ 菜单栏：选择"楼梯其他"→"多跑楼梯"命令。

2. 操作步骤

"多跑楼梯"命令的调用方法如下：

1）在命令行中输入"DPLT"命令并按〈Enter〉键，系统弹出"多跑楼梯"对话框，设置参数如图 6-17 所示。

2）命令行的提示如下：

```
命令: DPLT↙
起点<退出>:                        //指定起点
输入下一点或 [路径切换到右侧(Q)]<退出>:
        //鼠标向上移动，在绘图区显示 10/20 时，如图 6-18 所示，单击鼠标左键
输入下一点或 [路径切换到右侧(Q)/撤销上一点(U)]<退出>:1200
        //鼠标向上移动，输入楼梯平台的宽度参数，结果如图 6-19 所示；
输入下一点或 [绘制梯段(T)/路径切换到右侧(Q)/撤销上一点(U)]<切换到绘制梯段>:1500
        //输入平台参数后，鼠标向右移动，继续输入楼梯平台的宽度参数，如图 6-20 所示
输入下一点或 [绘制梯段(T)/路径切换到右侧(Q)/撤销上一点(U)]<切换到绘制梯段>:
        //输入平台参数后，按两次〈Enter〉键，鼠标继续往右移动
输入下一点或 [绘制平台(T)/路径切换到右侧(Q)/撤销上一点(U)]<退出>:
        //当绘图区显示"10，20/20"时，如图 6-21 所示，单击鼠标左键，即可完成多跑楼
        //梯的绘制，结果如图 6-22 所示
```

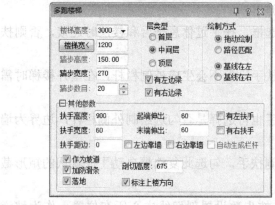

图 6-17 "多跑楼梯"对话框

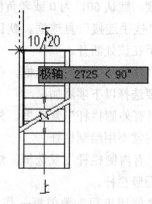

图 6-18 显示 10/20

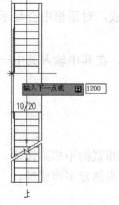

图 6-19 输入参数

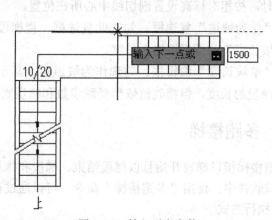

图 6-20 输入平台参数

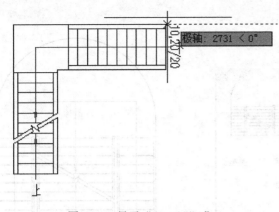

图 6-21 显示"10，20/20"

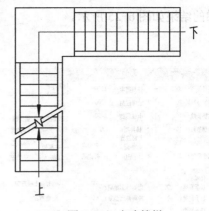

图 6-22 多跑楼梯

3）多跑楼梯的三维效果如图 6-23 所示。

提示："多跑楼梯"对话框中各选项的含义如下。

➤ "拖动绘制"单选按钮。单击该单选按钮，则暂时进入图
形中量取楼梯间净宽作为双跑楼梯总宽。

➤ "基线在左"单选按钮。单击该单选按钮，则拖动绘制时以
基线为标准，这时楼梯画在基线右边。

➤ "基线在右"单选按钮。单击该单选按钮，则拖动绘制时以
基线为标准，这时楼梯画在基线左边。

➤ "左边靠墙"复选框：选中此复选框，按上楼方向，左边不
画出边线。

➤ "右边靠墙"复选框。选中此复选框，按上楼方向，右边不
画出边线。

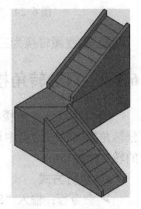

图 6-23 三维效果

➤ "路径匹配"单选按钮。楼梯按已有多段线路径（红色虚线）作为基线绘制，线中
给出梯段起末点不可省略或重合，例如直角楼梯给 4 个点（3 段），三跑楼梯是 6 个
点（5 段），路径分段数是奇数。

6.1.8　双分平行楼梯

调用"双分平行楼梯"命令，通过在弹出的"双分平行楼梯"对话框中设置梯段的各项参
数，可绘制双分平行楼梯。双分平行楼梯可以通过设置平台的宽度来解决复杂的梯段关系。

1. 执行方式

➤ 命令行：输入"SFPX"命令并按〈Enter〉键。

➤ 菜单栏：选择"楼梯其他"→"双分平行楼梯"命令。

2. 操作步骤

"双分平行楼梯"命令的调用方法如下：

1）在命令行中输入"SFPX"命令并按〈Enter〉键，系统弹出"双分平行楼梯"对话
框，设置参数如图 6-24 所示。

2）在该对话框中单击"确定"按钮关闭对话框，点取梯段的插入位置，绘制双分平行

楼梯的结果如图 6-25 所示。

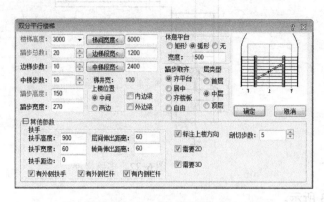

图 6-24 "双分平行楼梯"对话框

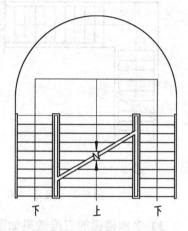

图 6-25 双分平行楼梯

3）将视图转换为三维视图，查看双分平行楼梯的三维效果，结果如图 6-26 所示。

6.1.9 双分转角楼梯

调用"双分转角楼梯"命令，通过在弹出的"双分转角楼梯"对话框中设置梯段参数，可绘制呈 T 形的转角楼梯。

1. 执行方式

➤ 命令行：输入"SFZJ"命令并按〈Enter〉键。

➤ 菜单栏：选择"楼梯其他"→"双分转角楼梯"命令。

2. 操作步骤

"双分转角楼梯"命令的调用方法如下：

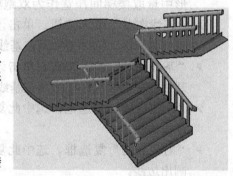

图 6-26 三维效果

1）调用"SFZJ"命令，在弹出的"双分转角楼梯"对话框中设置参数，结果如图 6-27 所示。

2）在对话框中单击"确定"按钮关闭对话框，点取梯段的插入位置，绘制双分转角楼梯，结果如图 6-28 所示。

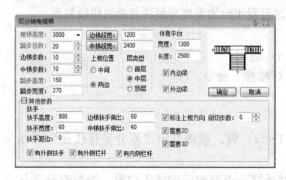

图 6-27 "双分转角楼梯"对话框

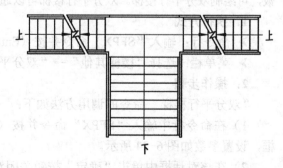

图 6-28 双分转角楼梯

3）将当前视图转换为"西南等轴测视图"，查看双分转角楼梯的三维效果，结果如图6-29所示。

6.1.10　双分三跑楼梯

调用"双分三跑楼梯"命令，可绘制呈倒"山"字型的三跑楼梯。

1．执行方式

➢ 命令行：输入"SFSP"命令并按〈Enter〉键。

➢ 菜单栏：选择"楼梯其他"→"双分三跑楼梯"命令。

2．操作步骤

"双分三跑楼梯"命令的调用方法如下：

图6-29　三维效果

1）在命令行中输入"SFSP"命令并按〈Enter〉键，在弹出的"双分三跑楼梯"对话框中设置参数，结果如图6-30所示。

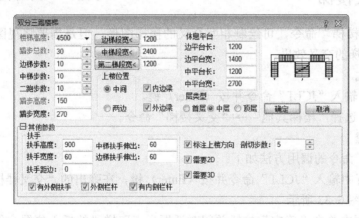

图6-30　"双分三跑楼梯"对话框

2）在对话框中单击"确定"按钮关闭对话框，点取梯段的插入位置，双分三跑楼梯的绘制结果如图6-31所示。

3）将当前视图转换为"西南等轴测视图"，查看双分三跑楼梯的三维效果，如图6-32所示。

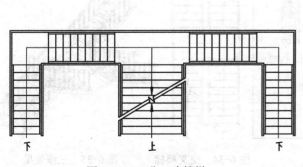

图6-31　双分三跑楼梯

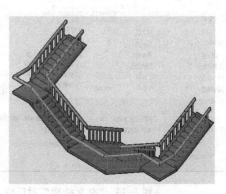

图6-32　三维效果

提示："双分三跑楼梯"对话框中主要选项的含义如下。

➤ "边梯段宽"单选按钮。可通过单击该单选按钮，在其后的文本框中设置左右两边梯段的宽度参数。

➤ "中梯段宽"单选按钮。可通过单击该单选按钮，在其后的文本框中设置中间梯段的宽度参数。

➤ "第二梯段宽"单选按钮。第二梯段是指水平方向的梯段。在此可以设置第二梯段的宽度。

➤ "边平台长"文本框。边平台是指左右两边的平台。在该文本框中可以设置两边平台的长度。

➤ "边平台宽"文本框。在该文本框中可以设置两边平台的宽度。

➤ "中平台长"文本框。中平台是指中间的平台，在该文本框中可以设置中间平台的长度。

➤ "中平台宽"文本框。在该文本框中可以设置中间平台的宽度。

6.1.11 交叉楼梯

调用"交叉楼梯"命令，可绘制相互交叉的楼梯图形，但是需要将视图转换为三维视图方可观察到楼梯的交叉效果。

1. 执行方式

➤ 命令行：输入"JCLT"命令并按〈Enter〉键。

➤ 菜单栏：选择"楼梯其他"→"交叉楼梯"命令。

2. 操作步骤

"交叉楼梯"命令的调用方法如下：

1）在命令行中输入"JCLT"命令并按〈Enter〉键，在弹出的"交叉楼梯"对话框中设置参数，结果如图 6-33 所示。

2）在对话框中单击"确定"按钮关闭对话框，点取梯段的插入位置，创建交叉楼梯的结果如图 6-34 所示。

3）将当前视图转换成"西南等轴测视图"，查看交叉楼梯的三维效果，结果如图 6-35 所示。

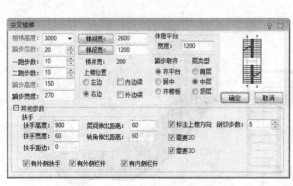

图 6-33 "交叉楼梯"对话框 　　　　图 6-34 交叉楼梯

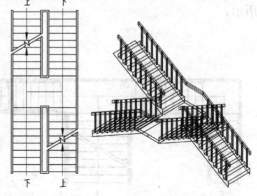

图 6-35 三维效果

6.1.12 剪刀楼梯

"剪刀楼梯"命令用于绘制剪刀楼梯，考虑作为交通内的防火楼梯使用，两跑之间需要绘制防火墙，因此该类楼梯的扶手和梯段各自独立，在首层和顶层楼梯有多种梯段排列可供选择。

1. 执行方式

➤ 命令行：输入"JDLT"命令并按〈Enter〉键。

➤ 菜单栏：选择"楼梯其他"→"剪刀楼梯"命令。

2. 操作步骤

"剪刀楼梯"命令的调用方法如下：

1）调用"JDLT"命令，在弹出的"剪刀楼梯"对话框中设置参数，结果如图 6-36 所示。

2）在对话框中单击"确定"按钮关闭对话框，点取梯段的插入位置，绘制剪刀楼梯，结果如图 6-37 所示。

3）将视图转换成三维视图，查看剪刀楼梯的三维效果，如图 6-38 所示。

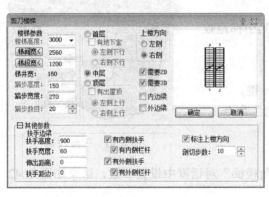
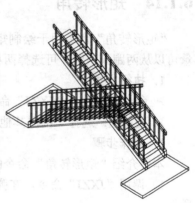

图 6-36 "剪刀楼梯"对话框   图 6-37 剪刀楼梯   图 6-38 三维效果

6.1.13 三角楼梯

"三角楼梯"命令用于绘制三角形楼梯，可以设置不同的上楼方向。

1. 执行方式

➤ 命令行：输入"SJLT"命令并按〈Enter〉键。

➤ 菜单栏：选择"楼梯其他"→"三角楼梯"命令。

2. 操作步骤

"三角楼梯"命令的调用方法如下：

1）在命令行中输入"SJLT"命令并按〈Enter〉键，在弹出的"三角楼梯"对话框中设置参数，结果如图 6-39 所示。

2）在对话框中单击"确定"按钮关闭对话框，点取梯段的插入位置，绘制三角形楼梯，结果如图 6-40 所示。

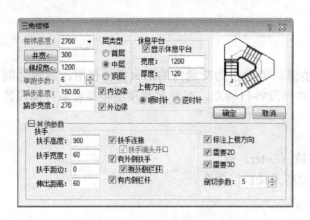

图6-39 "三角楼梯"对话框

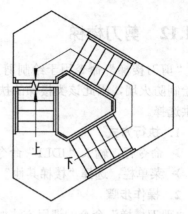

图6-40 三角楼梯

3）将当前视图转换为"西南等轴测视图"，观察三角形楼梯的三维效果，如图6-41所示。

6.1.14 矩形转角

"矩形转角"命令用于绘制矩形转角楼梯，其中梯跑数量可以从两跑到四跑，可选择两种上楼方向。

1. 执行方式

➢ 命令行：输入"JXZJ"命令并按〈Enter〉键。

➢ 菜单栏：选择"楼梯其他"→"矩形转角"命令。

2. 操作步骤

本节介绍"矩形转角"命令的调用方法。

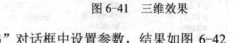

图6-41 三维效果

1）调用"JXZJ"命令，在弹出的"矩形转角楼梯"对话框中设置参数，结果如图6-42所示。

2）在对话框中单击"确定"按钮关闭对话框，点取梯段的插入位置，绘制三角形楼梯，结果如图6-43所示。

图6-42 "矩形转角楼梯"对话框

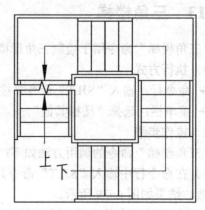

图6-43 矩形转角楼梯

3）将当前视图转换为"西南等轴测视图"，观察矩形转角楼梯的三维效果，如图 6-44 所示。

提示："矩形转角楼梯"对话框中主要选项的含义如下。

> "梯间长度"按钮。可设置整个矩形转角楼梯外轮廓的边长参数。
> "梯间宽度"按钮。可设置整个矩形转角楼梯外轮廓的另一边长参数。若梯间长度与宽度参数一致，则矩形转角楼梯的外轮廓则呈现为正方形；反之亦然。
> "跑数"下拉列表框。选择转角楼梯的跑数，最少为两跑。
> "对称"复选框。选中该复选框，则楼梯的各跑数互相对称；反之亦然。

图 6-44 三维效果

> "一跑段宽"按钮。段宽是指包括梯段、扶手和栏杆在内的宽度。用户可在此处设置该参数。

6.1.15 添加扶手

一般来说，在绘制楼梯时，命令行中一般都有"有外侧扶手""有内侧扶手"和"自动生成栏杆"等选项。但在实际绘图过程中，并不是每一种楼梯都那么规则，例如"圆弧梯段"命令和"任意梯段"命令生成的梯段都没有自动添加扶手的选项，此时就需要用户手动添加扶手。

1. 执行方式

> 命令行：输入"TJFS"命令并按〈Enter〉键。
> 菜单栏：选择"楼梯其他"→"添加扶手"命令。

2. 操作步骤

"添加扶手"命令的调用方法如下：

1）按〈Ctrl+O〉组合键，打开配套光盘提供的"第 6 章/6.1.13 添加扶手.dwg"文件，如图 6-45 所示。

2）在命令行中输入"TJFS"命令并按〈Enter〉键，命令行的提示如下：

```
命令: TJFS↙
请选择梯段或作为路径的曲线(线/弧/圆/多段线):    //点取需要添加扶手的梯段，结果如图 6-46 所示
扶手宽度<60>:80                                //输入扶手宽度参数，如图 6-47 所示
扶手顶面高度<900>:1000                          //输入扶手顶面高度参数，结果如图 6-48 所示
扶手距边<0>:0                                  //输入扶手距边参数，结果如图 6-49 所示
```

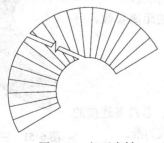

图 6-45 打开素材

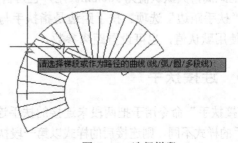

图 6-46 选择梯段

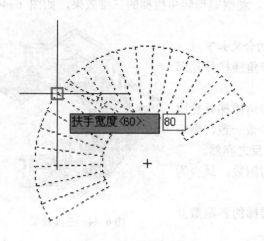

图 6-47　设置扶手宽度

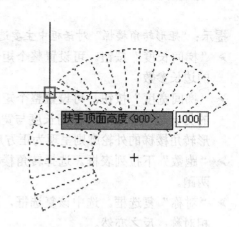

图 6-48　设置扶手顶面高度

3）按〈Enter〉键，即可完成扶手的添加操作，结果如图 6-50 所示。

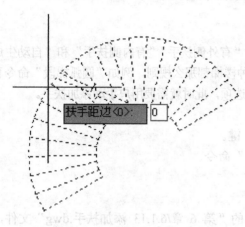

图 6-49　设置扶手距边参数

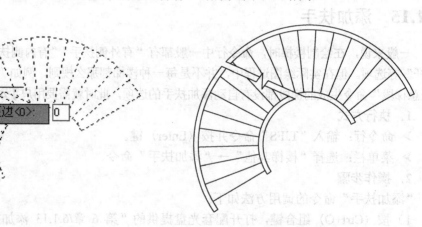

图 6-50　创建扶手

4）继续绘制另一侧扶手，将当前视图转换为"西南等轴测视图"，
查看添加扶手后的三维效果，如图 6-51 所示。

提示： 命令行中各选项的含义如下。

➤ "扶手顶面高度"选项。扶手顶面高度是指扶手从楼梯面至扶手面
的距离，其默认值为 900mm。用户也可自定义扶手高度。

➤ "扶手距边"选项。扶手距边是指扶手与楼梯边的距离参数。可
使用默认值，也可设置距离参数。

6.1.16　连接扶手

"连接扶手"命令用于把两段未连接的扶手连接起来。若准备连接的
两段扶手的样式不同，则连接后的样式以第一段扶手的样式为准。

图 6-51　三维效果

1. 执行方式

➤ 命令行：输入"LJFS"命令并按〈Enter〉键。

➤ 菜单栏：选择"楼梯其他"→"连接扶手"命令。

2. 操作步骤

"连接扶手"命令的调用方法如下：

1）按〈Ctrl+O〉组合键，打开配套光盘提供的"第 6 章/6.1.14 连接扶手.dwg"文件，如图 6-52 所示。

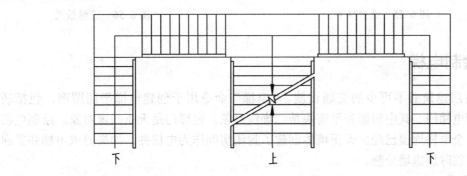

图 6-52 打开素材

2）调用"LJFS"命令，命令行的提示如下：

命令：LJFS↙
选择待连接的扶手(注意与顶点顺序一致)：找到 1 个，总计 2 个
//分别选择待连接的扶手，结果如图 6-53 所示

3）按〈Enter〉键可完成连接扶手操作，如图 6-54 所示。

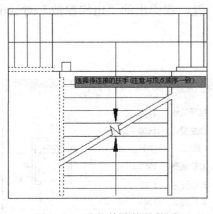

图 6-53 选择待连接的扶手

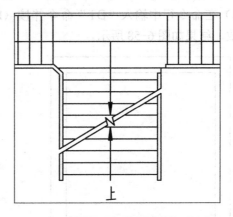

图 6-54 操作结果

4）重复上述操作，继续执行连接扶手操作，结果如图 6-55 所示。

5）将当前视图转换为"西南等轴测视图"，查看扶手连接的三维效果，结果如图 6-56 所示。

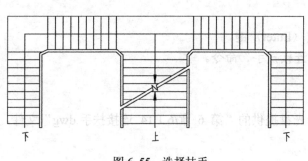

图 6-55　选择扶手　　　　　　　　　　　图 6-56　三维效果

6.1.17　绘制电梯

电梯是高层建筑必不可少的交通设施。"电梯"命令用于创建电梯平面图形，包括轿厢、平衡块和电梯门。其中轿厢和平衡块是二维线对象，电梯门是天正门窗对象。绘制电梯的条件是每一个电梯周围已经由天正墙体创建了封闭房间作为电梯井，如果要求电梯井贯通多个电梯，需临时加虚墙分割。

1. 执行方式

➤ 命令行：输入"DT"命令并按〈Enter〉键。

➤ 菜单栏：选择"楼梯其他"→"电梯"命令。

2. 操作步骤

"电梯"命令的调用方法如下：

1）按〈Ctrl+O〉组合键，打开配套光盘提供的"第 6 章/6.1.15 绘制电梯.dwg"文件，如图 6-57 所示。

2）在命令行中输入"DT"命令并按〈Enter〉键，在弹出的"电梯参数"对话框中设置参数，结果如图 6-58 所示。

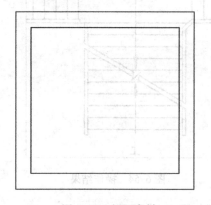

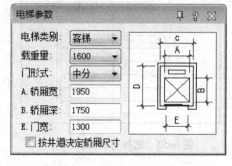

图 6-57　打开素材　　　　　　　　　　图 6-58　"电梯参数"对话框

3）命令行的提示如下：

```
命令: DT↙
请给出电梯间的一个角点或 [参考点(R)]<退出>:    //点取电梯间的一个角点，结果如图 6-59 所示
再给出上一角点的对角点:                        //点取另一角点，结果如图 6-60 所示
```

请点取开电梯门的墙线<退出>:　　　　　　//点取开电梯门的墙线，结果如图 6-61 所示
请点取平衡块的所在的一侧<退出>:　　　　//点取平衡块所在的点，结果如图 6-62 所示

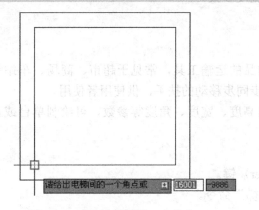

图 6-59　点取电梯间的一个角点

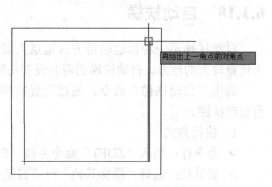

图 6-60　点取另一角点

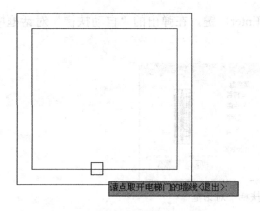

图 6-61　点取开电梯门的墙线

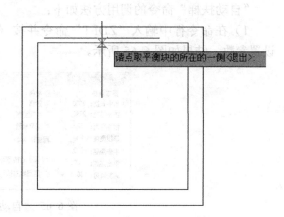

图 6-62　点取平衡块所在的点

4）电梯的创建结果如图 6-63 所示。

5）将当前视图转换为"西南等轴测视图"，查看电梯的三维效果，如图 6-64 所示。

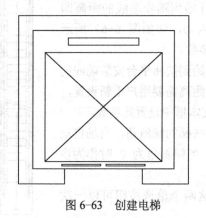

图 6-63　创建电梯

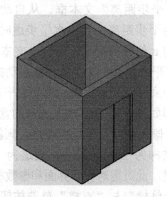

图 6-64　三维效果

提示："电梯参数"对话框中主要选项的含义如下。

➢ "电梯类别"下拉列表框。在其中选择电梯的类别，住宅梯、医梯等。

> "载重量"下拉列表框。在其中选择电梯的载重量，也可以自定义载重量。
> "门宽"文本框。在其中可以设置门的宽度参数。

6.1.18 自动扶梯

自动扶梯是一种以运输带方式运送人或物品的运输工具，常见于超市、商场、车站等人流量较大的地方。自动扶梯的两旁设有与踏步同步移动的扶手，供使用者使用。

调用"自动扶梯"命令，通过设置扶梯的高度、宽度、角度等参数，可绘制单台或双台自动扶梯。

1. 执行方式

> 命令行：输入"ZDFT"命令并按〈Enter〉键。
> 菜单栏：选择"楼梯其他"→"自动扶梯"命令。

2. 操作步骤

"自动扶梯"命令的调用方法如下：

1）在命令行中输入"ZDFT"命令并按〈Enter〉键，在弹出的"自动扶梯"对话框中设置参数，结果如图 6-65 所示。

图 6-65 "自动扶梯"对话框

2）单击"确定"按钮关闭对话框，点取梯段的插入位置，创建自动扶梯，结果如图 6-66 所示。

提示："自动扶梯"对话框中主要选项的含义如下。

> "平步距离"文本框。从自动扶梯工作点开始到踏步端线的距离即为平步距离。当为水平步道时，平步距离为 0，即如图 6-67 所示的 a 部分的宽度。可在该文本框中设置此参数。
> "平台距离"文本框。从自动扶梯工作点开始到扶梯平台安装端线的距离即为平台距离。当为水平步道时，平台距离需要用户重新设置，即如图 6-67 所示的 b 部分的宽度。可在该文本框中设置此参数。
> "倾斜角度"下拉列表框。倾斜角度即自动扶梯的倾斜角，商场自动扶梯为 30°、35°，坡道为 10°、12°，当倾斜角为 0 时作为步道，此时需对交互界面和参数相应修改。
> "单梯"与"双梯"单选按钮。通过单击这两个单选按钮可以一次创建成对的自动扶梯或者单台的自动扶梯。
> "并列放置"与"交叉放置"单选按钮。通过单击这两个单选按钮

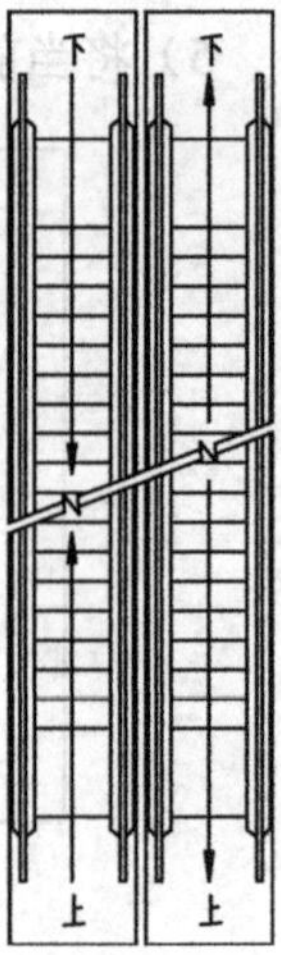

图 6-66 自动扶梯

可使双梯两个梯段的倾斜方向一致或者相反。

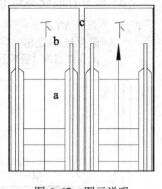

- ➤ "间距"文本框。可在此处设置间距,即双梯之间相邻裙板之间的净距,如图 6-67 所示的 c 部分宽度参数。
- ➤ "作为坡道"复选框。选中此复选框,扶梯按坡道的默认角度 10°或 12°取值,长度重新计算。
- ➤ "标注上楼方向"复选框。默认选中此复选框,标注自动扶梯上下楼方向,默认中层时剖切到的上行和下行梯段运行方向箭头表示相对运行(上楼 / 下楼)。
- ➤ "层间同向运行"复选框。选中此复选框后,中层时剖切到的上行和下行梯段运行方向箭头表示同向运行(都是上楼)。

图 6-67　图示说明

6.2　绘制室外设施

建筑物的室外设施主要包括散水、台阶、坡道等,这一系列设施为人们进出建筑物提供了便利,同时也起到了保护建筑物的作用。T20 天正建筑软件以日常生活中常见的建筑物室外设施为基础,定义了一系列用来创建室外设施的命令,本节介绍这些命令的调用方法。

6.2.1　阳台

阳台是居住者享受光照,呼吸新鲜空气,可用于进行锻炼、赏景、纳凉、晾晒衣物的房屋附带设施,一般有悬挑式、嵌入式和转角式三类。

"阳台"命令以几种预定样式绘制阳台,或选择预先绘制好的路径转换成阳台,以任意绘制方式创建阳台;一层的阳台可以自动遮挡散水,阳台对象可以被柱子局部遮挡。

1. 执行方式

- ➤ 命令行:输入 "YT" 命令并按〈Enter〉键。
- ➤ 菜单栏:选择 "楼梯其他"→"阳台"命令。

2. 操作步骤

"阳台"命令的调用方法如下:

1)按〈Ctrl+O〉组合键,打开配套光盘提供的"第 6 章/6.2.1 绘制阳台.dwg"文件,如图 6-68 所示。

2)调用 "YT" 命令,在弹出的"绘制阳台"对话框中设置参数,结果如图 6-69 所示。

图 6-68　打开素材

图 6-69　"绘制阳台"对话框

3）命令行的提示如下：

命令：YT↙
阳台起点<退出>：   //指定阳台的起点，结果如图 6-70 所示
阳台终点或 [翻转到另一侧(F)]<取消>：   //指定阳台的终点，结果如图 6-71 所示

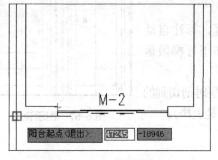

图 6-70　指定阳台的起点

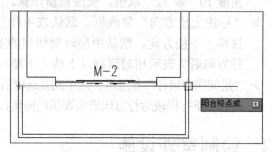

图 6-71　指定阳台的终点

4）绘制阳台的结果如图 6-72 所示。
5）将当前视图转换为"西南等轴测视图"，查看阳台的三维效果，如图 6-73 所示。

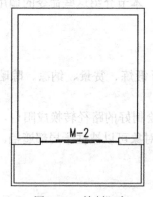

图 6-72　绘制阳台

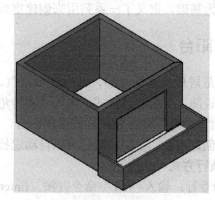

图 6-73　三维效果

提示："阳台"对话框中主要选项的含义如下。

➤ "伸出距离"文本框。可在该文本框中定义阳台的宽度参数。

➤ "凹阳台"按钮□。单击该按钮，在两段外突出的墙体之间分别指定阳台的起点和终点，即可绘制阳台图形。

➤ "阴角阳台"按钮□。单击该按钮，绘制有两边靠墙，另外两边有阳台挡板的阴角阳台。

➤ "沿墙偏移绘制"按钮□。单击该按钮，设置指定偏移距离，将所选的墙体轮廓线往外偏移，从而生成阳台图形。

➤ "任意绘制"按钮□。单击该按钮，可自定义路径绘制阳台图形。

➤ "选择已有路径生成"按钮□。单击该按钮，可在已有的路径基础上生成阳台图形。

6.2.2　台阶

当建筑物室内地坪存在高差时，如果这个高差过大，就需在建筑物入口处设置台阶，

作为建筑物室内外的过渡。台阶一般是指用砖、石、混凝土等筑成的一级一级供人上下的建筑物，多用在大门前或坡道上。

"台阶"命令可用于直接绘制台阶或把预先绘制好的多线转成台阶。

1. 执行方式

➤ 命令行：输入"TJ"命令并按〈Enter〉键。

➤ 菜单栏：选择"楼梯其他"→"台阶"命令。

2. 操作步骤

"台阶"命令的调用方法如下：

1）按〈Ctrl+O〉组合键，打开配套光盘提供的"第 6 章/6.2.2 绘制台阶.dwg"文件，如图 6-74 所示。

2）输入"TJ"命令，在弹出的"台阶"对话框中设置参数，结果如图 6-75 所示。

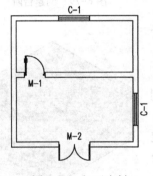

图 6-74　打开素材

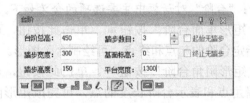

图 6-75　"台阶"对话框

3）命令行的提示如下：

```
命令: TJ↵
台阶平台轮廓线的起点<退出>:*取消*
指定第一点或　[中心定位(C)/门窗对中(D)]<退出>:D
                        //输入 D，选择"门窗对中（D）"选项
选择门窗或　[端点定位(R)/中心定位(C)]<退出>:
                        //选择门图形，结果如图 6-76 所示
点取台阶所在一侧<退出>:　　//点取台阶所在的一侧，结果如图 6-77 所示
请点取墙外皮与台阶平台边界的交点[或键入中点到边界距离]<退出>:
                        //点取墙外皮与台阶平台边界的交点，结果如图 6-78 所示
```

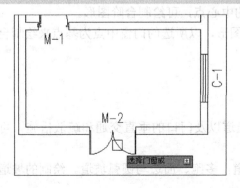

图 6-76　选择门窗

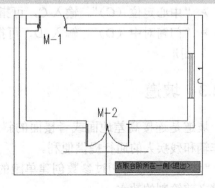

图 6-77　点取台阶的位置

4）绘制台阶的结果如图 6-79 所示。

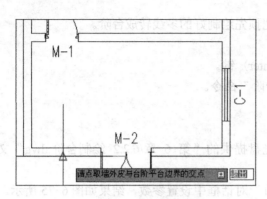

图 6-78　指定交点

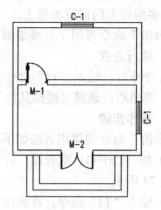

图 6-79　创建台阶

5）将当前视图转换为"西南等轴测视图"，查看台阶的三维效果，如图 6-80 所示。

提示："台阶"对话框中主要选项的含义如下。

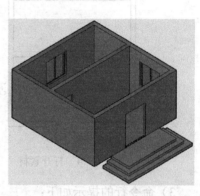

图 6-80　三维效果

➢ "矩形单面台阶"按钮□。单击此按钮，可分别指定台阶的起点和终点，可绘制台阶图形。

➢ "矩形阴角台阶"按钮□。单击此按钮，可指定墙角点和表示台阶长度的点，可完成矩形阴角台阶的绘制。

➢ "圆弧台阶"按钮□。单击此按钮，可分别指定台阶的起点和终点后，可绘制弧形台阶。

➢ "沿墙偏移绘制"按钮□。单击此按钮，可指定墙体轮廓，分别选择相邻的门窗图形后可生成台阶图形。

➢ "选择已有路径绘制"按钮□。单击此按钮，可在已有路径的基础上生成台阶图形。

➢ "任意绘制"按钮□。单击此按钮，可指定台阶平台轮廓线的起点和终点，选择相邻的门窗图形，可往外生成台阶。

命令行中各选项含义如下：

➢ "端点定位（R）"。输入 R，可在绘图区中指定台阶的端点，可绘制台阶图形。

➢ "中心定位（C）"。输入 C，可指定台阶的中心点，可绘制台阶图形。

➢ "门窗对中（D）"。输入 D，可指定门窗图形，以所选的门窗中点为基点来绘制台阶图形。

6.2.3　坡道

坡道是连接高差地面或者楼面的斜向交通通道以及门口的垂直交通和疏散措施，可以为车辆和残疾人的通行提供便利。

"坡道"命令可通过参数创建单跑的入口坡道，多跑、曲边与圆弧坡道。绘制的坡道可遮挡之前绘制的散水。

1. 执行方式

➢ 命令行：输入"PD"命令并按〈Enter〉键。

➢ 菜单栏：选择"楼梯其他"→"坡道"命令。

2. 操作步骤

"坡道"命令的调用方法如下：

1）按〈Ctrl+O〉组合键，打开配套光盘提供的"第 6 章/6.2.3 绘制坡道.dwg"文件，如图 6-81 所示。

2）在命令行中输入"PD"命令并按〈Enter〉键，在弹出的"坡道"对话框中设置参数，结果如图 6-82 所示。

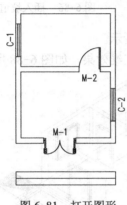

图 6-81 打开图形

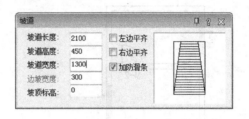

图 6-82 "坡道"对话框

3）命令行的提示如下：

```
命令: PD↙
点取位置或 [转 90 度(A)/左右翻(S)/上下翻(D)/对齐(F)/改转角(R)/改基点(T)]<退出>:
            //重复在命令行中输入 A，直至坡道图形旋转至如图 6-83 所示的角度为止
输入插入点或 [参考点(R)]<退出>:
//输入 T，选择"改基点(T)"选项；指定坡道图形的右上角点为新的插入点，结果如图 6-84 所示
点取位置或 [转 90 度(A)/左右翻(S)/上下翻(D)/对齐(F)/改转角(R)/改基点(T)]<退出>:
            //点取左下墙角为图形的插入点，如图 6-85 所示
```

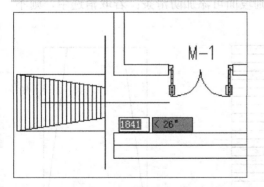

图 6-83 调整角度

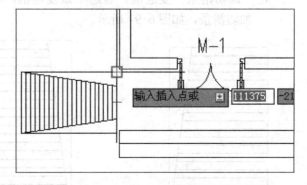

图 6-84 指定新的插入点

4）插入坡道图形，结果如图 6-86 所示。

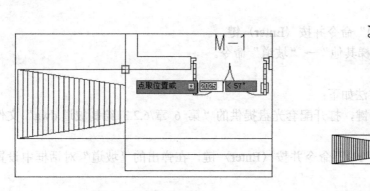

图 6-85　点取位置

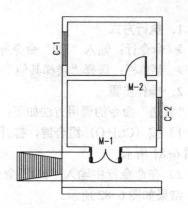

图 6-86　插入坡道

5）重复上述操作，继续插入坡道图形，结果如图 6-87 所示。

6）将当前视图转换为"西南等轴测视图"，查看坡道的三维效果，如图 6-88 所示。

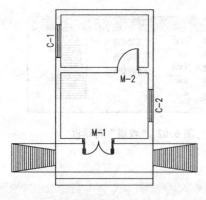

图 6-87　调入图形

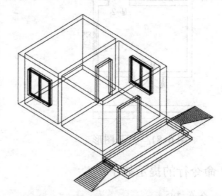

图 6-88　三维效果

提示："坡道"对话框中主要选项的含义如下。

➤ "左边平齐"复选框。若选中该复选框，则左边边坡与坡道齐平，如图 6-89 所示。

➤ "右边平齐"复选框。若选中该复选框，则右边边坡与坡道齐平，如图 6-90 所示。

➤ "加防滑条"复选框。若选中该复选框，则坡面可添加防滑条；若取消选中，则不加防滑条，如图 6-91 所示。

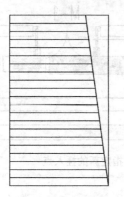

图 6-89　左边平齐

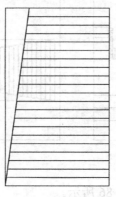

图 6-90　右边平齐

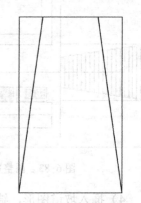

图 6-91　不加防滑条

6.2.4 散水

散水是与外墙勒脚垂直交接倾斜的室外地面部分,用以排除雨水,保护墙基免受雨水侵蚀。在 T20 天正建筑软件中,调用"散水"命令可以自动搜索外墙线,以绘制散水。散水可自动被凸窗、柱子等对象裁剪,也可以通过勾选复选框或者对象编辑,使散水绕壁柱、绕落地阳台生成。

1. 执行方式

➢ 命令行:输入"SS"命令并按〈Enter〉键。

➢ 菜单栏:选择"楼梯其他"→"散水"命令。

2. 操作步骤

"散水"命令的调用方法如下:

1)按〈Ctrl+O〉组合键,打开配套光盘提供的"第 6 章/6.2.4 绘制散水.dwg"文件,如图 6-92 所示。

2)在命令行中输入"SS"命令并按〈Enter〉键,在弹出的"散水"对话框中设置参数,结果如图 6-93 所示。

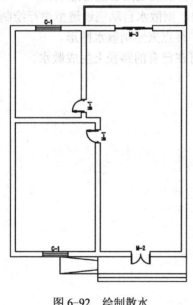

图 6-92 绘制散水   图 6-93 "散水"对话框

3)命令行的提示如下:

命令: SS↙
　　　请选择构成一完整建筑物的所有墙体(或门窗、阳台)<退出>:指定对角点: 找到 19 个
　　　　　　　　　　　　　　　　　　　//框选建筑物图形,结果如图 6-94 所示

4)按〈Enter〉键,绘制散水图形,结果如图 6-95 所示。

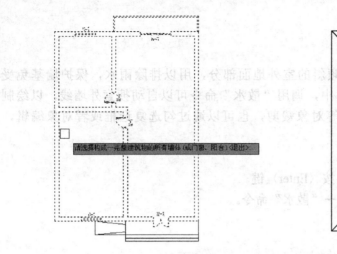

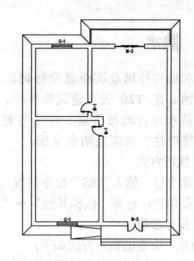

图 6-94　选择图形　　　　　　　　图 6-95　创建散水

提示："散水"对话框中主要选项的含义如下。

➢ "绕柱子"复选框。若建筑物外墙包含柱子，则散水自动绕过柱子进行绘制。

➢ "绕阳台"复选框。若建筑物包含阳台，则散水自动绕过阳台进行绘制。

➢ "绕墙体造型"复选框。若建筑物外墙含有造型，则散水自动绕过造型进行绘制。

➢ "任意绘制"按钮。单击该按钮，指定起点和终点来绘制散水图形。

➢ "选择已有路径生成"按钮。单击该按钮，可在已有的路径上生成散水。

第 7 章 房间和屋顶

房间编辑命令可用于在绘制完成的建筑平面图中对房间进行编辑操作,包括房间的面积查询、建筑套间面积查询等。

此外,针对公共卫生间的绘制,天正建筑专门开发了布置洁具、隔断以及隔板等命令,通过调用这些命令,用户可以方便快捷地定义图形的各项参数,从而完成图形的绘制。

本章介绍编辑房间和屋顶的命令的调用方法。

7.1 房间查询

房间查询命令包括"搜索房间""房间轮廓""房间排序"等。调用这些命令,可以统计房间的面积或者重新排列房间编号。本节介绍这些命令的调用方法。

7.1.1 搜索房间

"搜索房间"命令可用来批量搜索建立或更新已有的普通房间和建筑面积,建立房间信息并标注室内使用面积,标注位置自动置于房间的中心,同时还可生成室内地面。

1. 执行方式

➢ 命令行:输入"SSFJ"命令并按〈Enter〉键。

➢ 菜单栏:选择"房间屋顶"→"搜索房间"命令。

2. 操作步骤

"搜索房间"命令的调用方法如下:

1)按〈Ctrl+O〉组合键,打开配套光盘提供的"第 7 章/7.1.1 搜索房间.dwg"文件,如图 7-1 所示。

2)在命令行中输入"SSFJ"命令并按〈Enter〉键,系统弹出"搜索房间"对话框,设置参数如图 7-2 所示。

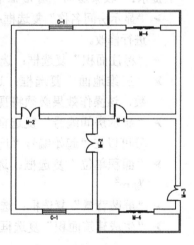

图 7-1 打开素材

图 7-2 "搜索房间"对话框

3)命令行的提示如下:

命令: SSFJ↙

请选择构成一完整建筑物的所有墙体(或门窗)<退出>:指定对角点:
//在绘图区中框选建筑物的墙体和门窗，结果如图 7-3 所示

4）按〈Enter〉键，点取建筑面积的标注位置，如图 7-4 所示。

5）完成搜索房间操作，结果如图 7-5 所示。

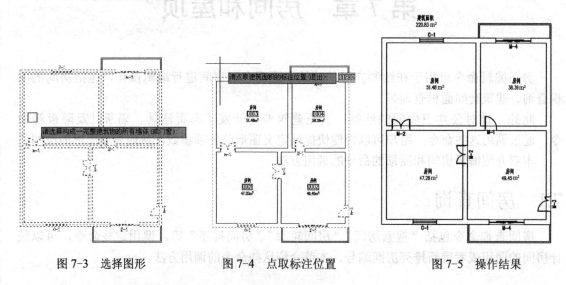

图 7-3　选择图形　　　　　图 7-4　点取标注位置　　　　　图 7-5　操作结果

提示："搜索房间"对话框中主要选项的含义如下：

➤ "显示房间名称"复选框：选中该复选框，可生成房间名称。双击房间名称，可以对其进行修改。

➤ "标注面积"复选框：选中该复选框，可以标注房间的内部面积。

➤ "三维地面"复选框：选中该复选框，可以同步生成三维地面，并可设置板厚参数，该操作效果必须将视图转换为三维视图方可观察到。

➤ "显示房间编号"复选框：选中该复选框，在命令操作后可以显示房间的编号，编号可以在"起始编号"选框中设置。

➤ "面积单位"复选框：选中该复选框，在命令操作后可以显示面积单位，系统默认为 m^2。

➤ "屏蔽背景"复选框：选中该复选框，则房间编号有底纹显示。

➤ "生成建筑面积"复选框：选中该复选框，可以生成建筑面积参数。

7.1.2　房间轮廓

"房间轮廓"命令用于在房间内部创建轮廓线。轮廓线可用作其他用途，例如将其转为地面或用来作为生成踢脚线等装饰线脚的边界。

1. 执行方式

➤ 命令行：输入"FJLK"命令并按〈Enter〉键。

➤ 菜单栏：选择"房间屋顶"→"房间轮廓"命令。

2. 操作步骤

"房间轮廓"命令的调用方法如下：

1）按〈Ctrl+O〉组合键，打开配套光盘提供的"第 7 章/7.1.2 房间轮廓.dwg"文件，如图7-6所示。

2）调用"FJLK"命令，命令行的提示如下：

```
命令:FJLK↙
请指定房间内一点或 [参考点(R)]<退出>:              //在需要生成轮廓线的房间内单击指定一
                                                //点，结果如图7-7所示
是否生成封闭的多段线?[是(Y)/否(N)]<Y>: Y         //选择"是（Y）"选项，如图7-8所示
```

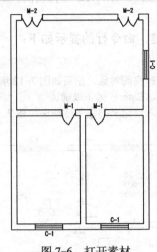 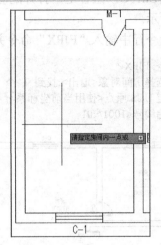

图7-6　打开素材　　　　　　　　　　图7-7　指定房间内一点

3）绘制房间轮廓线，结果如图7-9所示。

4）重复上述操作，继续绘制其他房间轮廓线，结果如图7-10所示。

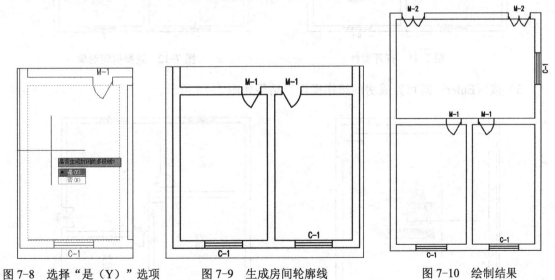

图7-8　选择"是（Y）"选项　　　图7-9　生成房间轮廓线　　　图7-10　绘制结果

7.1.3　房间排序

"房间排序"命令用于按照指定的规则对房间编号进行重新排序。参与排序的除了普通房

间外，还包括公摊面积、洞口面积等对象，这些参与排序的对象主要用于节能和暖通设计。

1. 执行方式

➢ 命令行：输入"FJPX"命令并按〈Enter〉键。

➢ 菜单栏：选择"房间屋顶"→"房间排序"命令。

2. 操作步骤

"房间排序"命令的调用方法如下：

1）按〈Ctrl+O〉组合键，打开配套光盘提供的"第 7 章/7.1.3 房间排序.dwg"文件，如图 7-11 所示。

2）在命令行中输入"FJPX"命令并按〈Enter〉键，命令行的提示如下：

```
命令: FJPX↙
请选择房间对象<退出>:找到 1 个              //选择房间对象，结果如图 7-12 所示
指定 UCS 原点<使用当前坐标系>:               //按〈Enter〉键予以确认
起始编号<1001>:01                          //输入自定义的编号，结果如图 7-13 所示
```

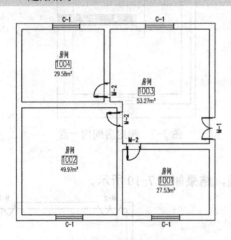

图 7-11　打开素材

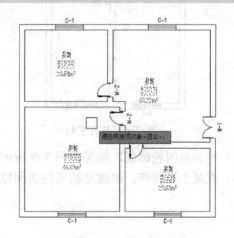

图 7-12　选择房间对象

3）按〈Enter〉键可完成房间排序操作，结果如图 7-14 所示。

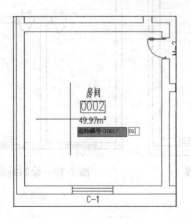

图 7-13　输入自定义的编号

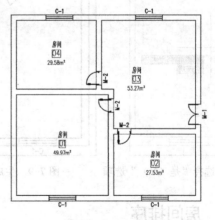

图 7-14　修改结果

7.1.4　查询面积

"查询面积"命令可用以查询由天正墙体组成的房间面积、阳台面积和封闭曲线面积，还可以在绘制任意多边形时同步查询其面积。

1. 执行方式

- ➢ 命令行：输入"CXMJ"命令并按〈Enter〉键。
- ➢ 菜单栏：选择"房间屋顶"→"查询面积"命令。

2. 操作步骤

"查询面积"命令的调用方法如下：

1）按〈Ctrl+O〉组合键，打开配套光盘提供的"第 7 章/7.1.4 查询面积.dwg"文件，如图 7-15 所示。

2）在命令行中输入"CXMJ"命令并按〈Enter〉键，系统弹出"查询面积"对话框，设置参数如图 7-16 所示。

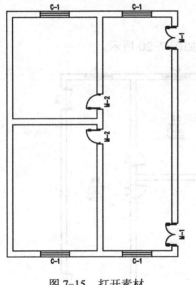

图 7-15　打开素材

图 7-16　"查询面积"对话框

3）命令行的提示如下：

```
命令: CXMJ↙
提示: 空选即为全选!
请选择查询面积的范围:指定对角点:找到 11 个　//选择需要查询面积的范围，结果如图 7-17 所示
请在屏幕上点取一点<返回>:
面积=47.8794 平方米
请在屏幕上点取一点<返回>:
面积=72.0292 平方米
请在屏幕上点取一点<返回>:
面积=38.2832 平方米　　　　　　　//点取面积标注的位置，结果如图 7-18 所示
```

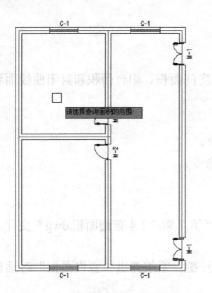

图 7-17　选择查询面积的范围

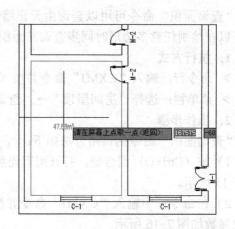

图 7-18　点取标注位置

4）标注面积的结果如图 7-19 所示。

5）继续定义面积标注的位置，查询面积的操作结果如图 7-20 所示。

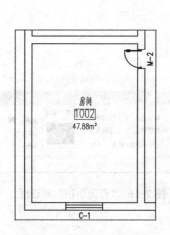

图 7-19　标注面积的结果

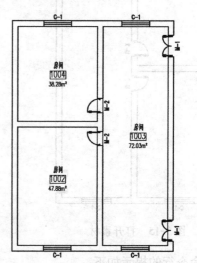

图 7-20　查询面积的操作结果

提示："查询面积"对话框中主要选项的含义如下：

➤ "封闭曲线查询"按钮🖾。单击该按钮，选择封闭的曲线，可查询该曲线的面积。

➤ "阳台面积查询"按钮🖾。单击该按钮，可以对阳台的面积进行查询。

➤ "绘制任意多边形面积查询"🖾。单击该按钮，分别指定多边形的起点和终点，在绘制多边形时同步查询其面积。

7.1.5　套内面积

"套内面积"命令用于计算住宅单元的套内面积，并创建套内面积的房间对象。

1. 执行方式

➢ 命令行：输入"TNMJ"命令并按〈Enter〉键。

➢ 菜单栏：选择"房间屋顶"→"套内面积"命令。

2. 操作步骤

"套内面积"命令的调用方法如下：

1）按〈Ctrl+O〉组合键，打开配套光盘提供的"第 7 章/7.1.5 套内面积.dwg"文件，如图 7-21 所示。

2）调用"TNMJ"命令，弹出"套内面积"对话框，设置参数如图 7-22 所示。

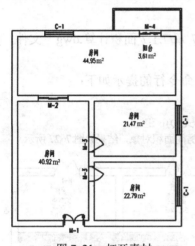

图 7-21 打开素材

图 7-22 "套内面积"对话框

3）命令行的提示如下：

命令: TNMJ↙

请选择同属一套住宅的所有房间面积对象与阳台面积对象:指定对角点: 找到 5 个
//选择房间和阳台的面积对象，结果如图 7-23 所示

请点取面积标注位置<中心>:
//单击点取面积标注的位置，结果如图 7-24 所示

4）标注套内面积的结果如图 7-25 所示。

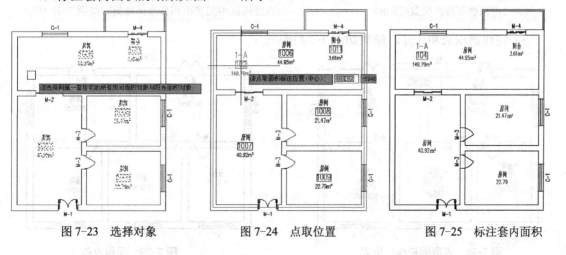

图 7-23 选择对象   图 7-24 点取位置   图 7-25 标注套内面积

7.1.6 面积计算

"面积计算"命令用于将通过调用"查询面积"或"套内面积"等命令获得的面积进行加减计算，并将结果标注在图上。

1. 执行方式

➢ 命令行：输入"MJJS"命令并按〈Enter〉键。
➢ 菜单栏：选择"房间屋顶"→"面积计算"命令。

2. 操作步骤

"面积计算"命令的调用方法如下：

1）按〈Ctrl+O〉组合键，打开配套光盘提供的"第 7 章/7.1.7 面积计算.dwg"文件，如图 7-26 所示。

2）在命令行中输入"MJJS"命令并按〈Enter〉键，命令行的提示如下：

```
命令: MJJS↙
请选择求和的房间面积对象或面积数值文字或[对话框模式(Q)]<退出>:
请选择求和的房间面积对象或面积数值文字: //选中求和的房间面积对象，结果如图 7-27 所示
```

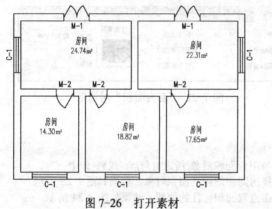

图 7-26　打开素材

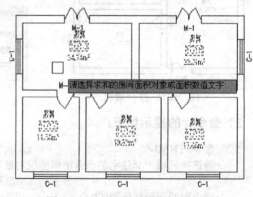

图 7-27　选择求和的房间面积对象

```
共选中了 5 个对象，求和结果=97.82
点取面积标注位置<退出>:                    //在绘图区中指定面积标注的位置，如图 7-28 所示
```

3）完成面积求和计算，结果如图 7-29 所示。

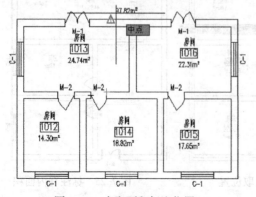

图 7-28　点取面积标注位置

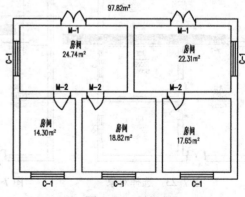

图 7-29　面积求和

7.2 房间布置

房间布置命令包括"加踢脚线""绘制隔板""绘制隔断"等。通过调用这些命令，用户可以根据系统所提供的样式或者参数来创建图形。

本节介绍各类房间布置命令的调用方法。

7.2.1 加踢脚线

踢脚线在家庭装修中主要用于装饰和保护墙角。调用"加踢脚线"命令，可自动搜索房间轮廓，按用户选择的踢脚截面生成二维和三维一体的踢脚线，遇到门和洞口处时自动断开，可用于室内装饰设计建模，也可作为室外的勒脚使用。

1．执行方式

➢ 命令行：输入"JTJX"命令并按〈Enter〉键。

➢ 菜单栏：选择"房间屋顶"→"房间布置"→"加踢脚线"命令。

2．操作步骤

"加踢脚线"命令的调用方法如下：

1）按〈Ctrl+O〉组合键，打开配套光盘提供的"第 7 章/7.2.1 加踢脚线.dwg"文件，如图 7-30 所示。

2）调用"JTJX"命令，系统弹出"踢脚线生成"对话框，如图 7-31 所示。

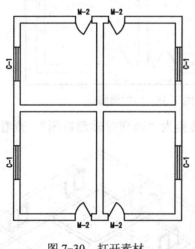

图 7-30 打开素材

图 7-31 "踢脚线生成"对话框

3）在对话框中的"截面选择"选项组中单击选择"取自截面库"单选按钮，并单击其右侧的按钮 ；此时打开"天正图库管理系统"窗口，在其中选择踢脚线的截面图形，结果如图 7-32 所示。

4）双击踢脚线的截面图形，返回"踢脚线生成"对话框，如图 7-33 所示。

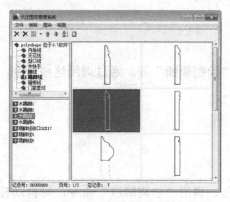

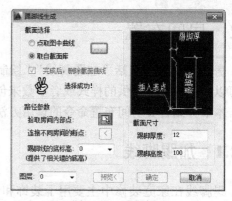

图 7-32 "天正图库管理系统"窗口　　　　　图 7-33 选择样式

5）单击"路径参数"选项组中的"拾取房间内部点"按钮，在需要生成踢脚线的房间单击鼠标左键，如图 7-34 所示。

6）按〈Enter〉键返回"踢脚线生成"对话框，单击"确定"按钮关闭对话框，即可完成踢脚线的绘制，结果如图 7-35 所示。

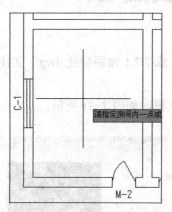

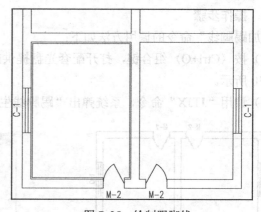

图 7-34 单击鼠标左键　　　　　图 7-35 绘制踢脚线

7）重复上述操作，继续绘制踢脚线，将当前视图转换为"西南等轴测视图"，查看踢脚线的三维效果，如图 7-36 所示。

7.2.2 奇数分格

"奇数分格"命令用于绘制按奇数分格的地面或吊顶平面，分格使用 AutoCAD 对象直线（line）绘制。

1. 执行方式

➢ 命令行：输入"JSFG"命令并按〈Enter〉键。
➢ 菜单栏：选择"房间屋顶"→"房间布置"
　→"奇数分格"命令。

2. 操作步骤

"奇数分格"命令的调用方法如下：

1）按〈Ctrl+O〉组合键，打开配套光盘提供的"第 7 章/7.2.2 奇数分格.dwg"文件，如

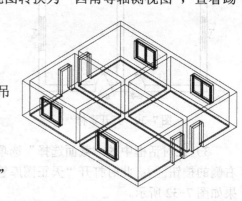

图 7-36 三维效果

图 7-37 所示。

2）在命令行中输入"JSFG"命令并按〈Enter〉键，命令行的提示如下：

命令: JSFG↙
请用三点定一个要奇数分格的四边形, 第一点 <退出>:
　　　　　　　　　　　//指定要进行奇数分格的四边形的第一点，如图 7-38 所示

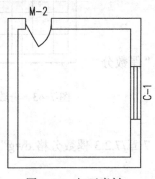

图 7-37　打开素材

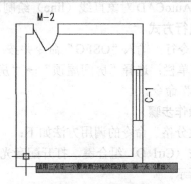

图 7-38　指定第一点

第二点 <退出>:　　　　　　　　//指定第二点，如图 7-39 所示
第三点 <退出>:　　　　　　　　//指定第三点，结果如图 7-40 所示
第一、二点方向上的分格宽度(小于 100 为格数) <500>: 1000
　　　　　　　　　　　//指定分格宽度，结果如图 7-41 所示
第二、三点方向上的分格宽度(小于 100 为格数) <1000>: 1000
　　　　　　　　　　　//指定分格宽度，结果如图 7-42 所示

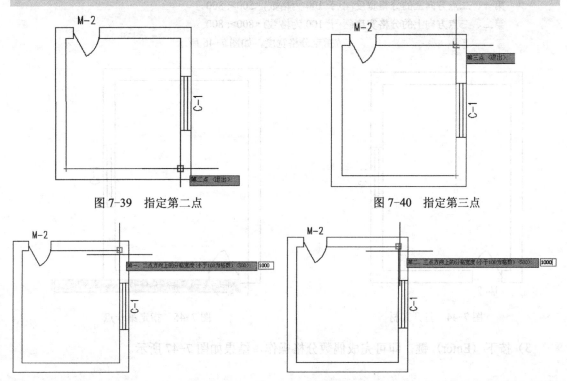

图 7-39　指定第二点　　　　　　　　　　　　图 7-40　指定第三点

图 7-41　指定分格宽度 1　　　　　　　　　　图 7-42　指定分格宽度 2

3）按〈Enter〉键，即可完成奇数分格操作，结果如图 7-43 所示。

7.2.3 偶数分格

"偶数分格"命令用于绘制按偶数分格的地面或吊顶平面，分格使用 AutoCAD 对象直线（line）绘制。

1. 执行方式

➤ 命令行：输入"OSFG"命令并按〈Enter〉键。

➤ 菜单栏：选择"房间屋顶"→"房间布置"→"偶数分格"命令。

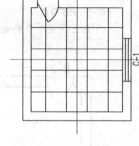

图 7-43　奇数分格

2. 操作步骤

"偶数分格"命令的调用方法如下：

1）按〈Ctrl+O〉组合键，打开配套光盘提供的"第 7 章/7.2.3 偶数分格.dwg"文件，如图 7-44 所示。

2）调用"OSFG"命令，命令行的提示如下：

```
命令: OSFG↵
请用三点定一个要偶数分格的四边形, 第一点 <退出>:
                        //指定被分格四边形的第一点，如图 7-45 所示
第二点 <退出>:
第三点 <退出>:            //鼠标往右点击第二点，往上单击第三点
第一、二点方向上的分格宽度(小于 100 为格数) <500>: 800
第二、三点方向上的分格宽度(小于 100 为格数) <800>: 800
                        //指定分格宽度，如图 7-46 所示
```

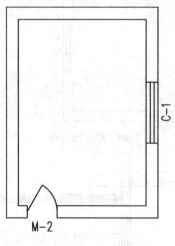

图 7-44　打开素材

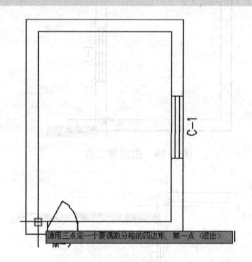

图 7-45　指定第一点

3）按下〈Enter〉键，即可完成偶数分格操作，结果如图 7-47 所示。

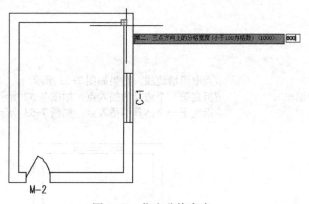
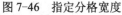

图 7-46 指定分格宽度

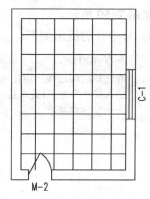

图 7-47 偶数分格

7.2.4 布置洁具

洁具是浴室和厕所的专用设施。"布置洁具"命令用于从洁具图库调用二维天正图块，以快速绘制相关图形。

1. 执行方式

➤ 命令行：输入"BZJJ"命令并按〈Enter〉键。

➤ 菜单栏：选择"房间屋顶"→"房间布置"→"布置洁具"命令。

2. 操作步骤

布置卫生间洁具时，系统弹出"天正洁具"对话框，在对话框左侧选择洁具的类型，在右侧列表中选择洁具的型号，然后双击需要的洁具图形，在弹出的"布置蹲便器（延迟自闭）"对话框中设置相应的参数，在绘图区中选择洁具的插入点，即可完成布置洁具操作。

"布置洁具"命令的调用方法如下：

1）按〈Ctrl+O〉组合键，打开配套光盘提供的"第 7 章/7.2.4 布置洁具.dwg"文件，如图 7-48 所示。

2）在命令行中输入"BZJJ"命令并按〈Enter〉键，系统弹出"天正洁具"对话框，在其中选择洁具图形，结果如图 7-49 所示。

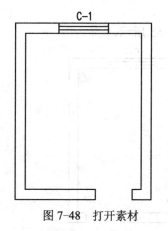

图 7-48 打开素材

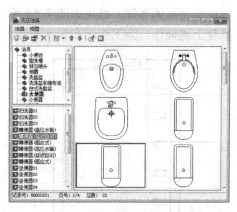

图 7-49 "天正洁具"对话框

3）双击选中的洁具图形，在弹出的"布置蹲便器（延迟自闭）"对话框中设置参数，结果如图 7-50 所示。

4）命令行的提示如下：

命令: BZJJ↙
请选择沿墙边线 <退出>:   //点取沿墙边线，结果如图 7-51 所示
插入第一个洁具[插入基点(B)] <退出>:   //指定第一个洁具的插入点，如图 7-52 所示
下一个 <结束>:   //指定下一个洁具的插入点，如图 7-53 所示

图 7-50　设置参数

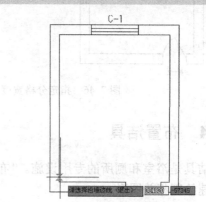

图 7-51　点取沿墙边线

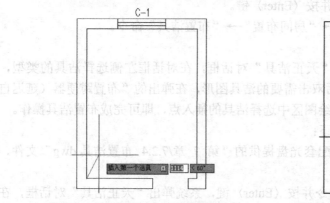

图 7-52　指定第一个洁具的插入点

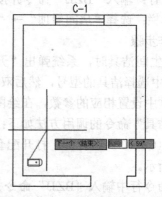

图 7-53　指定下一个洁具的插入点

5）完成蹲便器的布置，结果如图 7-54 所示。

6）重复上述操作，为卫生间布置拖布池，结果如图 7-55 所示。

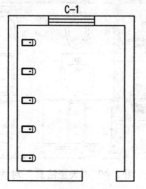

图 7-54　布置蹲便器

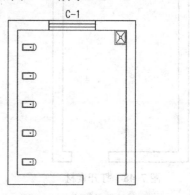

图 7-55　布置拖布池

7.2.5 布置隔断

"布置隔断"命令通过两点线选取已经插入的洁具,以布置卫生隔断。

1. 执行方式

➤ 命令行:输入"BZGD"命令并按〈Enter〉键。

➤ 菜单栏:选择"房间屋顶"→"房间布置"→"布置隔断"命令。

2. 操作步骤

"布置隔断"命令的调用方法如下:

1)按〈Ctrl+O〉组合键,打开配套光盘提供的"第 7 章/7.2.5 布置隔断.dwg"文件,如图 7-56 所示。

2)调用"BZGD"命令,命令行的提示如下:

```
命令: BZGD↙
输入一直线来选洁具!
起点:                    //指定起点,结果如图 7-57 所示
终点:                    //指定终点,结果如图 7-58 所示
隔板长度<1200>:1200      //设置长度参数,结果如图 7-59 所示
隔断门宽<600>:600        //输入宽度参数,结果如图 7-60 所示
```

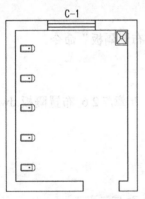

图 7-56 打开素材

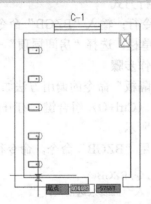

图 7-57 指定起点

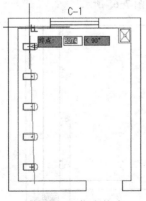

图 7-58 指定终点

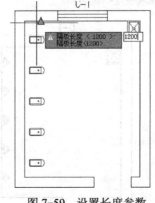

图 7-59 设置长度参数

3）布置隔断的结果如图 7-61 所示。

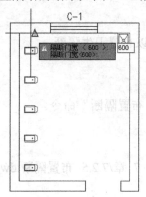

图 7-60　指定宽度参数

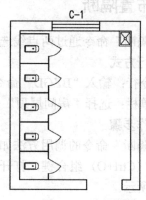

图 7-61　布置隔断

7.2.6　布置隔板

"布置隔板"命令通过两点选取已经插入的洁具，以布置卫生隔板，主要用于创建小便器之间的隔板。

1. 执行方式

➤ 命令行：输入"BZGB"命令并按〈Enter〉键。
➤ 菜单栏：选择"房间屋顶"→"房间布置"→"布置隔板"命令。

2. 操作步骤

"布置隔板"命令的调用方法如下：

1）按〈Ctrl+O〉组合键，打开配套光盘提供的"第 7 章/7.2.6 布置隔板.dwg"文件，如图 7-62 所示。

2）调用"BZGB"命令，命令行的提示如下：

```
命令: BZGB↙
输入一直线来选洁具!
起点:                    //指定起点，结果如图 7-63 所示
终点:                    //指定终点，结果如图 7-64 所示
隔板长度<400>:400        //设置长度参数，结果如图 7-65 所示
```

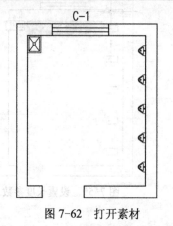

图 7-62　打开素材

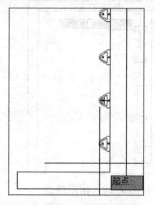

图 7-63　指定起点

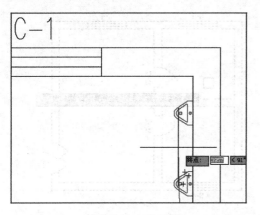

图 7-64 指定终点

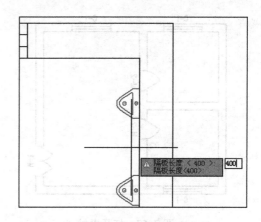

图 7-65 设置长度参数

3）按〈Enter〉键即可完成隔板的绘制，结果如图 7-66 所示。

7.3 绘制屋顶

绘制屋顶的命令包括"任意坡顶""人字坡顶""攒尖屋顶"等。调用这些命令，可以生成各种的屋顶图形。用户需要在绘制的过程当中设置屋顶的各项参数，才能得到与使用要求相符合的屋顶图形。

本节介绍绘制屋顶的各项命令的调用方法。

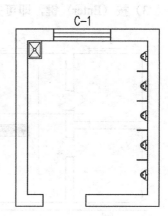

图 7-66 布置隔板

7.3.1 搜屋顶线

屋顶线是指屋顶平面图的边界线。调用"搜屋顶线"命令，可以自动跨越门窗洞口搜索墙线的封闭区域，生成屋顶平面轮廓线。

1. 执行方式

➢ 命令行：输入"BZGB"命令并按〈Enter〉键。

➢ 菜单栏：选择"房间屋顶"→"搜屋顶线"命令。

2. 操作步骤

"搜屋顶线"命令的调用方法如下：

1）按〈Ctrl+O〉组合键，打开配套光盘提供的"第 7 章/7.3.1 搜屋顶线.dwg"文件，如图 7-67 所示。

2）调用"SWDX"命令，命令行的提示如下：

```
命令: SWDX↵
请选择构成一完整建筑物的所有墙体(或门窗):指定对角点: 找到 17 个
                    //框选建筑物的墙体和门窗，结果如图 7-68 所示
偏移外皮距离<600>:800    //按〈Enter〉键，指定偏移外皮的距离参数，结果如图 7-69 所示
```

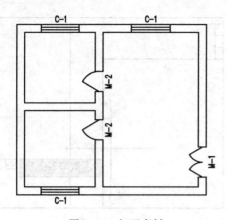

图 7-67　打开素材

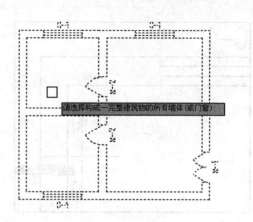

图 7-68　选择墙体

3）按〈Enter〉键，即可完成搜屋顶线的绘制，结果如图 7-70 所示。

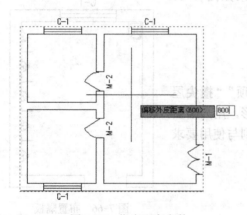

图 7-69　指定距离参数

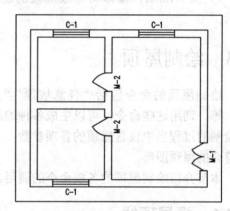

图 7-70　创建搜屋顶线

7.3.2　任意坡顶

调用"任意坡顶"命令，可由封闭的多线段或屋顶线生成指定形状和坡度角的屋顶。使用对象编辑可分别修改各边屋顶的坡度。

1. 执行方式

➢ 命令行：输入"RYPD"命令并按〈Enter〉键。

➢ 菜单栏：选择"房间屋顶"→"任意坡顶"命令。

2. 操作步骤

"任意坡顶"命令的调用方法如下：

1）按〈Ctrl+O〉组合键，打开配套光盘提供的"第 7 章/7.3.2 任意坡顶.dwg"文件，如图 7-71 所示。

2）在命令行中输入"RYPD"命令并按〈Enter〉键，命令行的提示如下：

```
命令: RYPD↙
选择一封闭的多段线<退出>:              //选择多段线，结果如图 7-72 所示
请输入坡度角 <30>: 45                 //设置坡度角，如图 7-73 所示
```

出檐长<600>:650　　　　　//按〈Enter〉键，设置出檐长参数，结果如图 7-74 所示

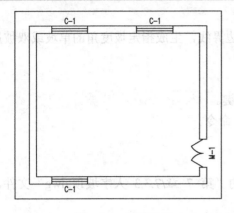

图 7-71　打开素材

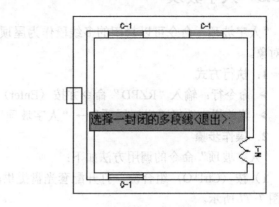

图 7-72　选择多段线

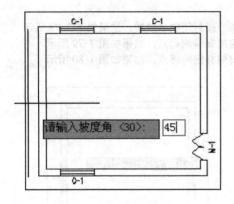

图 7-73　设置坡度角值

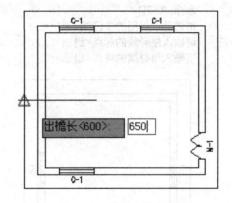

图 7-74　设置出檐长参数

3）按〈Enter〉键，即可完成任意坡顶的创建，结果如图 7-75 所示。

4）将当前视图转换为"西南等轴测视图"，查看屋顶的三维效果，如图 7-76 所示。

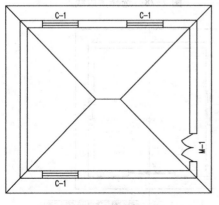

图 7-75　输入出檐长

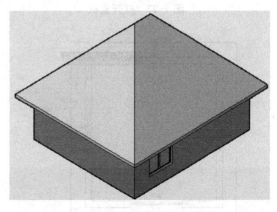

图 7-76　三维效果

7.3.3 人字坡顶

"人字坡顶"命令可以封闭的多线段作为屋顶边界线，生成指定坡度角的单坡或双坡屋面对象。

1. 执行方式

➤ 命令行：输入"RZPD"命令并按〈Enter〉键。
➤ 菜单栏：选择"房间屋顶"→"人字坡顶"命令。

2. 操作步骤

"人字坡顶"命令的调用方法如下：

1）按〈Ctrl+O〉组合键，打开配套光盘提供的"第 7 章/7.3.3 人字坡顶.dwg"文件，如图 7-77 所示。

2）调用"RZPD"命令，命令行的提示如下：

```
命令: RZPD↙
请选择一封闭的多段线<退出>:        //选择一段封闭的多段线，结果如图 7-78 所示
请输入屋脊线的起点<退出>:          //指定屋脊线的起点，结果如图 7-79 所示
请输入屋脊线的终点<退出>:          //指定屋脊线的终点，结果如图 7-80 所示
```

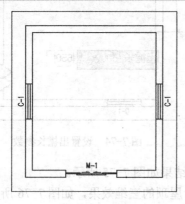

图 7-77 打开素材

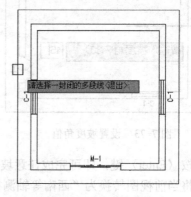

图 7-78 选择多段线

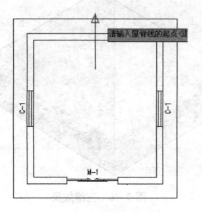

图 7-79 指定屋脊线的起点

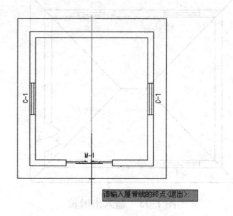

图 7-80 指定屋脊线的终点

3）在弹出的"人字坡顶"对话框中设置参数，如图 7-81 所示。

4）单击"确定"按钮，即可完成人字坡顶的绘制，结果如图 7-82 所示。

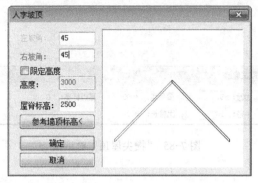

图 7-81 "人字坡顶"对话框

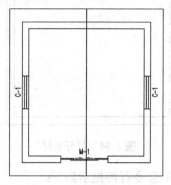

图 7-82 人字坡顶

5）将当前视图转换为"西南等轴测视图"，设置视图的显示样式设为"概念"样式，查看人字坡顶的三维效果，结果如图 7-83 所示。

提示："人字坡顶"对话框中主要选项的含义如下。

➤ "左坡角"文本框。在其中设置屋脊线左边的坡度角。

➤ "右坡角"文本框。在其中设置屋脊线右边的坡度角。

➤ "限定高度"复选框。选中该复选框，即可定义屋顶与地面之间的高度。

➤ "高度"文本框。选中"限定高度"复选框，即可在该文本框中设置高度参数。

➤ "屋脊标高"文本框。可在其中设置屋脊与地面的高度。

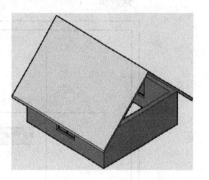

图 7-83 三维效果

➤ "参考墙顶标高"按钮。单击该按钮后，选择墙体，可沿选中的墙体的高度方向移动坡顶，使屋顶与墙顶关联。

7.3.4 攒尖屋顶

"攒尖屋顶"命令可以构造对称的正多边形攒尖屋顶三维模型，考虑出挑与檐长，生成对象不能被其他闭合对象裁剪。

1. 执行方式

在菜单栏中选择"房间屋顶"→"攒尖屋顶"命令。

2. 操作步骤

"攒尖屋顶"命令的调用方法如下：

1）按〈Ctrl+O〉组合键，打开配套光盘提供的"第 7 章/7.3.4 攒尖屋顶.dwg"文件，如图 7-84 所示。

2）选择"房间屋顶"→"攒尖屋顶"命令，在弹出的"攒尖屋顶"对话框中设置参数，如图 7-85 所示。

图 7-84 打开素材

图 7-85 "攒尖屋顶"对话框

3）命令行的提示如下：

命令: T91_TCuspRoof
请输入屋顶中心位置<退出>:　　　　　//在绘图区中指定屋顶的中心位置，结果如图 7-86 所示
获得第二个点:　　　　　　　　　　//拖动鼠标指定屋顶的第二个点，结果如图 7-87 所示

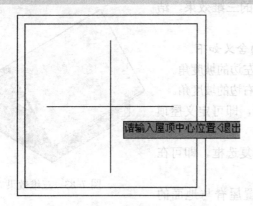

图 7-86 指定中心位置

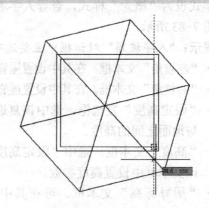

图 7-87 指定第二个点

4）单击鼠标左键即可完成攒尖屋顶的绘制，结果如图 7-88 所示。

5）将当前视图转换为"西南等轴测视图"，设置视图的显示样式为"概念"，查看攒尖屋顶的三维效果，如图 7-89 所示。

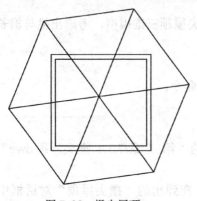

图 7-88 攒尖屋顶

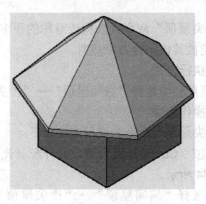

图 7-89 三维效果

7.3.5 矩形屋顶

"矩形屋顶"命令可以由三点定义矩形，生成指定坡度角和屋顶高的歇山屋顶等矩形屋顶。

1. 执行方式

➤ 命令行：输入"JXWD"命令并按〈Enter〉键。

➤ 菜单栏：选择"房间屋顶"→"矩形屋顶"命令。

2. 操作步骤

"矩形屋顶"命令的调用方法如下：

1）按〈Ctrl+O〉组合键，打开配套光盘提供的"第 7 章/7.3.5 矩形屋顶.dwg"文件，如图 7-90 所示。

2）调用"JXWD"命令，系统弹出"矩形屋顶"对话框，设置参数如图 7-91 所示。

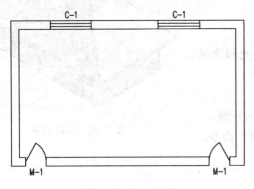

图 7-90 打开素材   图 7-91 "矩形屋顶"对话框

3）命令行的提示如下：

```
命令: JXWD↵
点取主坡墙外皮的左下角点<退出>:          //如图 7-92 所示
点取主坡墙外皮的右下角点<返回>:          //如图 7-93 所示
点取主坡墙外皮的右上角点<返回>:          //如图 7-94 所示
```

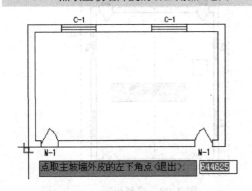

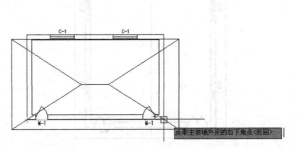

图 7-92 点取左下角点   图 7-93 点取右下角点

4）绘制矩形屋顶的结果如图 7-95 所示。

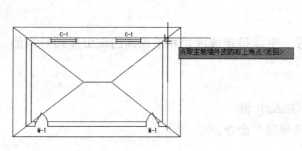

图 7-94 点取右上角点

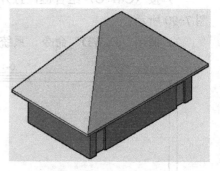

图 7-95 矩形屋顶

5）将当前视图转换为"西南等轴测视图"，显示样式设置为"概念"，查看矩形屋顶的三维效果，如图 7-96 所示。

7.3.6 加老虎窗

老虎窗是设在屋顶上的天窗，主要用于采光和通风。"加老虎窗"命令可以添加多种形式的老虎窗。

1. 执行方式
➤ 命令行：输入"JLHC"命令并按〈Enter〉键。
➤ 菜单栏：选择"房间屋顶"→"加老虎窗"命令。

图 7-96 三维效果

2. 操作步骤
"加老虎窗"命令的调用方式如下：

1）按〈Ctrl+O〉组合键，打开配套光盘提供的"第 7 章/7.3.6 加老虎窗.dwg"文件，如图 7-97 所示。

2）在命令行中输入"JLHC"命令并按〈Enter〉键，命令行的提示如下：

```
命令: JLHC↙
请选择屋顶: 找到 1 个                    //如图 7-98 所示
```

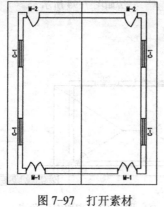

图 7-97 打开素材

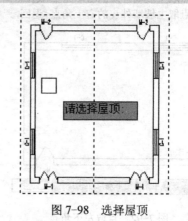

图 7-98 选择屋顶

3）按下〈Enter〉键，在"加老虎窗"对话框中设置参数，结果如图 7-99 所示。

请点取插入点或 [修改参数(S)]<退出>:　　　　//如图 7-100 所示
请点取插入点或 [修改参数(S)]<退出>:　　　　//如图 7-101 所示

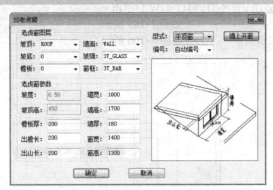

图 7-99　"加老虎窗"对话框

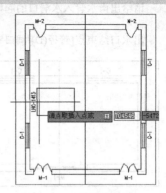

图 7-100　点取插入点 1

4）绘制老虎窗的结果如图 7-102 所示。

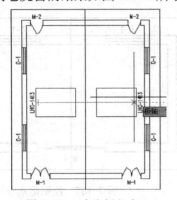

图 7-101　点取插入点 2

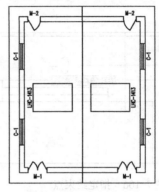

图 7-102　绘制老虎窗

5）将视图转换成"西南等轴测视图"，显示样式设置为"概念"，查看加老虎窗的三维效果，结果如图 7-103 所示。

7.3.7　加雨水管

"加雨水管"命令用于在屋顶平面图中绘制雨水管穿过女儿墙或檐板的图例，可设置洞口宽和雨水管的管径大小。需要注意的是，雨水管不具有三维特性。

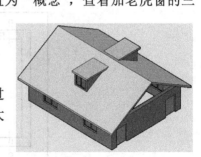

图 7-103　三维效果

1. 执行方式

➢ 命令行：输入"JYSG"命令并按〈Enter〉键。

➢ 菜单栏：选择"房间屋顶"→"加雨水管"命令。

2. 操作步骤

"加雨水管"命令的调用方法如下：

1）按〈Ctrl+O〉组合键，打开配套光盘提供的"第 7 章/7.3.7 加雨水管.dwg"文件，如图 7-104 所示。

2）在命令行中输入"JYSG"命令并按〈Enter〉键，命令行的提示如下：

命令: JYSG↵
当前管径为 200,洞口宽 140
请给出雨水管入水洞口的起始点[参考点(R)/管径(D)/洞口宽(W)]<退出>:
//如图 7-105 所示
出水口结束点[管径(D)/洞口宽(W)]<退出>:   //如图 7-106 所示

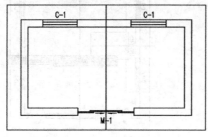

图 7-104　打开素材

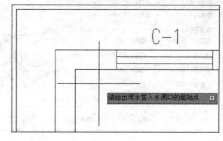

图 7-105　指定起始点

3）绘制雨水管的结果如图 7-107 所示。

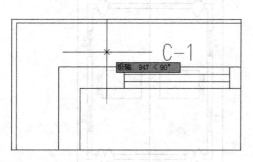

图 7-106　指定结束点

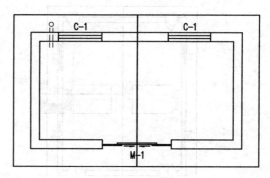

图 7-107　绘制雨水管

4）继续绘制雨水管，结果如图 7-108 所示。

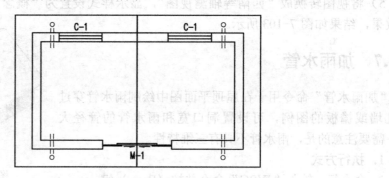

图 7-108　绘制结果

第 8 章　文字和表格

　　为建筑图形添加适量的文字标注有助于表达图形的含义及增加图形的可读性。在 T20 天正建筑软件中，添加文字标注的命令主要有"单行文字""多行文字"以及"曲线"文字等。

　　调用文字标注命令，可满足不同情况下添加文字标注的要求。若能熟练地运用这些命令，可起到事半功倍的效果。

　　表格是经常用到的一种标注方式，即以列表的形式罗列数据，使人一目了然，便于查找项目。天正建筑中的表格工具非常强大，不仅可以创建表格，还可以对表格进行编辑修改。

　　本章介绍关于文字和表格的相关内容。

8.1　添加文字标注

　　调用创建文字命令，可以绘制单行文字或多行文字。调用"专业词库"命令，能以对话框的形式提供多种文字标注。用户可以在对话框中选择并自定义标注文字，还可以将自定义的标注文字存入词库中，以便在将来的绘图工作中调用。

　　本节介绍添加文字标注的方法。

8.1.1　文字样式

　　文字样式定义了文字的外观，是对文字特性的一种描述，包括字体、高度、宽度比例、倾斜角度以及排列方式等。在 T20 天正建筑软件中，"文字样式"命令可用于快速创建和修改文字样式。

　　1．执行方式

　　➢ 命令行：输入"WZYS"命令并按〈Enter〉键。

　　➢ 菜单栏：选择"文字表格"→"文字样式"命令。

　　2．操作步骤

　　"文字样式"命令的调用方法如下：

　　1）调用"WZYS"命令，在弹出的"文字样式"对话框中设置参数，结果如图 8-1 所示。

　　2）在对话框中单击"新建"按钮，在弹出的"新建文字样式"对话框中设置新样式名称，结果如图 8-2 所示。

　　3）单击"确定"按钮返回"文字样式"对话框，修改文字样式的字宽和字高参数，如图 8-3 所示。

　　4）单击"确定"按钮关闭对话框，创建文字样式的效果如图 8-4 所示。

　　"文字样式"对话框中各选项的功能如下。

➤ "样式名"选项组。该选项组用于选择已存在的文字样式，选择某文字样式后，可通过对话框下方的各个选项对其进行修改。

图 8-1 "文字样式"对话框　　　图 8-2 设置名称　　　图 8-3 修改参数

➤ "新建"、"重命名"和"删除"按钮。这三个按钮分别用于新建文字样式以及对当前所选的文字样式进行重命名或删除操作。

图 8-4 设置名称

➤ "AutoCAD 字体"和"Windows 字体"单选按钮。这两个单选按钮用于设置使用 AutoCAD 字体还是使用 Windows 字体。

➤ "宽高比"文本框。在其中可以设置中文字宽度与高度的比值。

➤ "中文字体"下拉列表框。在其中可以设置使用何种中文字体。

➤ "字宽方向"文本框。在其中可以设置西文字宽与中文字宽的比值。

➤ "字高方向"文本框。在其中可以设置西文字高与中文字高的比值。

➤ "西文字体"文本框。在其中可以设置使用何种西文字体。

➤ "预览"按钮。单击此按钮，可在其左侧的预览区显示文字样式的设置效果。

8.1.2 单行文字

"单行文字"命令可用于创建单行文字。文字的属性由当前的文字样式来决定。

1. 执行方式

➤ 命令行：输入"DHWZ"命令并按〈Enter〉键。

➤ 菜单栏：选择"文字表格"→"单行文字"命令。

2. 操作步骤

"单行文字"命令的调用方法如下：

1）在命令行中输入"DHWZ"命令并按〈Enter〉键，在弹出的"单行文字"对话框中设置参数，结果如图 8-5 所示。

2）指定单行文字的插入点，完成单行文字的添加，结果如图 8-6 所示。

图 8-5 "单行文字"对话框　　　　　　　　　图 8-6 单行文字

提示：双击创建完成的单行文字，可以对其内容进行修改，但是不能更改字高等字体属性。

8.1.3 多行文字

"多行文字"命令可用于添加含有多种格式的大段文字，常用于输入设计说明、工程概况等建筑文本。

1．执行方式

➤ 菜单栏：选择"文字表格"→"多行文字"命令。

2．操作步骤

"多行文字"命令的调用方法如下：

1）选择"文字表格"→"多行文字"命令，在弹出的"多行文字"对话框中设置参数，结果如图 8-7 所示。

2）在对话框中单击"确定"按钮，点取插入位置，即可进行多行文字的添加，结果如图 8-8 所示。

图 8-7 "多行文字"对话框

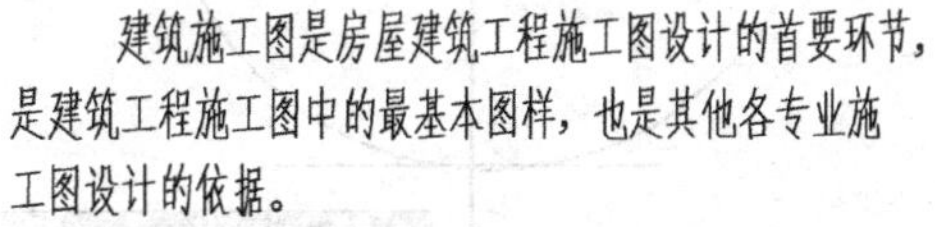

建筑施工图是房屋建筑工程施工图设计的首要环节，是建筑工程施工图中的最基本图样，也是其他各专业施工图设计的依据。

图 8-8 多行文字

8.1.4 曲线文字

"曲线文字"命令可用于沿着指定的曲线布置文字。

1．执行方式

➤ 命令行：输入"QXWZ"命令并按〈Enter〉键。

➤ 菜单栏：选择"文字表格"→"曲线文字"命令。

2．操作步骤

添加曲线文字时，先需要选择添加曲线文字的方式，有"直接写弧线文字"和"按已有曲线布置文字"两种。本节通过具体实例讲解曲线文字的添加方法。

1）按〈Ctrl+O〉组合键，打开配套光盘提供的"第 8 章/8.1.4 曲线文字.dwg"素材文件，结果如图 8-9 所示。

2）在命令行中输入"QXWZ"命令并按〈Enter〉键，命令行的提示如下：

```
命令: QXWZ↵
A-直接写弧线文字/P-按已有曲线布置文字 <A>:P
                    //输入 P，选择"按已有曲线布置文字"选项，如图 8-10 所示
```

请选取文字的基线 <退出>:   //选取文字的基线，结果如图 8-11 所示
输入文字:房屋建筑制图统一标准   //输入文字，如图 8-12 所示
请键入模型空间字高 <500>: 220   //指定文字的字高，结果如图 8-13 所示

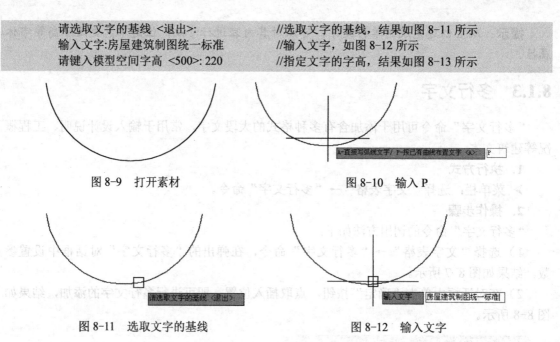

图 8-9　打开素材　　　　　　　　　　　　　图 8-10　输入 P

图 8-11　选取文字的基线　　　　　　　　　图 8-12　输入文字

3）按〈Enter〉键，即可完成曲线文字的添加，结果如图 8-14 所示。

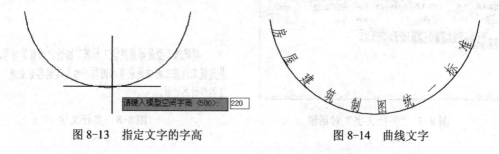

图 8-13　指定文字的字高　　　　　　　　　图 8-14　曲线文字

8.1.5　专业词库

专业词库是 T20 天正建筑软件为用户提供的一个建筑专业相关的文字词库，包括做法说明、材料做法、图形名称、室内设施、房间名称、构件名称等内容，便于用户快速调用，以提高绘图的效率。"专业词库"命令可以输入、调用及维护专业词库中的词条。

1. 执行方式

➢ 命令行：输入"ZYCK"命令并按〈Enter〉键。

➢ 菜单栏：选择"文字表格"→"专业词库"命令。

2. 操作步骤

"专业词库"命令的调用方法如下：

1）按〈Ctrl+O〉组合键，打开配套光盘提供的"第 8 章/8.1.5 专业词库.dwg"素材文件，结果如图 8-15 所示。

2）调用"ZYCK"命令，在弹出的"专业词库"对话框中选择标注文字，结果如图 8-16 所示。

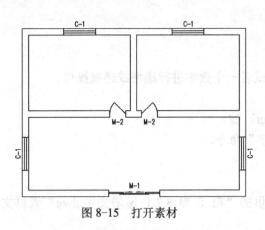

图 8-15　打开素材

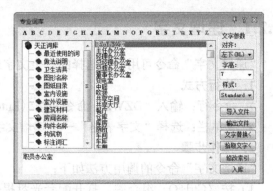

图 8-16　"专业词库"对话框

3）命令行的提示如下：

命令: ZYCK↙
请指定文字的插入点<退出>:　　　　　　　　//如图 8-17 所示

4）插入文字的结果如图 8-18 所示。

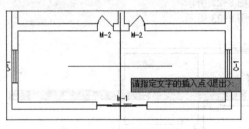

图 8-17　指定文字的插入点

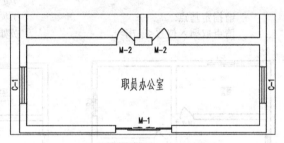

图 8-18　插入文字的结果

5）继续为其他房间调入标注文字，结果如图 8-19 所示。

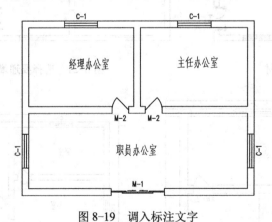

图 8-19　调入标注文字

8.2　编辑文字

编辑文字的命令有"递增文字""转角自纠""文字转化"等。通过调用这些命令，用户可以对文字执行不同形式的编辑修改。本节介绍这些编辑命令的调用方法。

8.2.1 递增文字

"递增文字"命令可用于对选择的一个文字或者一个数字进行递增或递减操作。

1．执行方式

➤ 命令行：输入"DZWZ"命令并按〈Enter〉键。

➤ 菜单栏：选择"文字表格"→"递增文字"命令。

2．操作步骤

"递增文字"命令的调用方法如下：

1）按〈Ctrl+O〉组合键，打开配套光盘提供的"第 8 章/8.2.1 递增文字.dwg"素材文件，结果如图 8-20 所示。

2）调用"DZWZ"命令，命令行的提示如下：

```
命令：DZWZ↙
请选择要递增拷贝的文字(注：同时按〈Ctrl〉键进行递减拷贝，仅对单个选中字符进行操作)
<退出>：
                          //如图 8-21 所示
请指定基点：                //如图 8-22 所示
请点取插入位置<退出>：       //如图 8-23 所示
```

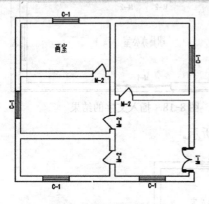

图 8-20　打开素材

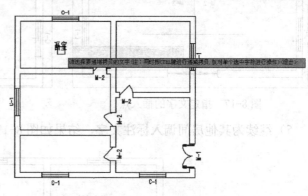

图 8-21　选择要递增拷贝的文字

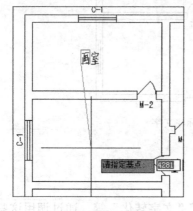

图 8-22　指定基点

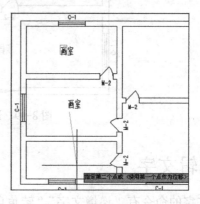

图 8-23　指定第二个点

3）单击鼠标左键完成文字的递增，结果如图 8-24 所示。

4）重复对文字执行递增操作，结果如图 8-25 所示。

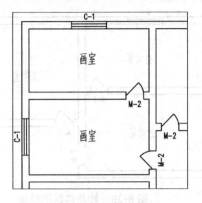

图 8-24　递增结果

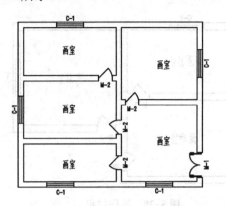

图 8-25　递增文字

8.2.2　转角自纠

"转角自纠"命令用于翻转调整图中单行文字的方向，使其符合制图标准规定的文字方向，同时可以一次选取多个文字对象一起纠正。

1. 执行方式

➤ 命令行：输入"ZJZJ"命令并按〈Enter〉键。

➤ 菜单栏：选择"文字表格"→"转角自纠"命令。

2. 操作步骤

"转角自纠"命令的调用方法如下：

1）按〈Ctrl+O〉组合键，打开配套光盘提供的"第 8 章/8.2.2 转角自纠.dwg"素材文件，结果如图 8-26 所示。

2）在命令行中输入"ZJZJ"命令并按〈Enter〉键，命令行的提示如下：

命令: ZJZJ↵
请选择天正文字: 找到 3 个，总计 3 个　　　　//选择天正文字，结果如图 8-27 所示

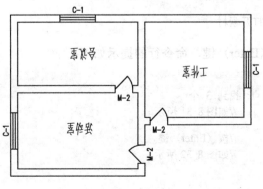

图 8-26　打开文字

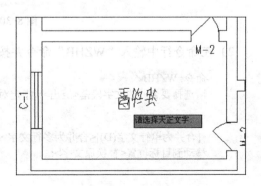

图 8-27　选择文字

3）按〈Enter〉键可完成转角自纠操作，结果如图 8-28 所示。

4）继续对其余天正文字执行转角自纠操作，结果如图 8-29 所示。

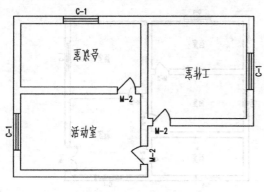

图 8-28　操作结果

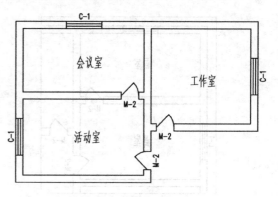

图 8-29　转角自纠的结果

8.2.3　文字合并

调用"文字合并"命令，可以将选定的单行文字合并成多行文字。

1. 执行方式

➢ 命令行：输入"WZHB"命令并按〈Enter〉键。

➢ 菜单栏：选择"文字表格"→"文字合并"命令。

2. 操作步骤

"文字合并"命令的调用方法如下：

1）按〈Ctrl+O〉组合键，打开配套光盘提供的"第 8 章/8.2.3 文字合并.dwg"素材文件，结果如图 8-30 所示。

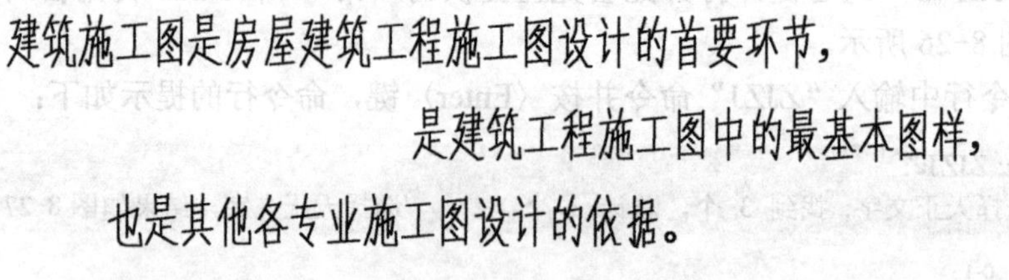

建筑施工图是房屋建筑工程施工图设计的首要环节，

是建筑工程施工图中的最基本图样，

也是其他各专业施工图设计的依据。

图 8-30　打开素材

2）在命令行中输入"WZHB"命令并按〈Enter〉键，命令行的提示如下：

```
命令: WZHB↙
请选择要合并的文字段落<退出>: 指定对角点: 找到 3 个
                                    //如图 8-31 所示

 [合并为单行文字(D)]<合并为多行文字>:          //按〈Enter〉键
 移动到目标位置<替换原文字>:                    //如图 8-32 所示
```

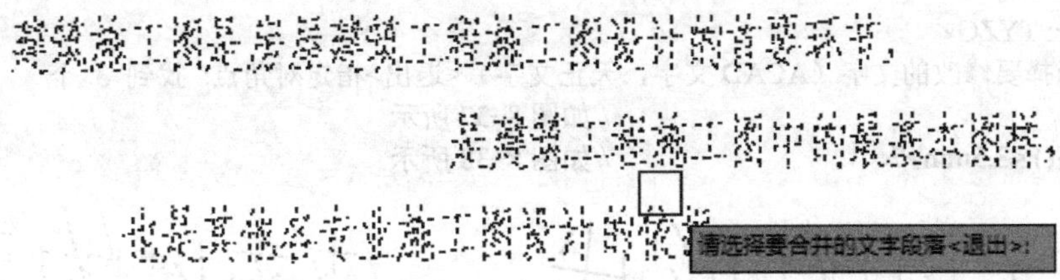

建筑施工图是房屋建筑工程施工图设计的首要环节，

是建筑工程施工图中的最基本图样，

也是其他各专业施工图设计的依据

图 8-31   选择要合并的文字段落

3）单击鼠标左键，合并文字，结果如图 8-33 所示。

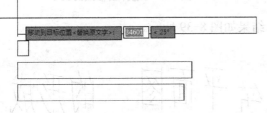

建筑施工图是房屋建筑工程施工图设计的首要环节
，
是建筑工程施工图中的最基本图样，
也是其他各专业施工图设计的依据。

图 8-32   移动到目标位置 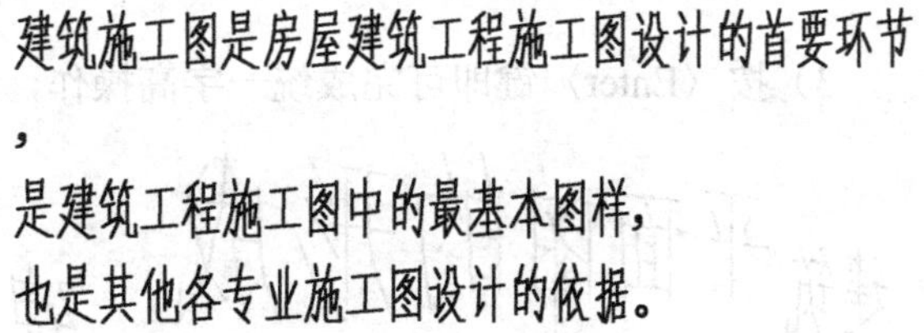   图 8-33   合并结果

4）双击多行文字，调出"多行文字"对话框，在其中调整文字的排列方式，如图 8-34 所示。

5）单击"确定"按钮关闭对话框，调整文字的结果如图 8-35 所示。

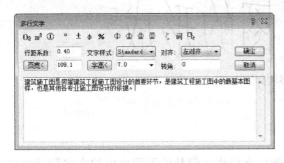

建筑施工图是房屋建筑工程施工图设计的首要环节
，是建筑工程施工图中的最基本图样，也是其他各
专业施工图设计的依据。

图 8-34   "多行文字"对话框 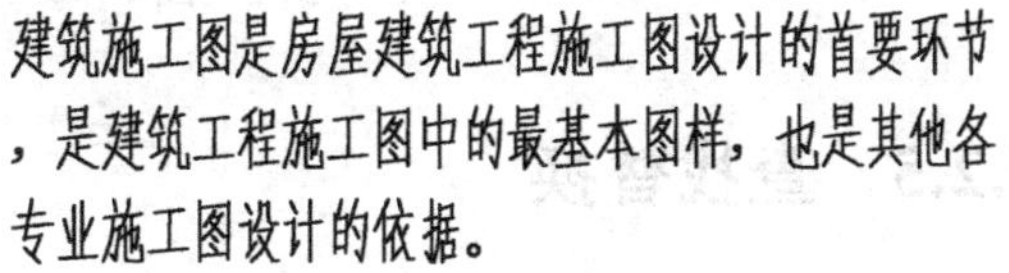   图 8-35   调整文字的结果

8.2.4   统一字高

"统一字高"命令可用于将所选中文字的字高统一为指定字高。

1．执行方式

➤ 命令行：输入"TYZG"命令并按〈Enter〉键。

➤ 菜单栏：选择"文字表格"→"统一字高"命令。

2．操作步骤

"统一字高"命令的调用方法如下：

1）按〈Ctrl+O〉组合键，打开配套光盘提供的"第 8 章/8.2.4 统一字高.dwg"素材文件，结果如图 8-36 所示。

2）调用"TYZG"命令，命令行的提示如下：

命令: TYZG↙
请选择要修改的文字（ACAD 文字，天正文字）<退出>指定对角点: 找到 3 个
　　　　　　　　　　　　　　　　　//如图 8-37 所示
字高() <3.5mm>7　　　　　　　　//如图 8-38 所示

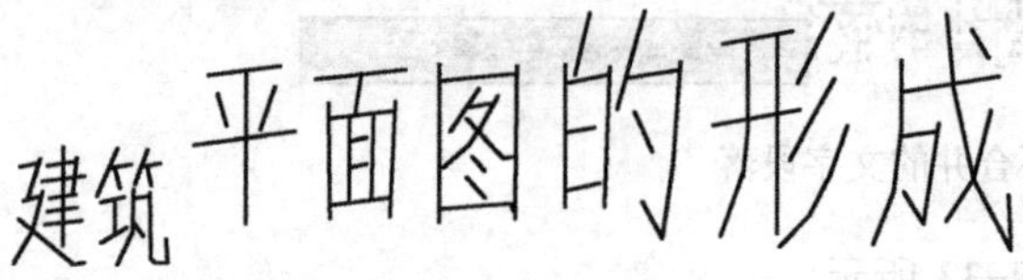

图 8-36　打开素材 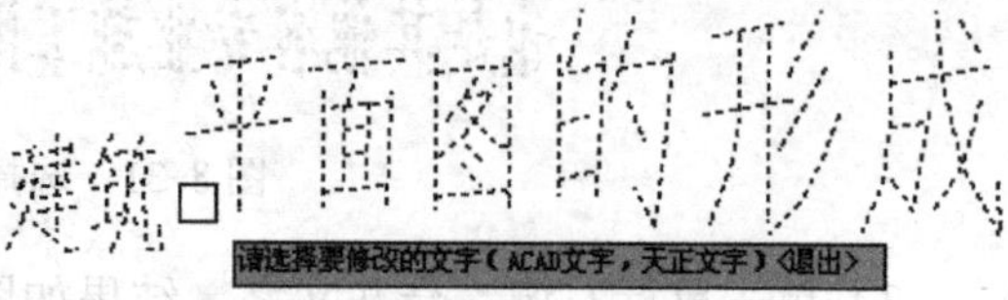　　　　　　　　　　图 8-37　选择要修改的文字

3）按〈Enter〉键即可完成统一字高操作，结果如图 8-39 所示。

图 8-38　指定字高 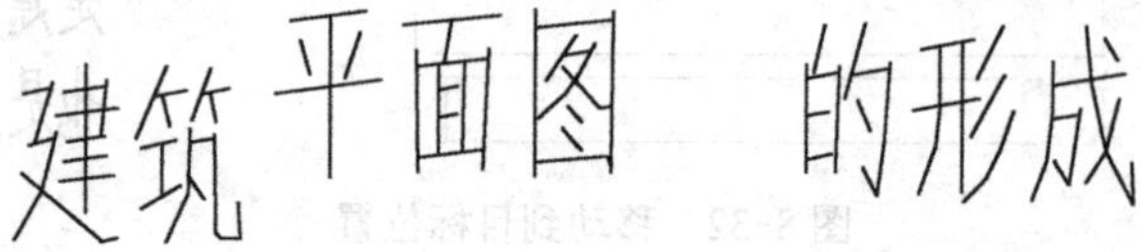　　　　　　　　　　图 8-39　统一字高

4）调用"M"（移动）命令，移动标注文字，结果如图 8-40 所示。

图 8-40　移动标注文字

8.2.5　查找替换

"查找替换"命令可用于对选定的文字执行替换操作，但是位于图块内的文字和属性文字除外。

1. 执行方式

➤ 命令行：输入"CZTH"命令并按〈Enter〉键。
➤ 菜单栏：选择"文字表格"→"查找替换"命令。

2. 操作步骤

"查找替换"命令的调用方法如下：

1）按〈Ctrl+O〉组合键，打开配套光盘提供的"第 8 章/8.2.5 查找替换.dwg"素材文件，结果如图 8-41 所示。

2）输入"CZTH"命令并按〈Enter〉键，系统弹出"查找和替换"对话框，选中"查找内容"复选框，并在其右侧的下拉列表框中选择内容；或者单击"屏幕取词"按钮，在屏幕上拾取文字内容，设置参数的结果如图 8-42 所示。

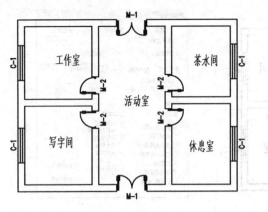

图 8-41　打开素材　　　　　　　　图 8-42　"查找和替换"对话框

3）在对话框中单击 查找 按钮，即可按照所设定的查找条件在当前图形中进行筛选；图 8-43 所示的内容即为已按照条件查找到的结果——在"查找位置"右侧的方框内显示"已找到一个"。

4）在对话框中单击"替换"按钮 替换 ，弹出"查找替换"对话框，如图 8-44 所示，表示已替换完毕。

图 8-43　查找结果　　　　　　　　图 8-44　替换完毕

5）图 8-45 所示为将"写字间"文字标注替换为"工作室"的结果。

6）在"查找和替换"对话框中单击"加前后缀"单选按钮，并设置需要增加的前缀参数；在对话框中单击 查找 按钮，即可按照所设定的条件在当前图形中查找，在"查找位置"右侧的方框内显示"已找到一个"，结果如图 8-46 所示。

7）单击"替换"按钮 替换 ，即可按照条件替换文字标注，在"查找位置"右侧的方框内显示"已替换一个"，如图 8-47 所示。

8）图 8-48 所示的内容即为给所指定的文字标注增加前缀的结果。

9）在"查找和替换"对话框中单击"设置增量"单选按钮，并设置增量参数；在对话框中单击 查找 按钮，即可在"查找位置"右侧的方框内显示"已找到一个"的字样，结果如图 8-49 所示。

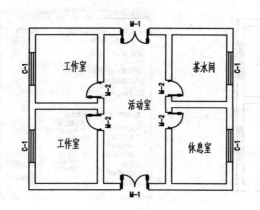

图 8-45 替换结果

图 8-46 查找结果

图 8-47 替换结果

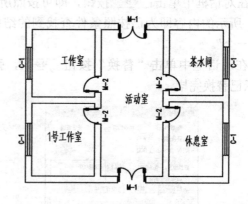

图 8-48 替换文字

10）单击"替换"按钮可为文字设置增量参数，单击"关闭"按钮关闭对话框，为文字设置增量参数的结果如图 8-50 所示。

图 8-49 查找文字

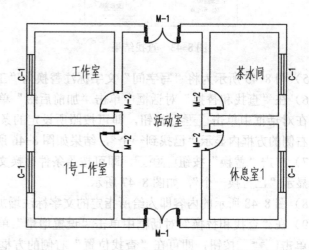

图 8-50 查找替换文字

提示：在设置文字的增量值时，参数必须是数值，不能是文字。

8.3 表格工具

表格工具命令包括"新建表格""转出 Word""转出 Excel"和"读入 Excel"。通过调用这些命令，用户不仅可以创建新表格，还可将天正表格中的内容输出至 Word 或者 Excel 中。

本节介绍表格工具命令的调用方法。

8.3.1 新建表格

"新建表格"命令可用于通过定义表格的行数、行高、列数、列高等参数来创建新表格。

1. 执行方式

➢ 命令行：输入"XJBG"命令并按〈Enter〉键。

➢ 菜单栏：选择"文字表格"→"新建表格"命令。

2. 操作步骤

调用"新建表格"命令后，在弹出的"新建表格"对话框中设置行数、行高、列宽参数，单击"确定"按钮，在绘图区拾取表格的插入点，即可完成新建表格操作。

1）输入"XJBG"命令并按〈Enter〉键，在弹出的"新建表格"对话框中设置参数，如图 8-51 所示。

2）单击"确定"按钮关闭对话框，命令行的提示如下：

```
命令: XJBG
T91_TNEWSHEET
左上角点或 [参考点(R)]<退出>:      //点取表格的插入点，创建表格如图 8-52 所示
```

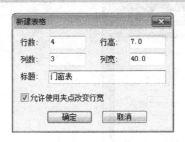

图 8-51 "新建表格"对话框

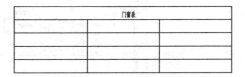

图 8-52 创建表格

8.3.2 转出 Word

"转出 Word"命令可用于将表格对象的内容输出到 Word 文档中，以供用户制作报告文件。

1. 执行方式

在菜单栏中选择"文字表格"→"转出 Word"命令。

2. 操作步骤

选择"文字表格"→"转出 Word"命令，在绘图区中选择表格对象，并按〈Enter〉键，即可将选定的表格内容输出到 Word 文档中。

"转出 Word"命令的调用方法如下：

1）按〈Ctrl+O〉组合键，打开配套光盘提供的"第 8 章/8.3.2 转出 Word.dwg"素材文件，结果如图 8-53 所示。

门窗表

类型	设计编号	洞口尺寸/(mm×mm)	数量	图集名称	页次	选用型号	备注
普通门	M—1	1800×2100	2				
	M—2	1000×2100	4				
普通窗	C—1	2000×1500	4				

图 8-53　打开素材

2）选择"文字表格"→"转出 Word"命令，命令行的提示如下：

命令: T91_Sheet2Word
请选择表格<退出>: 找到 1 个　　　　　　　　//选择表格，如图 8-54 所示

图 8-54　选择表格

3）选中表格并按〈Enter〉键，即可完成转出 Word 命令操作，结果如图 8-55 所示。

图 8-55　转出 Word 的结果

8.3.3　转出 Excel

"转出 Excel"命令可用于将表格对象的内容输出到 Excel 文档中，以供用户在其中进行统计和打印。

1. 执行方式

➤ 菜单栏：选择"文字表格"→"转出 Excel"命令。

2．操作步骤

选择"文字表格"→"转出 Excel"命令，在绘图区中选择表格对象，即可将选定的表格内容输出到 Excel 文档中。

"转出 Excel"命令的调用方法如下：

1）按〈Ctrl+O〉组合键，打开配套光盘提供的"第 8 章/8.3.3 转出 Excel.dwg"素材文件，结果如图 8-56 所示。

门窗表

类型	设计编号	洞口尺寸/(mm×mm)	数量	图集名称	页次	选用型号	备注
普通门	TLM-1	3200×2100	4				
	PKM-2	900×2100	5				
普通窗	TC-1	2000×1500	3				

图 8-56　打开素材

2）选择"文字表格"→"转出 Excel"命令，根据命令行的提示，选择表格，按〈Enter〉键即可完成转出 Excel 操作，结果如图 8-57 所示。

图 8-57　转出 Excel 的结果

8.3.4　读入 Excel

"读入 Excel"命令可用于将当前 Excel 表单中选中的数据更新到指定的天正表格中，并支持 Excel 中保留的小数位数。

1．执行方式

在菜单栏中选择"文字表格"→"读入 Excel"命令。

2．操作步骤

当用户打开了一个 Excel 文件，并框选了要输出表格的范围时，在 T20 天正建筑软件中，选择"文字表格"→"读入 Excel"命令，会弹出 AutoCAD 信息提示框，单击"是（Y）"铵钮，最后指定表格左上角位置即可创建表格。在没有打开 Excel 文件的前提下，系统会提示用户打开一个 Excel 文件并框选要复制的范围。

"读入 Excel"命令的调用方法如下：

1）按〈Ctrl+O〉组合键，打开配套光盘提供的"第 8 章/8.3.4 读入 Excel.dwg"素材文件，并将表格内容选中，结果如图 8-58 所示。

2）选择"文字表格"→"读入 Excel"命令，系统弹出"AutoCAD"对话框，如图 8-59 所示，单击"是（Y）"按钮。

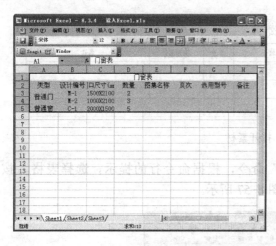

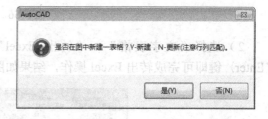

图 8-58　打开素材　　　　　　　　　　图 8-59　"AutoCAD"对话框

3）点取表格的插入点，读入 Excel 的结果如图 8-60 所示。

门窗表							
类型	设计编号	测口尺寸/(mm×mm)	数量	图集名称	页次	选用型号	备注
普通门	M-1	1500×2100	2				
	M-2	1000×2100	3				
普通窗	C-1	2000×1500	5				

图 8-60　生成天正表格

注意：在执行"读入 Excel"命令时，先要打开 Excel 表格，否则不能执行该命令。

8.4　编辑表格

编辑表格命令包括"全屏编辑""拆分表格""合并表格"等。通过调用这些命令，用户可以对表格内容执行编辑修改，也可重新定义表格的样式。

本节介绍编辑表格命令的操作方法。

8.4.1　全屏编辑

调用"全屏编辑"命令，能以对话框的形式表现所选表格的内容，便于用户查看表格内容或者对内容执行编辑操作。

1. 执行方式

➢ 命令行：输入"QPBJ"命令并按〈Enter〉键。

➤ 菜单栏：选择"文字表格"→"表格编辑"→"全屏编辑"命令。

2．操作步骤

在进行全屏编辑时，首先命令行提示用户选择需要编辑的表格，然后弹出"表格内容"对话框，用户就可以像 Excel 一样对表格进行各类编辑操作，如修改单元格内容，增加/删除行/列等。在对话框中单击鼠标右键，在弹出的快捷菜单中选择相应的编辑命令即可。

"全屏编辑"命令的调用方法如下：

1）按〈Ctrl+O〉组合键，打开配套光盘提供的"第 8 章/8.4.1 全屏编辑.dwg"素材文件，结果如图 8-61 所示。

2）输入"QPBJ"命令并按〈Enter〉键，命令行的提示如下：

```
命令: QPBJ↙
选择表格:                    //选择表格，如图 8-62 所示
```

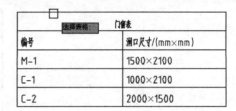

图 8-61　打开素材	图 8-62　选择表格

3）单击选中表格后，弹出"表格内容"对话框，如图 8-63 所示。

4）选中表格中的一列，单击鼠标右键，在弹出的快捷菜单中选择"插入列"选项，如图 8-64 所示。

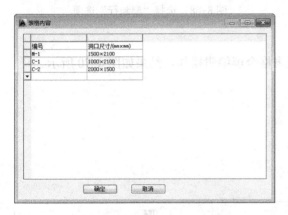

图 8-63　"表格内容"对话框	图 8-64　选择"插入列"选项

5）新建列的结果如图 8-65 所示。

6）在新建的表格列中双击，输入文字，结果如图 8-66 所示。

7）单击"确定"按钮，即可完成新建列操作，结果如图 8-67 所示。

8）再次调用"QPBJ"命令，弹出"表格内容"对话框；在表格第 4 列前的按钮▢上单击鼠标右键，在弹出的快捷菜单中选择"删除行"选项，如图 8-68 所示。

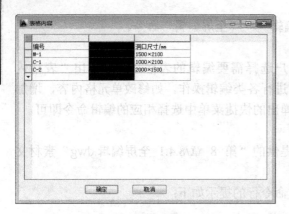

图 8-65　新建列

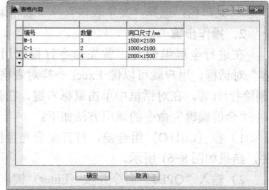

图 8-66　输入文字

图 8-67　新建结果

图 8-68　选择"删除行"选项

9）删除行的结果如图 8-69 所示。

10）单击"确定"按钮关闭对话框，完成表格全屏编辑操作，结果如图 8-70 所示。

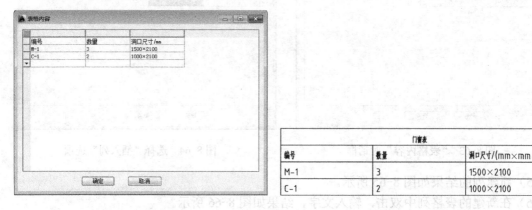

图 8-69　删除行

图 8-70　编辑结果

8.4.2　拆分表格

调用"拆分表格"命令，可以按照指定的列数和行数来拆分表格。

1. 执行方式

➢ 命令行：输入"CFBJ"命令并按〈Enter〉键。

➢ 菜单栏：选择"文字表格"→"表格编辑"→"拆分表格"命令。

2. 操作步骤

"拆分表格"命令的调用方法如下：

1）按〈Ctrl+O〉组合键，打开配套光盘提供的"第 8 章/8.4.2 拆分表格.dwg"素材文件，结果如图 8-71 所示。

门窗表

类型	设计编号	洞口尺寸/(mm×mm)	数量	图集名称	页次	选用型号	备注
普通门	M-1	1500×2100	2				
	M-2	1000×2100	3				
普通窗	C-1	2000×1500	5				
凸窗	TC-1	1900×1500	2				
飘窗	HC-1	1600×1700	4				

图 8-71　打开素材

2）输入"CFBJ"命令并按〈Enter〉键，系统弹出"拆分表格"对话框，设置参数如图 8-72 所示。

3）单击"拆分"按钮，命令行的提示如下：

命令: CFBG↙
选择表格:　　　　　　　　　　　　//选择表格，如图 8-73 所示

图 8-72　"拆分表格"对话框

门窗表

类型	设计编号	洞口尺寸/(mm×mm)	数量	图集名称	页次	选用型号	备注
普通门	M-1	1500×2100	2				
	M-2	1000×2100	3				
普通窗	C-1	2000×1500	5	选择表格			
凸窗	TC-1	1900×1500	2				
飘窗	HC-1	1600×1700	4				

图 8-73　选择表格

4）单击左键即可将表格拆分，结果如图 8-74 所示。

门窗表

类型	设计编号	洞口尺寸/(mm×mm)	数量	图集名称	页次	选用型号	备注
普通门	M-1	1500×2100	2				
	M-2	1000×2100	3				
普通窗	C-1	2000×1500	5				

门窗表

类型	设计编号	洞口尺寸/(mm×mm)	数量	图集名称	页次	选用型号	备注
凸窗	TC-1	1900×1500	2				
飘窗	HC-1	1600×1700	4				

图 8-74　拆分表格

8.4.3　合并表格

"合并表格"命令可用于对所选定的表格执行合并操作，包括行合并和列合并两种方式。

1. 执行方式

➢ 命令行：输入"HBBG"命令并按〈Enter〉键。

➢ 菜单栏：选择"文字表格"→"表格编辑"→"合并表格"命令。

2. 操作步骤

"合并表格"命令的调用方法如下：

1）按〈Ctrl+O〉组合键，打开配套光盘提供的"第 8 章/8.4.3 合并表格.dwg"素材文件，结果如图 8-75 所示。

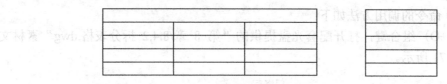

图 8-75 打开素材

2）输入"HBBG"命令并按〈Enter〉键，命令行的提示如下：

```
命令: HBBG↙
选择第一个表格或 [列合并(C)]<退出>:C          //输入 C，选择"列合并(C)"选项
选择第一个表格或 [行合并(C)]<退出>:           //选择第一个表格，如图 8-76 所示
选择下一个表格<退出>:                        //选择下一个表格，如图 8-77 所示
```

图 8-76 选择第一个表格

图 8-77 选择下一个表格

3）以"列合并"方式合并表格，结果如图 8-78 所示。

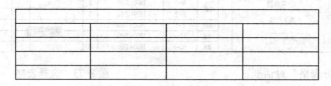

图 8-78 以"列合并"方式合并表格

提示： 图 8-79 所示为以"行合并"方式合并表格的操作结果。

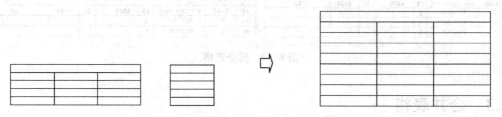

图 8-79 以"行合并"方式合并表格

8.4.4　表列编辑

"表列编辑"命令可用于对指定的表列执行编辑修改操作。

1．执行方式

➢ 命令行：输入"BLBJ"命令并按〈Enter〉键。

➢ 菜单栏：选择"文字表格"→"表格编辑"→"表列编辑"命令。

2．操作步骤

调用"表列编辑"命令，选择需要编辑的一列或多列，在弹出的"列设定"对话框中设置参数，单击"确定"按钮，即可完成编辑操作。

"表列编辑"命令的调用方法如下：

1）按〈Ctrl+O〉组合键，打开配套光盘提供的"第 8 章/8.4.4 表列编辑.dwg"素材文件，结果如图 8-80 所示。

门窗表		
编号	数量	洞口尺寸/(mm×mm)
M−1	3	1500×2100
C−1	2	1000×2100
C−2	4	1500×2200

图 8-80　打开素材

2）输入"BLBJ"命令并按〈Enter〉键，命令行的提示如下：

命令: BLBJ↙
请点取一表列以编辑属性或 [多列属性(M)/插入列(A)/加末列(T)/删除列(E)/交换列(X)]<退出>:
//点取需要编辑修改的表格中的一列，如图 8-81 所示

3）单击鼠标左键，弹出"列设定"对话框，修改参数如图 8-82 所示。

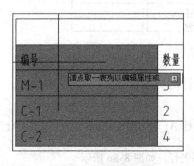

图 8-81　选择表列

图 8-82　"列设定"对话框

4）单击"确定"按钮关闭对话框，即可完成表列的编辑，结果如图 8-83 所示。

5）继续对表列执行编辑修改，结果如图 8-84 所示。

提示：命令行各选项的含义如下。

➢ 多列属性(M)。若选择该项，则可同时选中多个列进行编辑修改。

➢ 插入列(A)。若选择该项，则可在指定的表格列前插入指定数目的列。

门窗表		
编号	数量	洞口尺寸/(mm×mm)
M-1	3	1500×2100
C-1	2	1000×2100
C-2	4	1500×2200

图 8-83　编辑结果

门窗表		
编号	数量	洞口尺寸/(mm×mm)
M-1	3	1500×2100
C-1	2	1000×2100
C-2	4	1500×2200

图 8-84　表列编辑

➢ 加末列(T)。若选择该项，则可在指定的表格后面增加指定数目的列。

➢ 删除列(E)。若选择该项，则可删除指定的列。

➢ 交换列(X)。若选择该项，则可在指定的两个表列之间进行交换操作。

8.4.5　表行编辑

"表行编辑"命令可用于编辑表格的一行或者多行，以快速设置行文字的文字样式、列宽、文字大小等内容。

1. 执行方式

➢ 命令行：输入"BHBJ"命令并按〈Enter〉键。

➢ 菜单栏：选择"文字表格"→"表格编辑"→"表行编辑"命令。

2. 操作步骤

在进行表行编辑时，根据命令行提示选择需要编辑的一行或多行，在弹出的"行设定"对话框中设置相关参数，最后单击"确定"按钮，即可完成编辑。

"表行编辑"命令的调用方法如下：

1）按〈Ctrl+O〉组合键，打开配套光盘提供的"第 8 章/8.4.5 表行编辑.dwg"素材文件，结果如图 8-85 所示。

门窗表			
类型	设计编号	洞口尺寸/(mm×mm)	数量
普通门	M-1	1500×2100	2
	M-2	1000×2100	3
普通窗	C-1	2000×1500	5

图 8-85　打开素材

2）输入"BHBJ"命令并按〈Enter〉键，命令行的提示如下：

命令: BHBJ↙
请点取一表行以编辑属性或 [多行属性(M)/增加行(A)/末尾加行(T)/删除行(E)/复制行(C)/交换行(X)]<退出>:
　　　　　　　　　　　　　　　　　　　//选择表行，如图 8-86 所示

门窗表			
类型	设计编号	洞口尺寸/(mm×mm)	数量
普通门	M-1	请点取一表行以编辑属性或 🔲 274156 -108790	2
	M-2	1000×2100	3
普通窗	C-1	2000×1500	5

图 8-86　选择表行

3）单击指定表行，系统弹出"行设定"对话框，修改参数如图 8-87 所示。

4）单击"确定"按钮关闭对话框，完成表行编辑操作，结果如图 8-88 所示。

图 8-87 "行设定"对话框

门窗表			
类型	设计编号	洞口尺寸/(mm×mm)	数量
普通门	M-1	1500×2100	2
	M-2	1000×2100	3
普通窗	C-1	2000×1500	5

图 8-88 编辑结果

5）继续对表行执行编辑操作，结果如图 8-89 所示。

门窗表			
类型	设计编号	洞口尺寸/(mm×mm)	数量
普通门	M-1	1500×2100	2
	M-2	1000×2100	3
普通窗	C-1	2000×1500	5

图 8-89 表行编辑的结果

8.4.6 增加表行

"增加表行"命令可用于在选中的表行前面或者后面增加新表行，或者复制当前选中的表行。

1. 执行方式

➢ 命令行：输入"ZJBH"命令并按〈Enter〉键。

➢ 菜单栏：选择"文字表格"→"表格编辑"→"增加表行"命令。

2. 操作步骤

"增加表行"命令的调用方法如下：

1）按〈Ctrl+O〉组合键，打开配套光盘提供的"第 8 章/8.4.6 增加表行.dwg"素材文件，结果如图 8-90 所示。

2）输入"ZJBH"命令并按〈Enter〉键，命令行的提示如下：

> 命令: ZJBH↙
> 本命令也可以通过[表行编辑]实现!
> 请点取一表行以(在本行之前)插入新行或 [在本行之后插入(A)/复制当前行(S)]<退出>:
> //点取表行，如图 8-91 所示

3）单击鼠标左键，即可完成增加表行操作，结果如图 8-92 所示。

提示：执行命令时，输入 S，可以复制选定的当前行，如图 8-93 所示。

门窗表

类型	设计编号	洞口尺寸/(mm×mm)	数量
普通门	M-1	1500×2100	2
	M-2	1000×2100	3
普通窗	C-1	2000×1500	5

图 8-90　打开素材

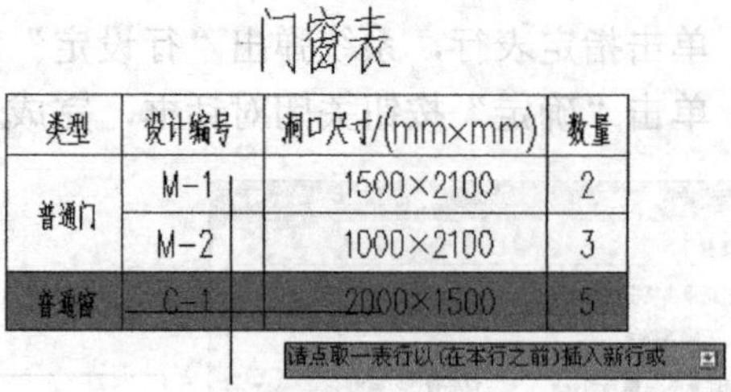

门窗表

类型	设计编号	洞口尺寸/(mm×mm)	数量
普通门	M-1	1500×2100	2
	M-2	1000×2100	3
普通窗	C-1	2000×1500	5

请点取一表行以（在本行之前）插入新行或

图 8-91　选择表行

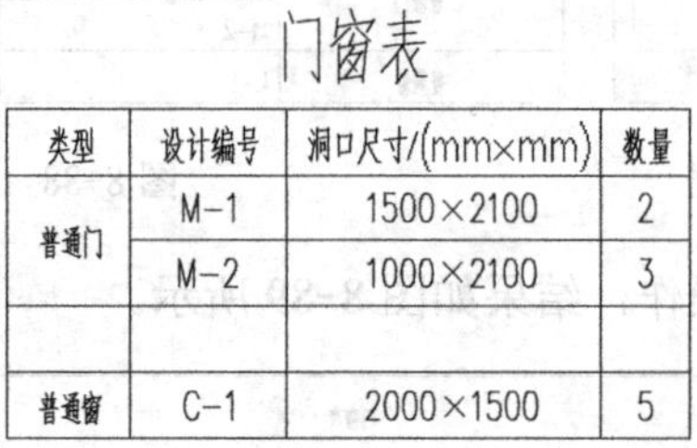

门窗表

类型	设计编号	洞口尺寸/(mm×mm)	数量
普通门	M-1	1500×2100	2
	M-2	1000×2100	3
普通窗	C-1	2000×1500	5

图 8-92　增加表行

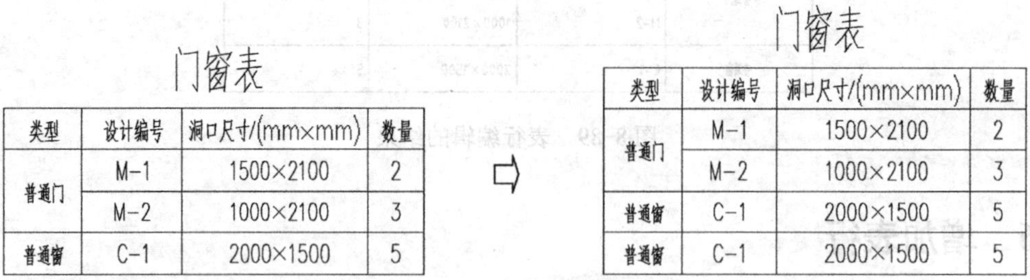

门窗表

类型	设计编号	洞口尺寸/(mm×mm)	数量
普通门	M-1	1500×2100	2
	M-2	1000×2100	3
普通窗	C-1	2000×1500	5

⇨

门窗表

类型	设计编号	洞口尺寸/(mm×mm)	数量
普通门	M-1	1500×2100	2
	M-2	1000×2100	3
普通窗	C-1	2000×1500	5
普通窗	C-1	2000×1500	5

图 8-93　复制表行

8.4.7　删除表行

"删除表行"命令可用于将选定的表行删除。

1. 执行方式

➢ 命令行：输入"SCBH"命令并按〈Enter〉键。

➢ 菜单栏：选择"文字表格"→"表格编辑"→"删除表行"命令。

2. 操作步骤

"删除表行"命令的调用方法如下：

1）按〈Ctrl+O〉组合键，打开配套光盘提供的"第 8 章/8.4.7 删除表行.dwg"素材文件，结果如图 8-94 所示。

2）输入"SCBH"命令并按〈Enter〉键，命令行的提示如下：

命令: SCBH↙
本命令也可以通过[表行编辑]实现!
请点取要删除的表行<退出>　　　　　　　　　　　　　　//选取表行，如图 8-95 所示

门窗表

类型	设计编号	洞口尺寸/(mm×mm)	数量
普通门	M-1	1500×2100	2
	M-2	1000×2100	3
普通窗	C-1	2000×1500	5
凸窗	TC-1	1900×1500	2
弧窗	HC-1	1600×1700	4
	HC-2	1500×2100	3

图 8-94　打开表行

门窗表

类型	设计编号	洞口尺寸/(mm×mm)	数量
普通门	M-1	1500×2100	2
	M-2	1000×2100	3
普通窗	C-1	2000×1500	5
凸窗	TC-1	1900×1500	2
弧窗	HC-1	1600×1700	4
弧窗	HC-2	1500×2100	3

请点取要删除的表行<退出>: 302105 -82283

图 8-95　选取表行

3）单击鼠标左键，即可完成删除表行操作，结果如图 8-96 所示。

门窗表

类型	设计编号	洞口尺寸/(mm×mm)	数量
普通门	M-1	1500×2100	2
	M-2	1000×2100	3
普通窗	C-1	2000×1500	5
凸窗	TC-1	1900×1500	2
弧窗	HC-1	1600×1700	4

图 8-96　删除表行

8.4.8　单元编辑

"单元编辑"命令可用于对指定的单元格执行编辑修改，以修改单元格的文字内容或文字属性。

1. 执行方式

➢ 命令行：输入"DYBJ"命令并按〈Enter〉键。

➢ 菜单栏：选择"文字表格"→"单元编辑"→"单元编辑"命令。

2. 操作步骤

调用"单元编辑"命令，首先根据命令行提示选取要编辑的单元格，弹出"单元格编辑"对话框，在其中设置相关参数，即可完成单元编辑操作。

"单元编辑"命令的调用方法如下：

1）按〈Ctrl+O〉组合键，打开配套光盘提供的"第 8 章/8.4.8 单元编辑.dwg"素材文件，结果如图 8-97 所示。

2）输入"DYBJ"命令并按〈Enter〉键，命令行的提示如下：

```
命令: DYBJ↙
请点取一单元格进行编辑或 [多格属性(M)/单元分解(X)]<退出>:
                                //点取单元格，如图 8-98 所示
```

类型	设计编号	洞口尺寸/(mm×mm)	数量
凸窗	C-1	1900×1500	2
弧窗	HC-1	1600×1700	4

图 8-97　打开素材

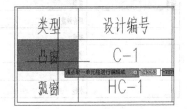

图 8-98　点取单元格

3）系统弹出"单元格编辑"对话框，修改参数如图 8-99 所示。

4）单击"确定"按钮关闭对话框，完成单元格编辑操作，结果如图 8-100 所示。

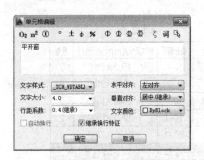

图 8-99 修改参数

类型	设计编号	洞口尺寸/(mm×mm)	数量
平开窗	C-1	1900×1500	2
弧窗	HC-1	1600×1700	4

图 8-100 修改结果

5）重复上述操作，对右侧的单元格进行编辑，结果如图 8-101 所示。

8.4.9 单元递增

"单元递增"命令可用于复制单元的文字内容，并且同时将文字内的某一项递增或递减，同时按〈Shift〉键即可复制所选中单元格的内容；按〈Ctrl〉键即可递减选中单元格的内容为递减。

类型	设计编号	洞口尺寸/(mm×mm)	数量
平开窗	C-1	1900×1500	2
弧窗	HC-1	1600×1700	4

图 8-101 单元格编辑

1. 执行方式

➢ 命令行：输入"DYDZ"命令并按〈Enter〉键。
➢ 菜单栏：选择"文字表格"→"单元编辑"→"单元递增"命令。

2. 操作步骤

"单元递增"命令的调用方法如下：

1）按〈Ctrl+O〉组合键，打开配套光盘提供的"第 8 章/8.4.9 单元递增.dwg"素材文件，结果如图 8-102 所示。

2）输入"DYDZ"命令并按〈Enter〉键，命令行的提示如下：

```
命令: DYDZ↵
点取第一个单元格<退出>:              //点取第一个单元格，如图 8-103 所示
点取最后一个单元格<退出>:            //点取最后一个单元格，如图 8-104 所示
```

图 8-102 打开素材

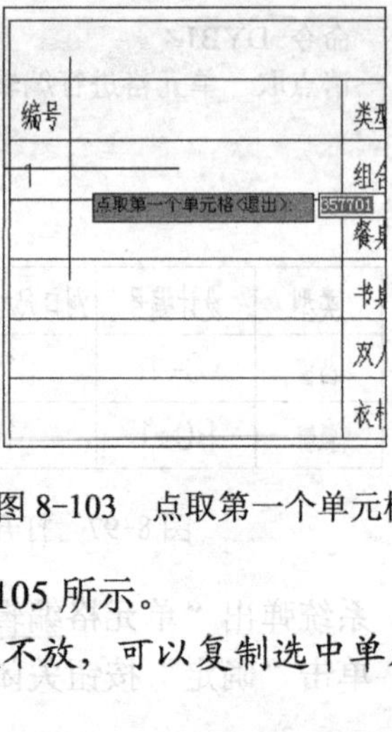

图 8-103 点取第一个单元格

3）松开鼠标左键，即可完成单元递增操作，结果如图 8-105 所示。

提示：在执行"单元递增"命令过程中，按住〈Shift〉键不放，可以复制选中单元格的内容，如图 8-106 所示。

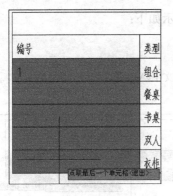

图 8-104 点取最后一个单元格

家具表		
编号	类型	应用区域
1	组合沙发	客厅
2	餐桌	餐厅
3	书桌	书房
4	双人床	主卧、次卧
5	衣柜	主卧、次卧

图 8-105 单元递增

家具表		
编号	类型	应用区域
2	组合沙发	客厅
	餐桌	餐厅
	书桌	书房
	双人床	主卧、次卧
	衣柜	主卧、次卧

家具表		
编号	类型	应用区域
2	组合沙发	客厅
2	餐桌	餐厅
2	书桌	书房
2	双人床	主卧、次卧
2	衣柜	主卧、次卧

图 8-106 复制操作

若按住〈Ctrl〉键不放，则可以递减选中单元格的内容，如图 8-107 所示。

家具表		
编号	类型	应用区域
5	组合沙发	客厅
	餐桌	餐厅
	书桌	书房
	双人床	主卧、次卧
	衣柜	主卧、次卧

家具表		
编号	类型	应用区域
5	组合沙发	客厅
4	餐桌	餐厅
3	书桌	书房
2	双人床	主卧、次卧
1	衣柜	主卧、次卧

图 8-107 递减操作

8.4.10 单元复制

"单元复制"命令可用于将拷贝源单元格中的内容复制到目标单元格内。

1. 执行方式

➤ 命令行：输入"DYFZ"命令并按〈Enter〉键。

➤ 菜单栏：选择"文字表格"→"单元编辑"→"单元复制"命令。

2. 操作步骤

调用"单元复制"命令，根据命令行的提示，分别选取源单元格和目标单元格，即可完成单元复制操作。

"单元复制"命令的调用方法如下：

1）按〈Ctrl+O〉组合键，打开配套光盘提供的"第 8 章/8.4.10 单元复制.dwg"素材文件，结果如图 8-108 所示。

2）输入“DYFZ”命令并按〈Enter〉键，命令行的提示如下：

```
命令: DYFZ↙
点取拷贝源单元格或 [选取文字(A)]<退出>:                         //如图 8-109 所示
点取粘贴至单元格（按〈Ctrl〉键重新选择复制源）[选取文字(A)]<退出>:
                                                               //如图 8-110 所示
```

洁具表		
编号	类型	应用区域
1	座便器	主卫、次卫
2	洗手盆	
3	淋浴器	次卫

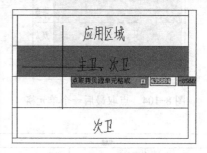

图 8-108　打开素材

图 8-109　点取拷贝源单元格

3）单击鼠标左键完成单元复制操作，结果如图 8-111 所示。

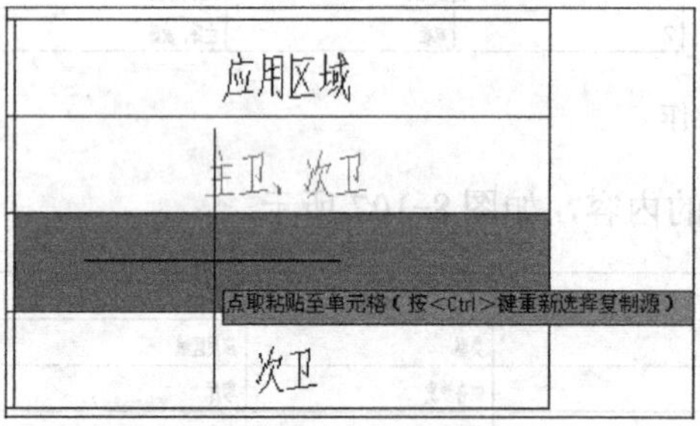

图 8-110　点取粘贴至单元格

洁具表		
编号	类型	应用区域
1	座便器	主卫、次卫
2	洗手盆	主卫、次卫
3	淋浴器	次卫

图 8-111　单元复制的结果

8.4.11　单元累加

“单元累加”命令可用于将所选中的表行或表列中的数值内容累加，并将结果填写在指定的单元格内。

1．执行方式

➢ 命令行：输入“DYLJ”命令并按〈Enter〉键。

➢ 菜单栏：选择“文字表格”→“单元编辑”→“单元累加”命令。

2．操作步骤

“单元累加”命令的调用方法如下：

1）按〈Ctrl+O〉组合键，打开配套光盘提供的“第 8 章/8.4.11 单元累加.dwg”素材文件，结果如图 8-112 所示。

2）输入“DYLJ”命令并按〈Enter〉键，命令行的提示如下：

```
命令: DYLJ↙
点取第一个需累加的单元格:                    //如图 8-113 所示
点取最后一个需累加的单元格:                  //如图 8-114 所示
```

单元累加结果是:15
点取存放累加结果的单元格<退出>:   //如图 8-115 所示

	洁具表		
类型	应用区域	数量
座便器	主卫、次卫	6
洗手盆	主卫、次卫	6
淋浴器	次卫	3

图 8-112　打开素材

图 8-113　点取第一个需累加的单元格

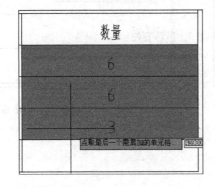

图 8-114　点取最后一个需累加的单元格

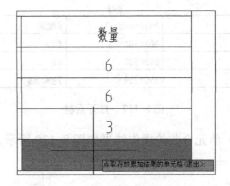

图 8-115　点取存放累加结果的单元格

3）单击鼠标左键，即可完成单元累加操作，结果如图 8-116 所示。

	洁具表		
类型	应用区域	数量
座便器	主卫、次卫	6
洗手盆	主卫、次卫	6
淋浴器	次卫	3
		15

图 8-116　单元累加的结果

8.4.12　单元合并

"单元合并"命令，可用于对选定的单元格执行合并处理。

1. 执行方式

➢ 命令行：输入"DYHB"命令并按〈Enter〉键。

➢ 菜单栏：选择"文字表格"→"单元编辑"→"单元合并"命令。

2. 操作步骤

调用"单元合并"命令，根据命令行的提示，分别指定所合并单元格的对角点，即可完成单元合并操作。

"单元合并"命令的调用方法如下：

1）按〈Ctrl+O〉组合键，打开配套光盘提供的"第 8 章/8.4.12 单元合并.dwg"素材文件，结果如图 8-117 所示。

2）输入"DYHB"命令并按〈Enter〉键，命令行的提示如下：

```
命令: DYHB↙
点取第一个角点:                    //如图 8-118 所示
点取另一个角点:                    //如图 8-119 所示
```

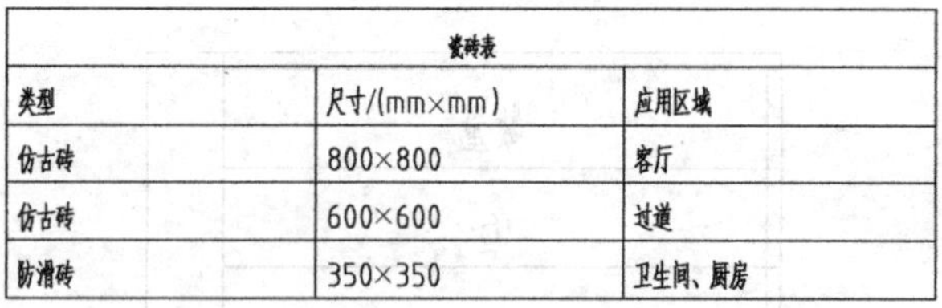

图 8-117　打开素材

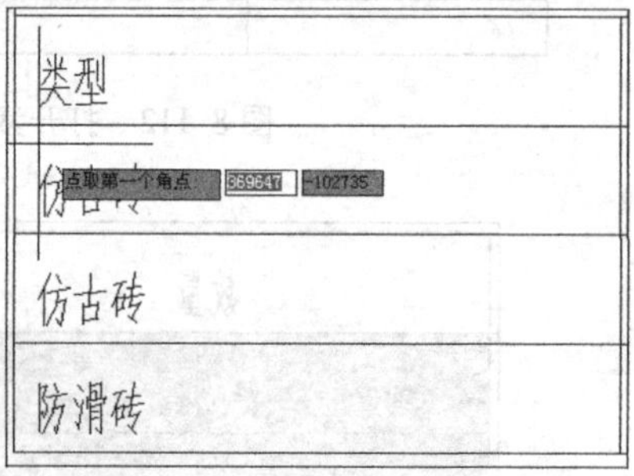

图 8-118　点取第一个角点

3）单元合并的操作结果如图 8-120 所示。

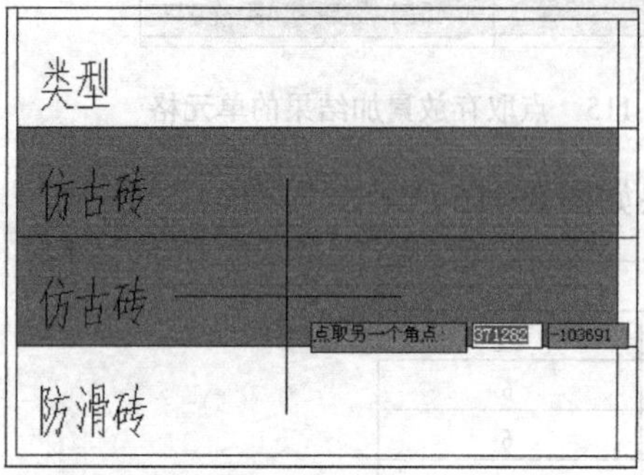

图 8-119　点取另一个角点

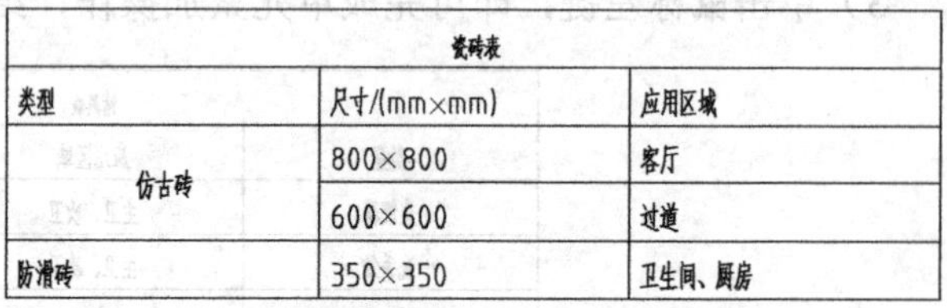

图 8-120　单元合并的结果

8.4.13　单元插图

"单元插图"命令可用于在表格中插入各种图块，如门窗、家具、洁具等，以丰富表格的表现内容。

1. 执行方式

➢ 命令行：输入"DYCT"命令并按〈Enter〉键。

➢ 菜单栏：选择"文字表格"→"单元编辑"→"单元插图"命令。

2. 操作步骤

调用"单元插图"命令，在弹出的"单元插图"对话框中设置图块的插入属性，接着在打开的"天正图库管理系统"窗口中选择图块，点取单元格，即可完成单元插图操作。

"单元插图"命令的调用方法如下：

1）按〈Ctrl+O〉组合键，打开配套光盘提供的"第 8 章/8.4.13 单元插图.dwg"素材文件，结果如图 8-121 所示。

2）输入"DYCT"命令并按〈Enter〉键，系统弹出"单元插图"对话框，如图 8-122 所示。

图 8-121 打开素材　　　　　　图 8-122 "单元插图"对话框

3）在对话框中单击"从图库中选"按钮，在弹出的"天正图库管理系统"对话框中选择家具样式，如图 8-123 所示。

4）此时命令行的提示如下：

命令: DYCT↙
点取插入单元格或 [选取图块(B)]<退出>:　　　　　//点取插入单元格，如图 8-124 所示

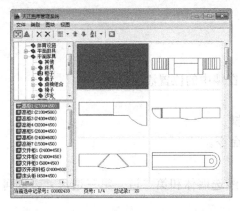

图 8-123 "天正图库管理系统"窗口　　　　　图 8-124 点取插入单元格

5）插入图块的结果如图 8-125 所示。

6）继续调用"单元插图"命令，操作结果如图 8-126 所示。

家具表

类型	设计编号	尺寸/(mm×mm)	样式
高柜	01	2700×450	
双开资料柜	02	2400×600	
办公台	03	1600×1400	

家具表

类型	设计编号	尺寸/(mm×mm)	样式
高柜	01	2700×450	
双开资料柜	02	2400×600	
办公台	03	1600×1400	

图 8-125 插入图块　　　　　　　图 8-126 单元插图的结果

典实例学设计——T20-Arch 天正建筑设计从入门到精通

第 9 章　尺 寸 标 注

本章介绍尺寸标注的有关知识，包括添加尺寸标注和编辑尺寸标注。创建尺寸标注的命令有"门窗标注""墙厚标注""两点标注"等，调用这些命令，可以为门窗、墙体等添加尺寸标注。

编辑尺寸标注命令主要有"文字复位""文字复值""剪裁延伸"等，调用这些命令，可以对尺寸标注执行编辑修改操作。

本章介绍添加及编辑尺寸标注的操作方法。

9.1　添加尺寸标注

添加尺寸标注的命令有"门窗标注""墙厚标注""两点标注"等。根据图形的不同情况来调用不同的标注命令，可以有效地节约制图时间。

本节介绍各类尺寸标注命令的调用方法。

9.1.1　门窗标注

"门窗标注"命令可用于对门窗的尺寸以及门窗在墙中的位置添加标注。

1. 执行方式

➢ 命令行：输入"MCBZ"命令并按〈Enter〉键。

➢ 菜单栏：选择"尺寸标注"→"门窗标注"命令。

2. 操作步骤

调用"尺寸标注"命令，分别指定两点，然后线选墙体和第二道、第三道尺寸，即可完成添加门窗标注操作。

"门窗标注"命令的调用方法如下：

1）按〈Ctrl+O〉组合键，打开配套光盘提供的"第 9 章/9.1.1 门窗标注.dwg"素材文件，结果如图 9-1 所示。

2）输入"MCBZ"命令并按〈Enter〉键，命令行的提示如下：

```
命令: MCBZ↙
请线选第一、二道尺寸线及墙体!
起点<退出>:                        //如图 9-2 所示
终点<退出>:                        //如图 9-3 所示
```

3）添加平开窗尺寸标注的结果如图 9-4 所示。

4）根据命令行的提示，选择其他待标注的墙体，如图 9-5 所示。

5）按〈Enter〉键，完成添加门窗标注操作，结果如图 9-6 所示。

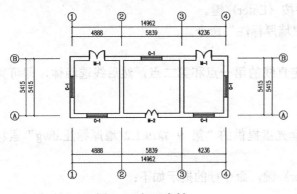

图 9-1　打开素材

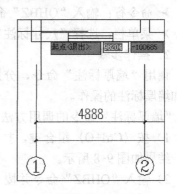

图 9-2　指定起点

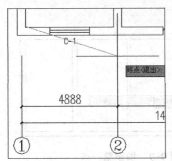

图 9-3　指定终点

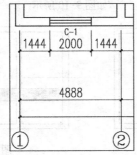

图 9-4　标注结果

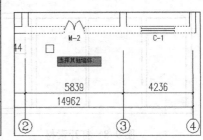

图 9-5　选择其他墙体

6）重复调用"MCBZ"命令，标注其他门窗的尺寸，结果如图 9-7 所示。

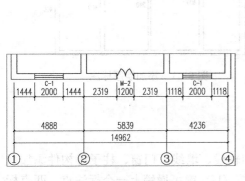

图 9-6　添加门窗标注

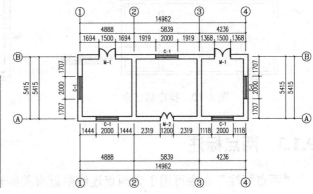

图 9-7　标注结果

9.1.2　墙厚标注

"墙厚标注"命令用于在图中一次标注两点连线经过的一段或多段天正墙体对象的墙厚尺寸，标注中可识别墙体的方向，可标注出与墙体正交的墙厚尺寸，当墙体内有轴线存在时，标注以轴线划分的左右墙宽；当墙体内没有轴线存在时，标注墙体的总宽。

1. 执行方式

➤ 命令行：输入"QHBZ"命令并按〈Enter〉键。

➤ 菜单栏：选择"尺寸标注"→"墙厚标注"命令。

2. 操作步骤

调用"墙厚标注"命令，分别指定直线的第一点和第二点，然后线选墙体，即可完成添加墙厚标注的操作。

"墙厚标注"命令的调用方法如下：

1）按〈Ctrl+O〉组合键，打开配套光盘提供的"第 9 章/9.1.2 墙厚标注.dwg"素材文件，结果如图 9-8 所示。

2）输入"QHBZ"命令并按〈Enter〉键，命令行的提示如下：

```
命令: QHBZ↵
直线第一点<退出>:                    //如图 9-9 所示
直线第二点<退出>:                    //如图 9-10 所示
```

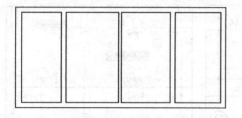

图 9-8　打开素材

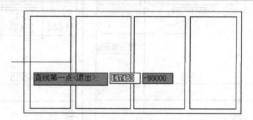

图 9-9　指定第一点

3）添加墙厚标注的结果如图 9-11 所示。

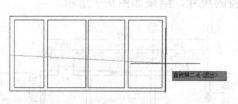

图 9-10　指定第二点

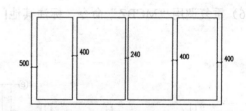

图 9-11　添加墙厚标注

9.1.3　两点标注

"两点标注"命令可用于为两点连线附近有关的轴线、墙线、门窗、柱子等构件添加尺寸标注，并可标注各墙中点或者添加其他标注点，按〈U〉键可撤销上一个标注点。两点标注是在绘图过程中最为常用和方便的一种尺寸标注方法。

1. 执行方式

➤ 命令行：输入"LDBZ"命令并按〈Enter〉键。

➤ 菜单栏：选择"尺寸标注"→"两点标注"命令。

2. 操作步骤

调用"两点标注"命令，分别指定标注的起点和终点，然后根据命令行的提示，选择不要标注的轴线和墙体以及其他要标注的门窗和柱子，按〈Enter〉键，即可完成添加两点标注操作。

"两点标注"命令的调用方法如下：

1）按〈Ctrl+O〉组合键，打开配套光盘提供的"第 9 章/9.1.3 两点标注.dwg"素材文件，结果如图 9-12 所示。

2）输入"LDBZ"命令并按〈Enter〉键，命令行的提示如下：

```
命令: LDBZ↙
起点(当前墙面标注)或 [墙中标注(C)]<退出>:                      //如图 9-13 所示
终点<选物体>:                                              //如图 9-14 所示
请选择不要标注的轴线和墙体:                                   //如图 9-15 所示
选择其他要标注的门窗和柱子:找到 3 个,总计3 个                   //如图 9-16 所示
```

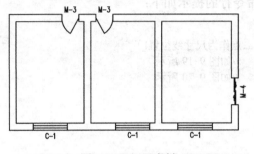

图 9-12　打开素材

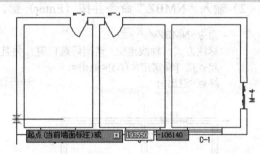

图 9-13　指定起点

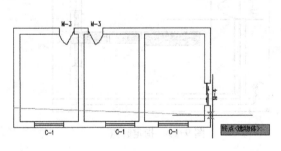

图 9-14　指定终点

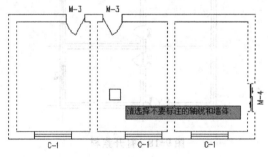

图 9-15　选择不要标注的轴线和墙体

3）添加两点标注的结果如图 9-17 所示。

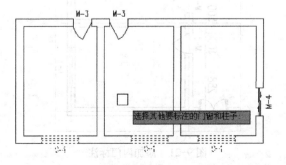

图 9-16　选择其他要标注的门窗和柱子

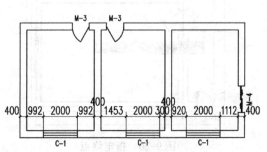

图 9-17　添加两点标注

9.1.4 内门标注

"内门标注"命令添加内墙门窗尺寸以及门窗最近的轴线或墙边的关系尺寸标注。

1. 执行方式

➢ 命令行：输入"NMBZ"命令并按〈Enter〉键。

➢ 菜单栏：选择"尺寸标注"→"内门标注"命令。

2. 操作步骤

"内门标注"命令的调用方法如下：

1）按〈Ctrl+O〉组合键，打开配套光盘提供的"第 9 章/9.1.4 内门标注.dwg"素材文件，结果如图 9-18 所示。

2）输入"NMBZ"命令并按〈Enter〉键，命令行的提示如下：

```
命令: NMBZ↙
标注方式：轴线定位. 请用线选门窗，并且第二点作为尺寸线位置!
起点或 [垛宽定位(A)]<退出>:                //如图 9-19 所示
终点<退出>:                              //如图 9-20 所示
```

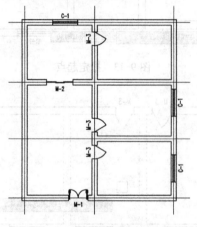

图 9-18 打开素材

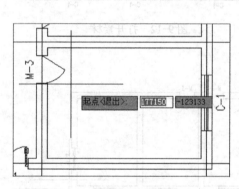

图 9-19 指定起点

3）添加内门标注的结果如图 9-21 所示。

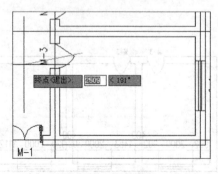

图 9-20 指定终点

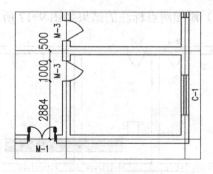

图 9-21 添加内门标注

4）沿用上述的操作方法，继续为门图形添加内门标注，结果如图 9-22 所示。

提示：在该命令过程中，输入 A，选择"垛宽定位(A)"选项，标注结果如图 9-23 所示。

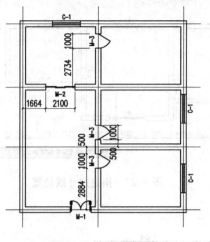

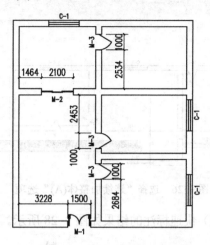

图 9-22　内门标注　　　　　　　　　图 9-23　"垛宽定位"标注结果

9.1.5　快速标注

"快速标注"命令可用于快速地识别图形轮廓或者基点线，适用于选取平面图后快速标注外包尺寸线。

1. 执行方式

➤ 命令行：输入"KSBZ"命令并按〈Enter〉键。

➤ 菜单栏：选择"尺寸标注"→"快速标注"命令。

2. 操作步骤

"快速标注"命令的调用方法如下：

1）按〈Ctrl+O〉组合键，打开配套光盘提供的"第 9 章/9.1.5 快速标注.dwg"素材文件，结果如图 9-24 所示。

2）输入"KSBZ"命令并按〈Enter〉键，命令行的提示如下：

```
命令: KSBZ↙
选择要标注的几何图形:找到 7 个,总计 7 个                    //如图 9-25 所示
请指定尺寸线位置(当前标注方式:整体)或 [整体(T)/连续(C)/连续加整体(A)]<退出>:A
                              //输入 A，选择"连续加整体(A)"选项，如图 9-26 所示
```

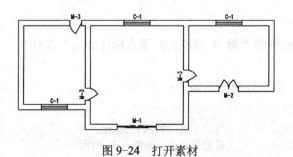

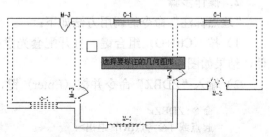

图 9-24　打开素材　　　　　　　　图 9-25　选择要标注的几何图形

请指定尺寸线位置(当前标注方式:连续加整体)或 [整体(T)/连续(C)/连续加整体(A)]<退出>: //如图 9-27 所示

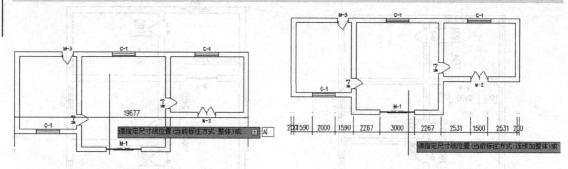

图 9-26 选择"连续加整体(A)"选项　　　　图 9-27 指定尺寸线位置

3）快速标注的结果如图 9-28 所示。

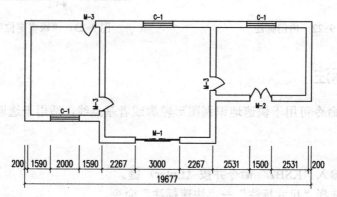

图 9-28 快速标注的结果

9.1.6 逐点标注

"逐点标注"命令用于对选取的给定点沿指定方向和选定的位置标注尺寸，适用于没有指定天正对象特征，需要取点定位标注的情况以及其他标注命令难以完成的尺寸标注。

1. 执行方式

➢ 命令行：输入"ZDBZ"命令并按〈Enter〉键。

➢ 菜单栏：选择"尺寸标注"→"逐点标注"命令。

2. 操作步骤

"逐点标注"命令的调用方法如下：

1）按〈Ctrl+O〉组合键，打开配套光盘提供的"第 9 章/9.1.6 逐点标注.dwg"素材文件，结果如图 9-29 所示。

2）输入"ZDBZ"命令并按〈Enter〉键，命令行的提示如下：

命令: ZDBZ↙

起点或 [参考点(R)]<退出>:　　　　　　　　//指定起点，如图 9-30 所示

第二点<退出>:　　　　　　　　　　　　　//指定第二点，如图 9-31 所示

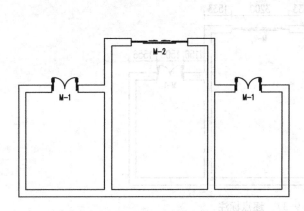
图 9-29　打开素材

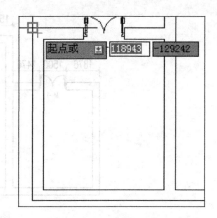
图 9-30　指定起点

请点取尺寸线位置或 [更正尺寸线方向(D)]<退出>:
　　　　　　　　　　　　　　　　//点取尺寸线位置，绘制标注如图 9-32 所示
请输入其他标注点或 [撤销上一标注点(U)]<结束>:
　　　　　　　　　　　//输入另一标注点，如图 9-33 所示；标注结果如图 9-34 所示
请输入其他标注点或 [撤销上一标注点(U)]<结束>:
　　　　　　　　　　　//输入另一标注点，如图 9-35 所示；标注结果如图 9-36 所示

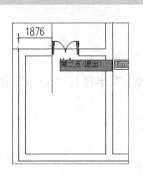
图 9-31　指定第二点

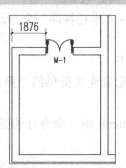
图 9-32　逐点标注

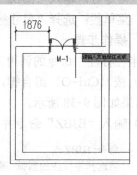
图 9-33　输入另一标注点 1

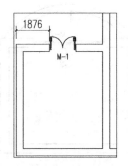
图 9-34　标注结果 1

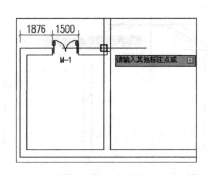
图 9-35　输入另一标注点 2

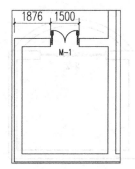
图 9-36　标注结果 2

3）重复调用"ZDBZ"命令，继续进行逐点标注操作，结果如图 9-37 所示。

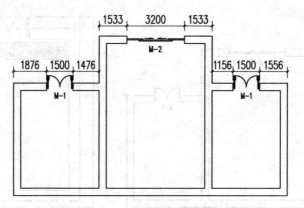

图 9-37　逐点标注

9.1.7　半径标注

"半径标注"命令可用于对弧墙和弧线进行半径标注。

1．执行方式

➤ 命令行：输入"BJBZ"命令并按〈Enter〉键。

➤ 菜单栏：选择"尺寸标注"→"半径标注"命令。

2．操作步骤

"半径标注"命令的调用方法如下：

1）按〈Ctrl+O〉组合键，打开配套光盘提供的"第 9 章/9.1.7 半径标注.dwg"素材文件，结果如图 9-38 所示。

2）输入"BJBZ"命令并按〈Enter〉键，命令行的提示如下：

命令: BJBZ↙
请选择待标注的圆弧<退出>:　　　　　　　　//如图 9-39 所示

3）添加半径标注的结果如图 9-40 所示。

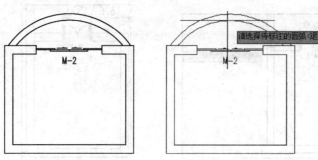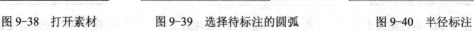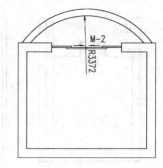

　　图 9-38　打开素材　　　　　　　图 9-39　选择待标注的圆弧　　　　　　　图 9-40　半径标注

9.1.8　直径标注

"直径标注"命令可用于为指定圆弧添加直径标注。

1. 执行方式

➤ 命令行：输入"ZJBZ"命令并按〈Enter〉键。

➤ 菜单栏：选择"尺寸标注"→"直径标注"命令。

2. 操作步骤

"直径标注"命令的调用方法如下：

1）按〈Ctrl+O〉组合键，打开配套光盘提供的"第 9 章/9.1.8 直径标注.dwg"素材文件，结果如图 9-41 所示。

2）输入"ZJBZ"命令并按〈Enter〉键，命令行的提示如下：

```
命令: ZJBZ↙
请选择待标注的圆弧<退出>:    //选择圆弧，单击左键可完成标注操作，结果如图 9-42 所示
```

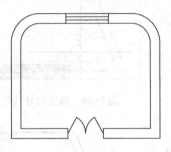

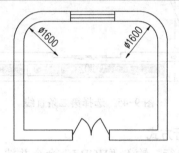

图 9-41　打开素材　　　　　　　　　　　图 9-42　直径标注

9.1.9　角度标注

"角度标注"命令可用于在两条直线之间添加角度标注。

1. 执行方式

➤ 命令行：输入"JDBZ"命令并按〈Enter〉键。

➤ 菜单栏：选择"尺寸标注"→"角度标注"命令。

2. 操作步骤

"角度标注"命令的调用方法如下：

1）按〈Ctrl+O〉组合键，打开配套光盘提供的"第 9 章/9.1.9 角度标注.dwg"素材文件，结果如图 9-43 所示。

2）输入"JDBZ"命令并按〈Enter〉键，命令行的提示如下：

```
命令: JDBZ↙
请选择第一条直线<退出>:        //如图 9-44 所示
请选择第二条直线<退出>:        //如图 9-45 所示
请确定尺寸线位置<退出>:        //如图 9-46 所示
```

3）添加角度标注的结果如图 9-47 所示。

9.1.10　弧长标注

"弧长标注"命令可用于为选中的弧线、弧墙等图形添加弧长标注。

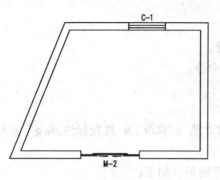

图 9-43　打开素材

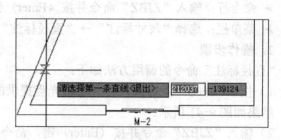

图 9-44　选择第一条直线

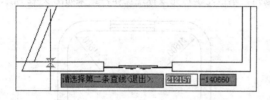

图 9-45　选择第二条直线

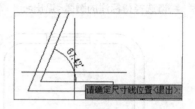

图 9-46　确定尺寸线位置

1. 执行方式

➤ 命令行：输入"HCBZ"命令并按〈Enter〉键。

➤ 菜单栏：选择"尺寸标注"→"弧长标注" 命令。

2. 操作步骤

"弧长标注"命令的调用方法如下：

1）按 〈Ctrl+O〉组合键，打开配套光盘提供的 "第 9 章/9.1.10 弧长标注.dwg"素材文件，结果如图 9-48 所示。

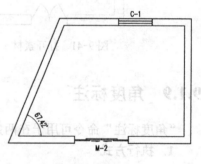

图 9-47　角度标注

2）输入"HCBZ"命令并按〈Enter〉键，命令行的提示如下：

```
命令: HCBZ↙
请选择要标注的弧段:            //如图 9-49 所示
请点取尺寸线位置<退出>:        //如图 9-50 所示
请输入其他标注点<结束>:        //按〈Enter〉键，标注结果如图 9-51 所示
```

图 9-48　打开素材

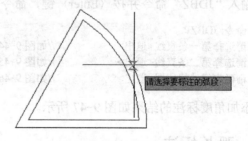

图 9-49　选择要标注的弧段

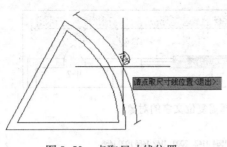

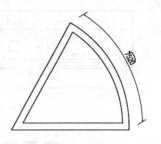

图 9-50　点取尺寸线位置　　　　　　　图 9-51　弧长标注

9.2　编辑尺寸标注

编辑尺寸标注命令有"文字复位""尺寸转化""尺寸自调"等。对于不同类型的尺寸标注，用户可以调用相关的编辑命令来对其进行编辑修改。

本节介绍编辑尺寸标注命令的调用方法。

9.2.1　文字复位

"文字复位"命令可用于恢复尺寸标注文字的位置，使其位于尺寸线的上方。

1．执行方式

➢ 命令行：输入"WZFW"命令并按〈Enter〉键。

➢ 菜单栏：选择"尺寸标注"→"尺寸编辑"→"文字复位"命令。

2．操作步骤

调用"文字复位"命令，选择尺寸标注，按〈Enter〉键，即可完成文字复位操作。

"文字复位"命令的调用方法如下：

1）按〈Ctrl+O〉组合键，打开配套光盘提供的"第 9 章/9.2.1 文字复位.dwg"素材文件，结果如图 9-52 所示。

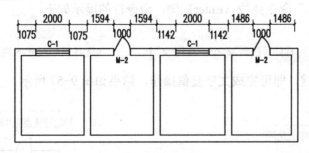

图 9-52　打开素材

2）输入"WZFW"命令并按〈Enter〉键，命令行的提示如下：

```
命令: WZFW↙
请选择需复位文字的对象: 找到 1 个            //选择需复位文字的对象，如图 9-53 所示
```

3）按〈Enter〉键，即可完成文字复位操作，结果如图 9-54 所示。

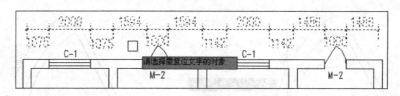

图 9-53　选择需复位文字的对象

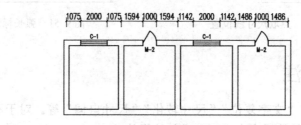

图 9-54　文字复位

9.2.2　文字复值

"文字复值"命令可用于将被修改的尺寸标注恢复至原来的数值。

1. 执行方式

➤ 命令行：输入"WZFZ"命令并按〈Enter〉键。

➤ 菜单栏：选择"尺寸标注"→"尺寸编辑"→"文字复值"命令。

2. 操作步骤

调用"文字复值"命令，选择天正尺寸标注，按〈Enter〉键，即可完成文字复值操作。

"文字复值"命令的调用方法如下：

1）按〈Ctrl+O〉组合键，打开配套光盘提供的"第 9 章/9.2.2 文字复值.dwg"素材文件，结果如图 9-55 所示。

2）输入"WZFZ"命令并按〈Enter〉键，命令行的提示如下：

```
命令: WZFZ↙
请选择天正尺寸标注: 找到 2 个，总计 2 个        //选择天正尺寸标注，如图 9-56 所示
```

3）按〈Enter〉键，即可完成文字复值操作，结果如图 9-57 所示。

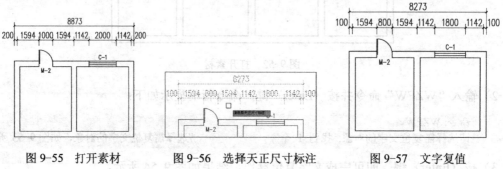

图 9-55　打开素材　　　　图 9-56　选择天正尺寸标注　　　　图 9-57　文字复值

9.2.3　裁剪延伸

"裁剪延伸"命令可用于指定新的基点，对尺寸标注执行裁剪或者延伸操作。

1．执行方式

➢ 命令行：输入"CJYS"命令并按〈Enter〉键。

➢ 菜单栏：选择"尺寸标注"→"尺寸编辑"→"裁剪延伸"命令。

2．操作步骤

调用"剪裁延伸"命令，根据命令行的提示，先指定裁剪延伸的基准点，然后选择要裁剪或延伸的尺寸线，即可完成裁剪延伸操作。

"裁剪延伸"命令的调用方法如下：

1）按〈Ctrl+O〉组合键，打开配套光盘提供的"第 9 章/9.2.3 裁剪延伸.dwg"素材文件，结果如图 9-58 所示。

2）输入"CJYS"命令并按〈Enter〉键，命令行的提示如下：

```
命令: CJYS↙
请给出裁剪延伸的基准点或 [参考点(R)]<退出>:                    //如图 9-59 所示
要裁剪或延伸的尺寸线<退出>:                                    //如图 9-60 所示
```

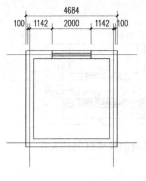

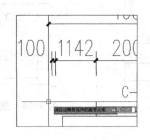

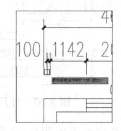

图 9-58　打开素材　　　图 9-59　指定基准点　　　图 9-60　选择要裁剪或延伸的尺寸线

3）裁剪延伸的结果如图 9-61 所示。

4）继续对尺寸标注执行裁剪延伸操作，结果如图 9-62 所示。

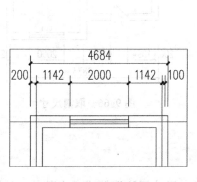

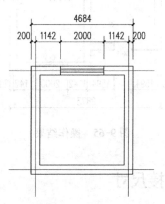

图 9-61　操作结果　　　　　　　　图 9-62　裁剪延伸

9.2.4 取消尺寸

"取消尺寸"命令可用于将选中的尺寸标注取消。

1. 执行方式

➢ 命令行：输入"QXCC"命令并按〈Enter〉键。

➢ 菜单栏：选择"尺寸标注"→"尺寸编辑"→"取消尺寸"命令。

2. 操作步骤

调用"取消尺寸"命令，根据命令行的提示，单击待取消的尺寸区间文字，即可完成取消尺寸操作。

"取消尺寸"命令的调用方法如下：

1）按〈Ctrl+O〉组合键，打开配套光盘提供的"第 9 章/9.2.4 取消尺寸.dwg"素材文件，结果如图 9-63 所示。

2）输入"QXCC"命令并按〈Enter〉键，命令行的提示如下：

```
命令: QXCC↙
    请选择待取消的尺寸区间的文字<退出>:                    //如图 9-64 所示
```

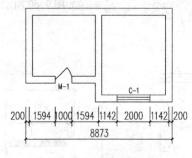

图 9-63　打开素材

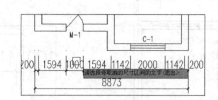

图 9-64　选择待取消的尺寸区间的文字

3）操作结果如图 9-65 所示。

4）继续对尺寸标注执行取消操作，结果如图 9-66 所示。

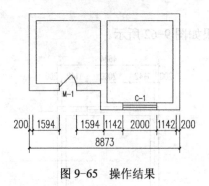

图 9-65　操作结果

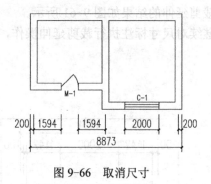

图 9-66　取消尺寸

9.2.5 连接尺寸

"连接尺寸"命令可用于将水平方向上的多个尺寸标注连接成一个整体。

1．执行方式

➢ 命令行：输入"LJCC"命令并按〈Enter〉键。

➢ 菜单栏：选择"尺寸标注"→"尺寸编辑"→"连接尺寸"命令。

2．操作步骤

调用"连接尺寸"命令，根据命令行的提示，先选择主尺寸标注，接着选择需要连接的其他尺寸标注，即可完成连接尺寸的操作。

"连接尺寸"命令的调用方法如下：

1）按〈Ctrl+O〉组合键，打开配套光盘提供的"第 9 章/9.2.5 连接尺寸.dwg"素材文件，结果如图 9-67 所示。

2）输入"LJCC"命令并按〈Enter〉键，命令行的提示如下：

命令: LJCC↙
请选择主尺寸标注<退出>:   //如图 9-68 所示
选择需要连接的其他尺寸标注(Shift-取消对错误选中尺寸的选择)<结束>: 找到 1 个
                                              //如图 9-69 所示

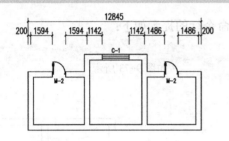

图 9-67　打开素材

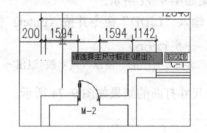

图 9-68　选择主尺寸标注

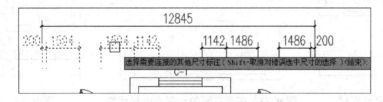

图 9-69　选择需要连接的其他尺寸标注

3）连接尺寸的操作结果如图 9-70 所示。

4）重复调用"连接尺寸"命令，结果如图 9-71 所示。

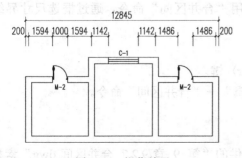

图 9-70　操作结果

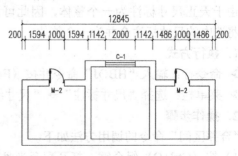

图 9-71　连接尺寸

9.2.6 尺寸打断

天正尺寸的绘制结果默认为一个整体，但是有时需要单独对某个尺寸区间执行编辑，这时就需要将尺寸打断成几个部分，以对其执行编辑修改操作。"尺寸打断"命令可用于将原本为一个整体的尺寸标注打断，分成各个独立的尺寸标注。

1. 执行方式

➤ 命令行：输入"CCDD"命令并按〈Enter〉键。

➤ 菜单栏：选择"尺寸标注"→"尺寸编辑"→"尺寸打断"命令。

2. 操作步骤

调用"尺寸打断"命令，根据命令行的提示，在要打断的一侧点取尺寸线，即可完成尺寸打断操作。

"尺寸打断"命令的调用方法如下：

1）按〈Ctrl+O〉组合键，打开配套光盘提供的"第 9 章/9.2.6 尺寸打断.dwg"素材文件，结果如图 9-72 所示。

2）输入"LJDD"命令并按〈Enter〉键，命令行的提示如下：

```
命令: CCDD↙
请在要打断的一侧点取尺寸线<退出>:                //如图 9-73 所示
```

3）尺寸打断的结果如图 9-74 所示。

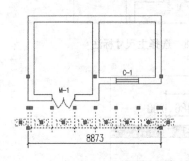

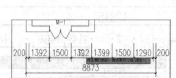

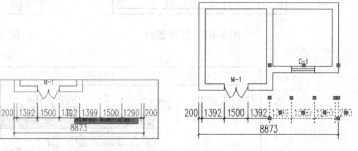

图 9-72　打开素材　　　图 9-73　在要打断的一侧点取尺寸线　　　图 9-74　尺寸打断

9.2.7 合并区间

由于天正尺寸标注为一个整体，因此可调用"合并区间"命令，通过框选尺寸界线箭头，将选中的尺寸标注合并为一个整体。

1. 执行方式

➤ 命令行：输入"HBQJ"命令并按〈Enter〉键。

➤ 菜单栏：选择"尺寸标注"→"尺寸编辑"→"合并区间"命令。

2. 操作步骤

"合并区间"命令的调用方法如下：

1）按〈Ctrl+O〉组合键，打开配套光盘提供的"第 9 章/9.2.7 合并区间.dwg"素材文件，结果如图 9-75 所示。

2）输入"HBQJ"命令并按〈Enter〉键，命令行的提示如下：

命令: HBQJ↙
请框选合并区间中的尺寸界线箭头<退出>:   //如图 9-76 和图 9-77 所示

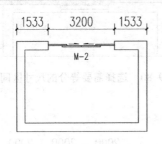

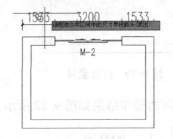

图 9-75　打开素材　　　　图 9-76　框选合并区间中的尺寸界线箭头

3）合并区间的操作结果如图 9-78 所示。

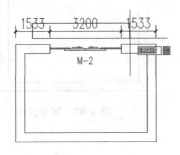

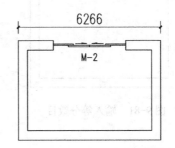

图 9-77　选择尺寸界线箭头　　　　图 9-78　合并区间

9.2.8　等分区间

"等分区间"命令可用于将指定的尺寸标注等分为若干个距离相等的标注区间。

1．执行方式

➢ 命令行：输入"DFQJ"命令并按〈Enter〉键。

➢ 菜单栏：选择"尺寸标注"→"尺寸编辑"→"等分区间"命令。

2．操作步骤

调用"等分区间"命令，根据命令行的提示，选择需要等分的尺寸区间，并指定等分数，即可完成等分区间操作。

"等分区间"命令的调用方法如下：

1）按〈Ctrl+O〉组合键，打开配套光盘提供的"第 9 章/9.2.8 等分区间.dwg"素材文件，结果如图 9-79 所示。

2）输入"DFQJ"命令并按〈Enter〉键，命令行的提示如下：

命令: DFQJ↙
请选择需要等分的尺寸区间<退出>:   //如图 9-80 所示
输入等分数<退出>:3   //如图 9-81 所示

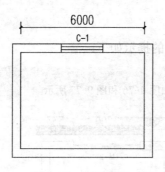

图 9-79　打开素材

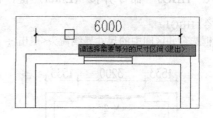

图 9-80　选择需要等分的尺寸区间

3）等分区间的操作结果如图 9-82 所示。

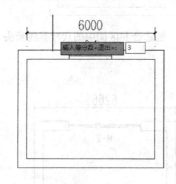

图 9-81　输入等分数目

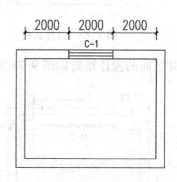

图 9-82　等分区间

9.2.9　对齐标注

由于图形并不都位于同一直线上，因此图形的尺寸标注就会显得较为凌乱。"对齐标注"命令可用于将所指定的多个尺寸标注对齐到同一水平线上，这样既方便阅读，也可以保证图面的整洁。

1. 执行方式

➢ 命令行：输入"DQBZ"命令并按〈Enter〉键。

➢ 菜单栏：选择"尺寸标注"→"尺寸编辑"→"对齐标注"命令。

2. 操作步骤

"对齐标注"命令的调用方法如下：

调用"对齐标注"命令，根据命令行的提示，依次选择参考标注以及其他需对齐的标注，然后按〈Enter〉键，即可完成对齐标注操作。

1）按〈Ctrl+O〉组合键，打开配套光盘提供的"第 9 章/9.2.9 对齐标注.dwg"素材文件，结果如图 9-83 所示。

2）输入"DQBZ"命令并按〈Enter〉键，命令行的提示如下：

```
命令: DQBZ↙
选择参考标注<退出>:                                    //如图 9-84 所示
选择其他标注<退出>: 找到 2 个，总计 2 个                //如图 9-85 所示
```

3）对齐标注的结果如图 9-86 所示。

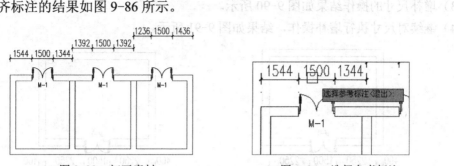
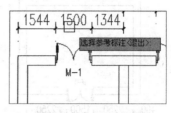

图 9-83　打开素材　　　　　　　图 9-84　选择参考标注

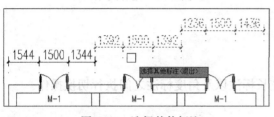
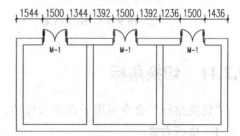

图 9-85　选择其他标注　　　　　　图 9-86　对齐标注

9.2.10　增补尺寸

"增补尺寸"命令可用于通过指定标注点的位置来添加尺寸标注。新添加的尺寸标注与原来的尺寸标注会合并成一个整体。

1. 执行方式

➢ 命令行：输入"ZBCC"命令并按〈Enter〉键。

➢ 菜单栏：选择"尺寸标注"→"尺寸编辑"→"增补尺寸"命令。

2. 操作步骤

"增补尺寸"命令的调用方法如下：

1）按〈Ctrl+O〉组合键，打开配套光盘提供的"第 9 章/9.2.10 增补尺寸.dwg"素材文件，结果如图 9-87 所示。

2）输入"ZBCC"命令并按〈Enter〉键，命令行的提示如下：

```
命令: ZBCC↙
请选择尺寸标注<退出>:                          //如图 9-88 所示
点取待增补的标注点的位置或 [参考点(R)]<退出>:      //如图 9-89 所示
```

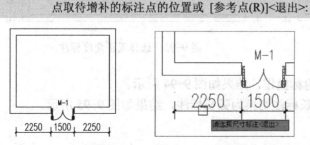
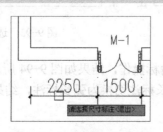
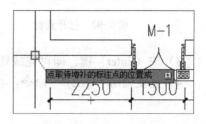

图 9-87　打开素材　　　图 9-88　选择尺寸标注　　　图 9-89　点取待增补的标注点的位置

3）增补尺寸的操作结果如图 9-90 所示。

4）继续对尺寸执行增补操作，结果如图 9-91 所示。

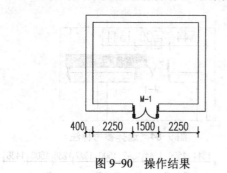

图 9-90　操作结果

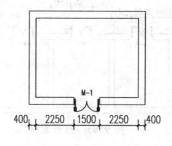

图 9-91　增补尺寸

9.2.11　切换角标

"切换角标"命令可用于在弧长标注、弦长标注以及角度标注之间执行切换操作。

1. 执行方式

➢ 命令行：输入"QHJB"命令并按〈Enter〉键。

➢ 菜单栏：选择"尺寸标注"→"尺寸编辑"→"切换角标"命令。

2. 操作步骤

"切换角标"命令的调用方法如下：

1）按〈Ctrl+O〉组合键，打开配套光盘提供的"第 9 章/9.2.11 切换角标.dwg"素材文件，结果如图 9-92 所示。

2）输入"QHJB"命令并按〈Enter〉键，命令行的提示如下：

```
命令: QHJB↙
请选择天正角度标注: 找到 1 个            //如图 9-93 所示
```

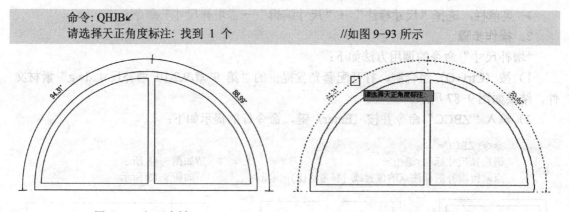

图 9-92　打开素材　　　　　图 9-93　选择天正角度标注

3）按〈Enter〉键，即可完成切换角标操作，结果如图 9-94 所示。

4）重复调用"QHJB"命令，将弦长标注切换为弧长标注，结果如图 9-95 所示。

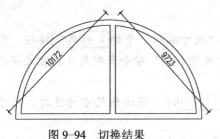

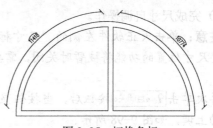

图 9-94　切换结果　　　　　　　　　　图 9-95　切换角标

9.2.12　尺寸转化

"尺寸转化"命令可用于将指定的 AutoCAD 尺寸标注转化为天正尺寸标注。

1. 执行方式

➢ 命令行：输入"CCZH"命令并按〈Enter〉键。

➢ 菜单栏：选择"尺寸标注"→"尺寸编辑"→"尺寸转化"命令。

2. 操作步骤

调用"CCZH"命令，命令行的提示如下：

命令: CCZH↙
请选择 ACAD 尺寸标注: 找到 1 个
全部选中的 1 个对象成功地转化为天正尺寸标注!
　　　　　　　　　//选择尺寸标注，按〈Enter〉键可完成转换操作

9.2.13　尺寸自调

"尺寸自调"命令可用于调整尺寸标注中的文字，以使文字不相互重叠。

1. 执行方式

➢ 命令行：输入"CCZT"命令并按〈Enter〉键。

➢ 菜单栏：选择"尺寸标注"→"尺寸编辑"→"尺寸自调"命令。

2. 操作步骤

"尺寸自调"命令的调用方法如下：

1）按〈Ctrl+O〉组合键，打开配套光盘提供的"第 9 章/9.2.13 尺寸自调.dwg"素材文件，结果如图 9-96 所示。

2）输入"CCZT"命令并按〈Enter〉键，命令行的提示如下：

命令: CCZT↙
请选择天正尺寸标注: 找到 1 个　　　　　　//如图 9-97 所示

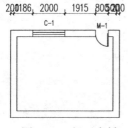

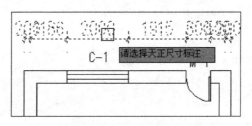

图 9-96　打开素材　　　　　　　　　图 9-97　选择天正尺寸标注

3）完成尺寸自调操作。

注意： 单击天正软件左侧的"尺寸标注"→"尺寸编辑"中的 `💡 自调关` 按钮，系统自动调整尺寸位置的功能将被暂时关闭，需要调用"尺寸自调"命令来对尺寸标注文字进行调整。

再次单击 `💡 自调关` 按钮后，当按钮显示为 `上 调` 时，在进行尺寸标注时，尺寸文字会自动上调，如图 9-98 所示。

单击 `上 调` 按钮后，当按钮显示为 `下 调` 时，在进行尺寸标注时，尺寸文字会自动下调，如图 9-99 所示。

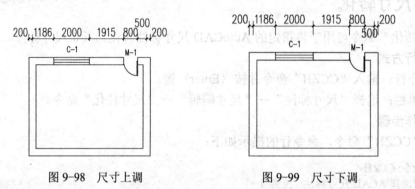

图 9-98　尺寸上调　　　　　　　　　　图 9-99　尺寸下调

第10章　符　号　标　注

符号标注包括坐标标注、标高标注以及工程符号标注等。调用符号标注命令，可为各类建筑图形添加符号标注。本章介绍各类符号标注命令的调用方法。

10.1　坐标标注

本节介绍"坐标标注"和"坐标检查"命令的调用方法。"坐标标注"命令可用于为建筑平面图添加坐标标注，而坐标检查命令可用于按照指定的条件来检查坐标标注是否准确。

10.1.1　符号标注的概念

按照《建筑制图标准》（GB\T　50104—2010）工程符号规定的画法，T20 天正建筑软件提供了一整套自定义工程符号对象，这些符号对象可帮助用于方便地绘制剖切符号、指北针、引注箭头以及各种详图符号和引出标注符号。使用自定义工程符号对象，不是简单地插入符号图块，而是在图上添加了代表建筑工程专业含义的图形符号对象。工程符号对象提供了专业夹点定义和内部保存有对象特性数据。

根据绘图的不同要求，用户可以在图上已插入的工程符号上，拖动夹点或按〈Ctrl+1〉启动对象特性栏，在其中更改工程符号的特性。双击符号中的文字，启动在位编辑，即可更改文字内容。

10.1.2　坐标标注

"坐标标注"命令可用于总平面图上标注测量坐标或者施工坐标，其取值根据世界坐标或者当前用户坐标确定。

1. 执行方式

➢ 命令行：输入"ZBBZ"命令并按〈Enter〉键。

➢ 菜单栏：选择"符号标注"→"坐标标注"命令。

2. 操作步骤

调用"坐标标注"命令，根据命令行的提示，分别指定标注点以及标注方向，即可完成坐标标注操作。

"坐标标注"命令的调用方法如下：

1）按〈Ctrl+O〉组合键，打开配套光盘提供的"第 10 章/10.1.2 坐标标注.dwg"素材文件，结果如图 10-1 所示。

2）输入"ZBBZ"命令并按〈Enter〉键，命令行的提示如下：

命令: ZBBZ↙
当前绘图单位:mm,标注单位:m;以世界坐标取值;北向角度 90°
请点取标注点或 [设置(S)\批量标注(Q)]<退出>:   //如图 10-2 所示
点取坐标标注方向<退出>:   //如图 10-3 所示

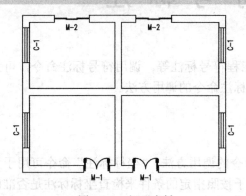

图 10-1 打开素材   图 10-2 点取标注点

3）单击鼠标左键，完成坐标标注，结果如图 10-4 所示。

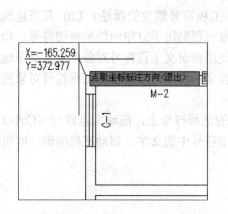

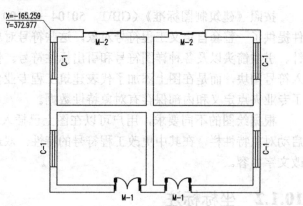

图 10-3 点取坐标标注方向   图 10-4 标注结果

4）重复上述操作，继续添加坐标标注，结果如图 10-5 所示。

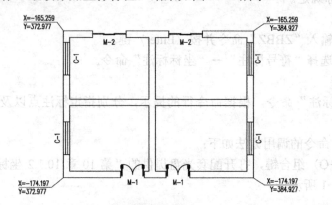

图 10-5 坐标标注

注意： 在调用"坐标标注"命令过程中，输入 Q，选择"批量标注(Q)"选项，此时系统弹出"批量标注"对话框，如图 10-6 所示；在其中可以通过设置标注位置的选项参数，来对相同的图形批量添加坐标标注，如图 10-7 所示。

图 10-6 "批量标注"对话框

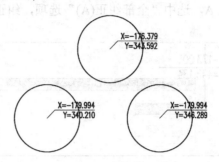

图 10-7 标注结果

10.1.3 坐标检查

"坐标检查"命令可用于根据所设定的检查条件筛选错误的坐标标注，并对其执行修改操作。

1. 执行方式

➤ 命令行：输入"ZBJC"命令并按〈Enter〉键。

➤ 菜单栏：选择"符号标注"→"坐标检查"命令。

2. 操作步骤

调用"坐标检查"命令，在弹出的"坐标检查"对话框中设置参数，然后选择待检查的坐标标注，系统即可显示有错误的坐标标注，并提示用户修改。

"坐标检查"命令的调用方法如下：

1）按〈Ctrl+O〉组合键，打开配套光盘提供的"第 10 章/10.1.3 坐标检查.dwg"素材文件，结果如图 10-8 所示。

2）输入"ZBJC 命令并按〈Enter〉键，系统弹出"坐标检查"对话框，设置参数如图 10-9 所示。

3）此时命令行的提示如下：

命令: ZBJC↵
选择待检查的坐标:找到 1 个　　　　　　//如图 10-10 所示

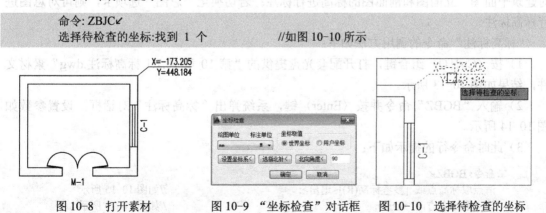

图 10-8 打开素材　　　　图 10-9 "坐标检查"对话框　　　图 10-10 选择待检查的坐标

选中的坐标 1 个，其中 1 个有错！

第 1/1 个错误的坐标，正确标注(X=-173.205,Y=459.085)或 [全部纠正(A)/纠正坐标(C)/纠正位置(D)/退出(X)]<下一个>:A　　　　　//如图 10-11 所示

4）输入 A，选中"全部纠正(A)"选项，纠正错误的坐标标注，结果如图 10-12 所示。

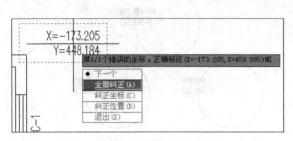

图 10-11　选择"全部纠正(A)"选项

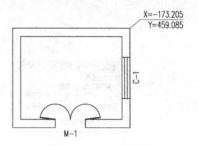

图 10-12　坐标检查

10.2　标高符号

标高标注可以标注建筑图形的本身高度以及相对高度。T20 天正建筑软件提供了"标高标注"命令"标高检查"命令以及"标高对齐"命令，以供读者添加、检查及对齐标高标注。

本节介绍添加和编辑标高标注的方法。

10.2.1　标高标注

"标高标注"命令用于建筑专业的平面图标高标注、立/剖面图楼面标高标注以及总图的地坪标高标注、绝对标高和相对标高的关联标注，可连续标注标高。

1. 执行方式

➢ 命令行：输入"BGBZ"命令并按〈Enter〉键。

➢ 菜单栏：选择"符号标注"→"标高标注"命令。

2. 操作步骤

进行标高标注时，在弹出的"标高标注"对话框中，若切换至"建筑"选项卡，则可对建筑平面图、立面图和剖面图的标高进行标注；若切换至"总图"选项卡，则可对总图进行标高标注。

"标高标注"命令的调用方法如下：

1）按〈Ctrl+O〉组合键，打开配套光盘提供的"第 10 章/10.2.1 标高标注.dwg"素材文件，结果如图 10-13 所示。

2）输入"BGBZ"命令并按〈Enter〉键，系统弹出"标高标注"对话框，设置参数如图 10-14 所示。

3）此时命令行的提示如下：

命令: BGBZ↙

请点取标高点或 [参考标高(R)]<退出>:　　　　　　　　//如图 10-15 所示

请点取标高方向<退出>:　　　　　　　　　　　　　　//如图 10-16 所示

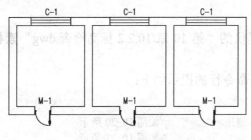

图 10-13　打开素材

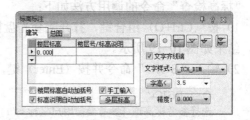

图 10-14　"标高标注"对话框

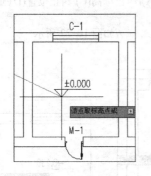

图 10-15　点取标高点

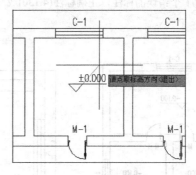

图 10-16　点取标高方向

4）单击鼠标左键，即可完成标高标注操作，结果如图 10-17 所示。

5）在"标高标注"对话框中修改参数，继续为平面图添加标高标注，结果如图 10-18 所示。

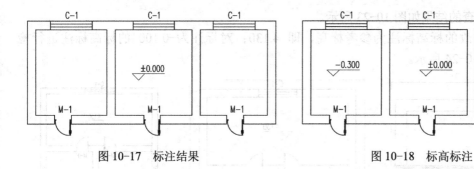

图 10-17　标注结果　　　　　　　　　　　　　　　图 10-18　标高标注

10.2.2　标高检查

"标高检查"命令用于以参考标高标注为基准，检查选中的标高标注是否正确。

1．执行方式

➢ 命令行：输入"BGJC"命令并按〈Enter〉键。

➢ 菜单栏：选择"符号标注"→"标高检查"命令。

2．操作步骤

调用"标高检查"命令，选择待检查的标高标注，按〈Enter〉键，即可显示检查结果，假若发现错误，用户可以按照命令行的提示进行修改。

"标高检查"命令的调用方法如下：

1）按〈Ctrl+O〉组合键，打开配套光盘提供的"第 10 章/10.2.2 标高检查.dwg"素材文件，结果如图 10-19 所示。

2）输入"BGJC"命令并按〈Enter〉键，命令行的提示如下：

```
命令: BGJC↙
选择参考标高或 [参考当前用户坐标系(T)]<退出>       //如图 10-20 所示
选择待检查的标高标注:找到 1 个                      //如图 10-21 所示
选中的标高1个，其中 1 个有错!
第 1/1 个错误的标注，正确标注(4.130)或 [全部纠正(A)/纠正标高(C)/纠正位置(D)/退出(X)]<下一
个>:A
                                                   //如图 10-22 所示
```

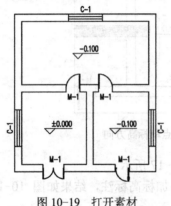

图 10-19　打开素材

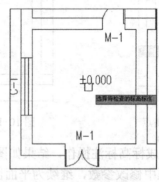

图 10-20　选择参考标高

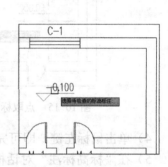

图 10-21　选择待检查的标高标注

3）标高检查的结果如图 10-23 所示。

4）以被修改的标高标注为参考标高，即 4.130；对标注为-0.100 的标高标注进行检查，结果如图 10-24 所示。

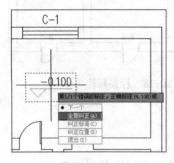

图 10-22　选择"全部纠正(A)"选项

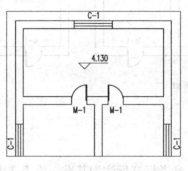

图 10-23　检查结果

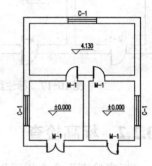

图 10-24　标高检查

10.2.3　标高对齐

在为立面图或者剖面图添加标高标注时，用户应尽量使标高标注位于一条直线上，这样在读图时方便将各类图形与标高标注相对应。"标高对齐"命令可用于将选中的标高标注对齐到一条直线上。

1. 执行方式

➢ 命令行：输入"BGDQ"命令并按〈Enter〉键。

➢ 菜单栏：选择"符号标注"→"标高对齐"命令。

2. 操作步骤

调用"标高对齐"命令，分别选择需对齐的标高标注以及标高对齐点，即可完成标高对齐操作。

"标高对齐"命令的调用方法如下：

1）按〈Ctrl+O〉组合键，打开配套光盘提供的"第 10 章/10.2.3 标高对齐.dwg"素材文件，结果如图 10-25 所示。

2）输入"BGDQ"命令并按〈Enter〉键，命令行的提示如下：

```
命令: BGDQ↵
请选择需对齐的标高标注或[参考对齐(Q)]<退出>:        //如图 10-26 所示
请点取标高对齐点<不变>:                            //如图 10-27 所示
```

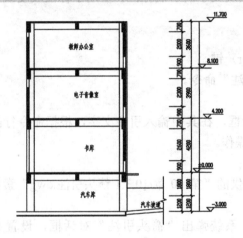

图 10-25　打开素材

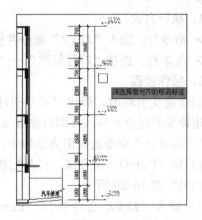

图 10-26　选择需对齐的标高标注

3）调用"E"（删除）命令，删除辅助线，对齐结果如图 10-28 所示。

图 10-27　点取标高对齐点

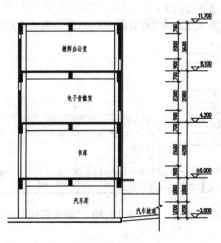

图 10-28　标高对齐

注意：在执行"标高对齐"命令过程中，输入 Q，选择"参考对齐（Q）"选项，可以将所选的标高标注与指定参考标注进行对齐。

10.3 工程符号标注

工程符号标注命令包括做法标注、剖切符号、图名标注以及画指北针等。引出标注、做法标注等标注命令可以为图形的细部构造添加文字标注，包括使用材料和施工工艺标注等；剖切符号命令可以在平面图中添加剖切符号，以表明剖面图所剖切的位置；图名标注则用于为指定图形添加名称，以便用户查阅。

本节介绍各类工程符号标注命令的调用方法。

10.3.1 箭头引注

"箭头引注"命令可用于添加带有指示箭头及文字的引线标注，多用于标注坡度或者上楼方向。

1. 执行方式

➢ 命令行：输入"JTYZ"命令并按〈Enter〉键。

➢ 菜单栏：选择"符号标注"→"箭头引注"命令。

2. 操作步骤

创建箭头引注时，弹出"箭头引注"对话框，在其中输入引注文字，根据命令行的提示指定箭头的起点和终点，即可完成箭头引注操作。

"箭头引注"命令的调用方法如下：

1）按〈Ctrl+O〉组合键，打开配套光盘提供的"第 10 章/10.3.1 箭头引注.dwg"素材文件，结果如图 10-29 所示。

2）输入"JTYZ 命令并按〈Enter〉键，系统弹出"箭头引注"对话框，设置参数如图 10-30 所示。

3）此时命令行的提示如下：

```
命令: JTYZ↵
箭头起点或 [点取图中曲线(P)/点取参考点(R)]<退出>:       //如图 10-31 所示
```

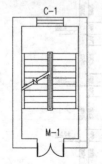
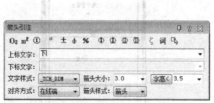
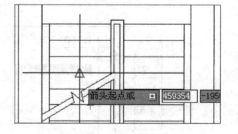

图 10-29　打开素材　　　图 10-30　"箭头引注"对话框　　　图 10-31　指定箭头起点

指定下一点或 [弧段(A)/回退(U)]<结束>:   //如图 10-32 所示
指定下一点或 [弧段(A)/回退(U)]<结束>:   //如图 10-33 所示
指定下一点或 [弧段(A)/回退(U)]<结束>:   //如图 10-34 所示
指定下一点或 [弧段(A)/回退(U)]<结束>:   //按〈Enter〉键，完成绘制，结果如图 10-35 所示

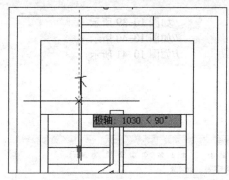
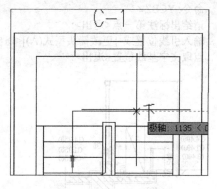

图 10-32 鼠标向上移动   图 10-33 箭头向右移动

4）重复操作，添加另一箭头引注，结果如图 10-36 所示。

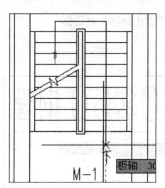
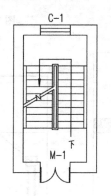
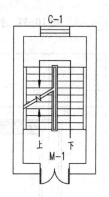

图 10-34 箭头向下移动   图 10-35 绘制结果   图 10-36 箭头引注

10.3.2 引出标注

"引出标注"命令可用于为指定的点添加内容标注——可以是使用材料的文字标注也可以是其他的内容标注。

1. 执行方式

➤ 命令行：输入"YCBZ"命令并按〈Enter〉键。

➤ 菜单栏：选择"符号标注"→"引出标注"命令。

2. 操作步骤

创建引出标注时，系统弹出"引出标注"对话框。在其中输入引出标注文字内容，根据命令行的提示指定标注的起点和终点，即可完成引出标注操作。

"引出标注"命令的调用方法如下：

1）按〈Ctrl+O〉组合键，打开配套光盘提供的"第 10 章/10.3.2 引出标注.dwg"素材文件，结果如图 10-37 所示。

2）输入"YCBZ"命令并按〈Enter〉键，系统弹出"引出标注"对话框，设置参数如图 10-38 所示。

3）此时命令行的提示如下：

```
命令: YCBZ↙
请给出标注第一点<退出>:                    //如图 10-39 所示
输入引线位置或 [更改箭头型式(A)]<退出>:      //如图 10-40 所示
点取文字基线位置<退出>:                     //如图 10-41 所示
```

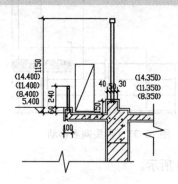

图 10-37　打开素材

图 10-38　"引出标注"对话框

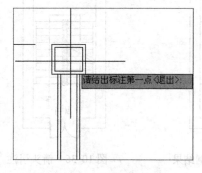

图 10-39　指定标注第一点

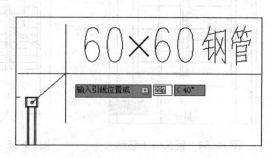

图 10-40　输入引线位置

4）添加引出标注的结果如图 10-42 所示。

5）重复上述操作，继续为图形添加引出标注，结果如图 10-43 所示。

图 10-41　点取文字基线位置

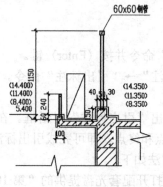

图 10-42　添加引出标注

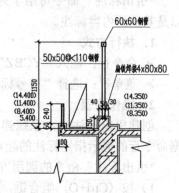

图 10-43　绘制结果

10.3.3 做法标注

做法标注用于在施工图上标注工程的材料做法，通过专业词库可调入北方地区常用的 88J1-X1(2000 版)的墙面、地面、楼面、顶棚和屋面标准做法。

"做法标注"命令可用于为指定的图形添加工程做法标注。

1. 执行方式

➢ 命令行：输入"ZFBZ"命令并按〈Enter〉键。

➢ 菜单栏：选择"符号标注"→"做法标注"命令。

2. 操作步骤

创建做法标注时，在弹出的"做法标注"对话框中输入标注文字和文字参数，然后在绘图区中指定引出点、引注上线的第二点和文本所在点，即可完成一个做法标注的创建。

"做法标注"命令的调用方法如下：

1）按〈Ctrl+O〉组合键，打开配套光盘提供的"第 10 章/10.3.3 做法标注.dwg"素材文件，结果如图 10-44 所示。

2）输入"ZFBZ 命令并按〈Enter〉键，系统弹出"做法标注"对话框，设置参数如图 10-45 所示。

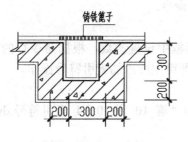

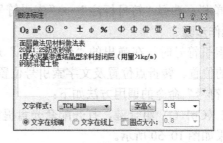

图 10-44　打开素材　　　　　　　　　图 10-45　"做法标注"对话框

3）此时命令行的提示如下：

```
命令: ZFBZ↙
请给出标注第一点<退出>:           //如图 10-46 所示
请给出文字基线位置<退出>:          //如图 10-47 所示
请给出文字基线方向和长度<退出>:      //如图 10-48 所示
```

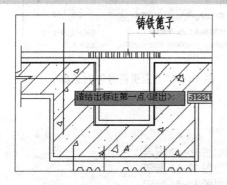

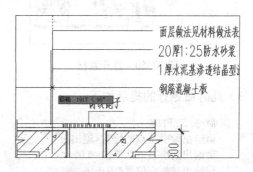

图 10-46　指定标注第一点　　　　　　　图 10-47　指定基线位置

4）添加做法标注的结果如图 10-49 所示。

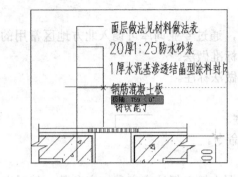

图 10-48 指定文字基线方向和长度

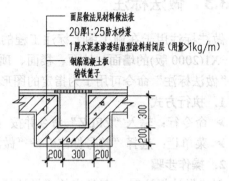

图 10-49 做法标注

10.3.4 索引符号

"索引符号"命令可用于为需要绘制详图的构件添加索引符号。

1. 执行方式

➢ 命令行：输入"SYFH"命令并按〈Enter〉键。

➢ 菜单栏：选择"符号标注"→"索引符号"命令。

2. 操作步骤

创建索引符号时，在弹出的"索引符号"对话框中设置参数，根据命令行的提示指定索引节点的位置、转折点位置及文字索引号位置，即可完成添加索引符号操作。

"索引符号"命令的调用方法如下：

1）按〈Ctrl+O〉组合键，打开配套光盘提供的"第 10 章/10.3.4 索引符号.dwg"素材文件，结果如图 10-50 所示。

2）输入"SYFH"命令并按〈Enter〉键，系统弹出"索引符号"对话框，设置参数如图 10-51 所示。

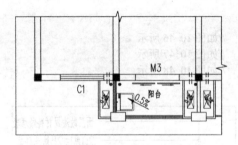

图 10-50 打开素材

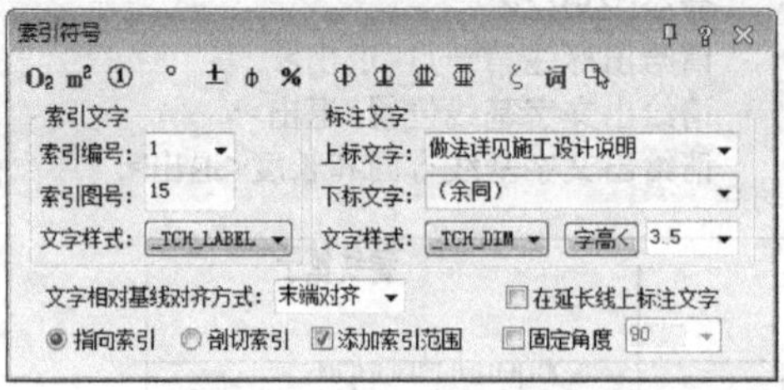

图 10-51 "索引符号"对话框

3）此时命令行的提示如下：

命令: SYFH↙
请给出索引节点的位置<退出>:   //如图 10-52 所示
请给出索引节点的范围<0.0>:   //如图 10-53 所示
请给出转折点位置<退出>:   //如图 10-54 所示

请给出文字索引号位置<退出>:   //如图 10-55 所示

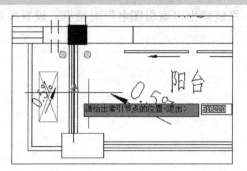

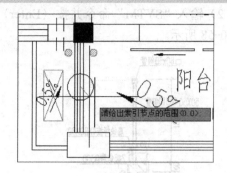

图 10-52　指定索引节点的位置　　　　　　　图 10-53　指定索引节点的范围

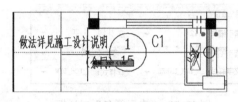

图 10-54　指定转折点位置　　　　　　　图 10-55　确定文字索引号的位置

4）单击鼠标左键，即可完成索引符号的添加，结果如图 10-56 所示。

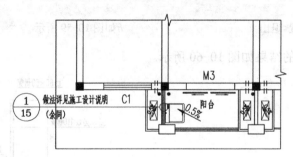

图 10-56　添加索引符号

10.3.5　索引图名

"索引图名"命令可用于通过指定图名的各项参数来为详图添加图名。

1. 执行方式

➢ 命令行：输入"SYTM"命令并按〈Enter〉键。

➢ 菜单栏：选择"符号标注"→"索引图名"命令。

2. 操作步骤

调用"索引图名"命令，弹出"索引图名"对话框。在其中输入参数，根据命令行的提示，点取标注的位置，即可完成索引图名的添加。

"索引图名"命令的调用方法如下：

1）按〈Ctrl+O〉组合键，打开配套光盘提供的"第 10 章/10.3.5 索引图名.dwg"素材文件，结果如图 10-57 所示。

2）输入"SYTM"命令并按〈Enter〉键，系统弹出"索引图名"对话框，设置参数如图 10-58 所示。

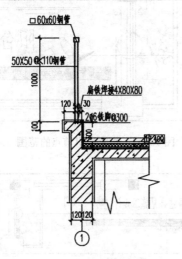

图 10-57　打开素材　　　　　　　　　图 10-58　"索引图名"对话框

3）此时命令行的提示如下：

命令: SYTM↙
请点取标注位置<退出>:　　　　　　　　　//如图 10-59 所示

4）添加索引图名的结果如图 10-60 所示。

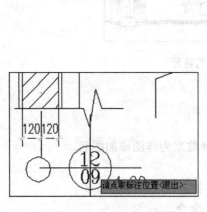

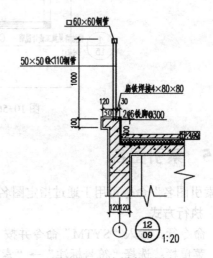

图 10-59　点取标注位置　　　　　　　　　图 10-60　绘制索引图名

10.3.6　剖切符号

剖切符号是用于表示剖切面剖切位置的图线，"剖切符号"命令可用于在图中标注符合国标规定的剖面剖切符号。

1．执行方式

➢ 命令行：输入"PQFH"命令并按〈Enter〉键。

➢ 菜单栏：选择"符号标注"→"剖切符号"命令。

2．操作步骤

添加剖切符号时，弹出"剖切符号"对话框，可设置创建的剖切符号类型和剖切编号、文字样式等参数。

"剖切符号"命令的调用方法如下：

1）按〈Ctrl+O〉组合键，打开配套光盘提供的"第 10 章/10.3.6 剖切符号.dwg"素材文件，结果如图 10-61 所示。

2）输入"PQFH"命令并按〈Enter〉键，系统弹出"剖切符号"对话框，设置参数如图 10-62 所示。

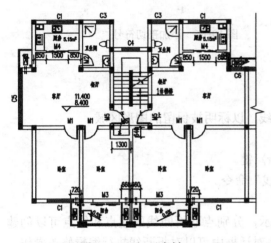

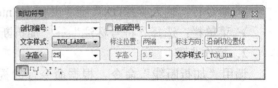

图 10-61　打开素材　　　　　　　　　　　图 10-62　"剖切符号"对话框

3）此时命令行的提示如下：

```
命令: PQFH↙
点取第一个剖切点<退出>:                //如图 10-63 所示
点取第二个剖切点<退出>:*取消*          //如图 10-64 所示
点取剖视方向<当前>:                    //如图 10-65 所示
```

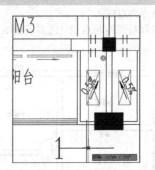

图 10-63　点取第一个剖切点　　　　　　　图 10-64　点取第二个剖切点

4）添加剖切符号的结果如图 10-66 所示。

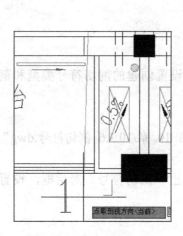

图 10-65　点取剖视方向

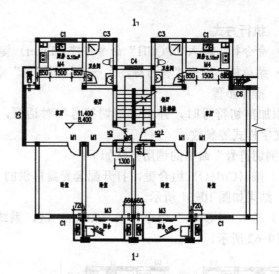

图 10-66　添加剖切符号

10.3.7　加折断线

"加折断线"命令可用于在图形上绘制折断线,以标明被保留的图形区域。

1. 执行方式

➤ 命令行:输入"JZDX"命令并按〈Enter〉键。

➤ 菜单栏:选择"符号标注"→"加折断线"命令。

2. 操作步骤

调用"加折断线"命令,根据命令行的提示,分别点取折断线的起点和终点可以创建折断线。双击折断线,在弹出的"编辑切割线"对话框中可以对折断线执行编辑修改操作,如选择切割类型、设置打断点及打断边等。

"加折断线"命令的调用方法如下:

1)按〈Ctrl+O〉组合键,打开配套光盘提供的"第 10 章/10.3.7 加折断线.dwg"素材文件,结果如图 10-67 所示。

2)输入"JZDX"命令并按〈Enter〉键,命令行的提示如下:

```
命令: JZDX↙
点取折断线起点或 [选多段线(S)\绘双折断线(Q),当前:绘单折断线]<退出>:
                                                    //如图 10-68 所示
```

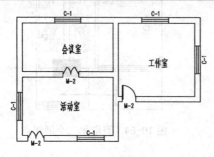

图 10-67　打开素材

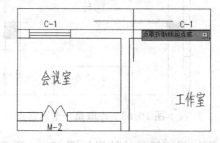

图 10-68　点取折断线起点

点取折断线终点或 [改折断数目(N),当前=1]<退出>:
　　　　//如图 10-69 所示
当前切除外部，请选择保留范围或 [改为切除内部(Q)]<不切割>:
　　　　//如图 10-70 所示

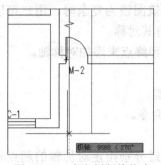

图 10-69　点取折断线终点　　　　　图 10-70　指定保留范围

3）折断结果如图 10-71 所示。

4）双击折断线，系统弹出"编辑切割线"对话框，如图 10-72 所示。

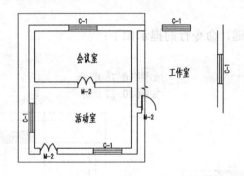

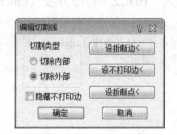

图 10-71　折断结果　　　　　图 10-72　"编辑切割线"对话框

5）在对话框中单击"设不打印边"按钮，在绘图区中单击不打印边，如图 10-73 所示；然后分别单击左方和下方的折断边，将其设为不打印边。

6）按〈Enter〉键返回"编辑切割线"对话框，勾选"隐藏不打印边"复选框，单击"确定"按钮关闭对话框。

7）添加并编辑折断线的结果如图 10-74 所示。

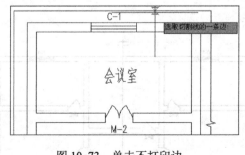

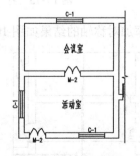

图 10-73　单击不打印边　　　　　图 10-74　添加折断线

注意：在执行命令的过程中，输入 S，选择"选多段线(S)"选项，可在指定的多段线上设置打断点或者打印边；输入 Q，可以在添加单折断线和双折断线之间进行切换。

10.3.8　画对称轴

建筑图一般都为左右对称或者上下对称。当建筑图较为复杂时，用户可以仅绘制一侧的图形，然后通过画对称轴，来表示另一侧的图形与其对称。

"画对称轴"命令可用于通过指定对称轴的起点和终点来添加对称轴。

1．执行方式

➢ 命令行：输入"HDCZ"命令并按〈Enter〉键。

➢ 菜单栏：选择"符号标注"→"画对称轴"命令。

2．操作步骤

调用"对称轴"命令，根据命令行的提示，通过分别指定对称轴的起点和终点，即可添加对称轴。

"画对称轴"命令的调用方法如下：

1）按〈Ctrl+O〉组合键，打开配套光盘提供的"第 10 章/10.3.8 画对称轴.dwg"素材文件，结果如图 10-75 所示。

2）输入"HDCZ"命令并按〈Enter〉键，命令行的提示如下：

```
命令: HDCZ↙
起点或 [参考点(R)]<退出>:                    //如图 10-76 所示
终点<退出>:                                //如图 10-77 所示
```

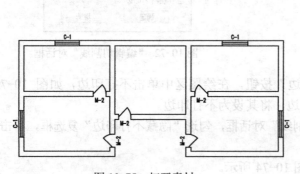
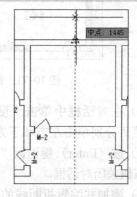

图 10-75　打开素材　　　　　　　　　　　图 10-76　指定起点

3）添加对称轴的结果如图 10-78 所示。

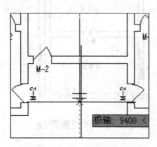
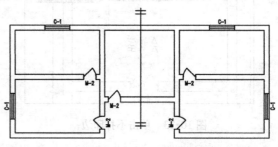

图 10-77　指定终点　　　　　　　　　　图 10-78　添加对称轴

10.3.9 绘制云线

建筑图大多较为复杂，在需要重点标示某一区域时，用户可以通过绘制云线将其框选。"绘制云线"命令可用于使用闭合的圆弧曲线在图上标示需要修改的区域。

1. 执行方式

➢ 命令行：输入"HZYX"命令并按〈Enter〉键。

➢ 菜单栏：选择"符号标注"→"绘制云线"命令。

2. 操作步骤

调用"绘制云线"命令，在弹出的"云线"对话框中设置云线的参数及绘制类型，根据命令行的提示，分别指定各点来绘制云线。

"绘制云线"命令的调用方法如下：

1）按〈Ctrl+O〉组合键，打开配套光盘提供的"第 10 章/10.3.9 绘制云线.dwg"素材文件，结果如图 10-79 所示。

2）输入"HZYX"命令并按〈Enter〉键，系统弹出"云线"对话框，设置参数如图 10-80 所示。

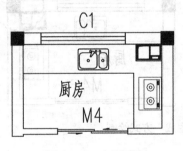

图 10-79　打开素材　　　　　　　　　图 10-80　"云线"对话框

3）此时命令行的提示如下：

命令：HZYX↙
请指定第一个角点<退出>:　　　　　　//如图 10-81 所示
请指定另一个角点<退出>:　　　　　　//如图 10-82 所示

4）绘制云线的结果如图 10-83 所示。

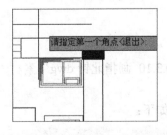

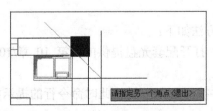

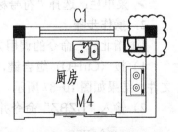

图 10-81　指定第一个角点　　　　图 10-82　指定另一个角点　　　　图 10-83　绘制云线

提示："云线"对话框主要绘制选项的含义如下：

➢ "圆形云线"按钮 。单击该按钮，即可通过指定圆形云线的圆心来绘制云线，结果如图 10-84 所示。
- ➤ "任意绘制"按钮 ⚬。单击该按钮，即可通过分别指定云线的起点和终点来绘制云线，结果如图 10-85 所示。

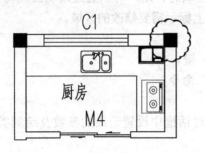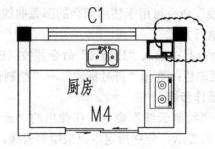

图 10-84　以"圆形云线"方式绘制　　　　图 10-85　以"任意绘制"方式绘制

- ➤ "已有对象生成"按钮 ⚬。单击该按钮，即可通过单击指定已有的闭合对象来生成云线，结果如图 10-86 所示。

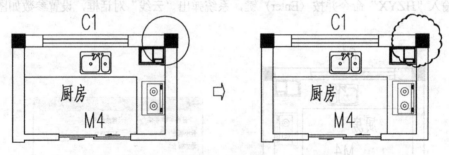

图 10-86　以"已有对象生成"方式绘制

10.3.10　画指北针

"画指北针"命令可用于在图上绘制一个国标规定的指北针符号，其中，从插入点到橡皮线终点的方向定义为指北针的方向，这个方向在坐标标注时起指示北向坐标的作用。

1. 执行方式
- ➤ 命令行：输入"HZBZ"命令并按〈Enter〉键。
- ➤ 菜单栏：选择"符号标注"→"画指北针"命令。

2. 操作步骤
"画指北针"命令的调用方法如下：

1）按〈Ctrl+O〉组合键，打开配套光盘提供的"第 10 章/10.3.10 画指北针.dwg"素材文件，结果如图 10-87 所示。

2）输入"HZBZ"命令并按〈Enter〉键，此时命令行的提示如下：

```
命令: HZBZ↙
指北针位置<退出>:                    //如图 10-88 所示
指北针方向<90.0>:60                  //如图 10-89 所示
```

3）画指北针的结果如图 10-90 所示。

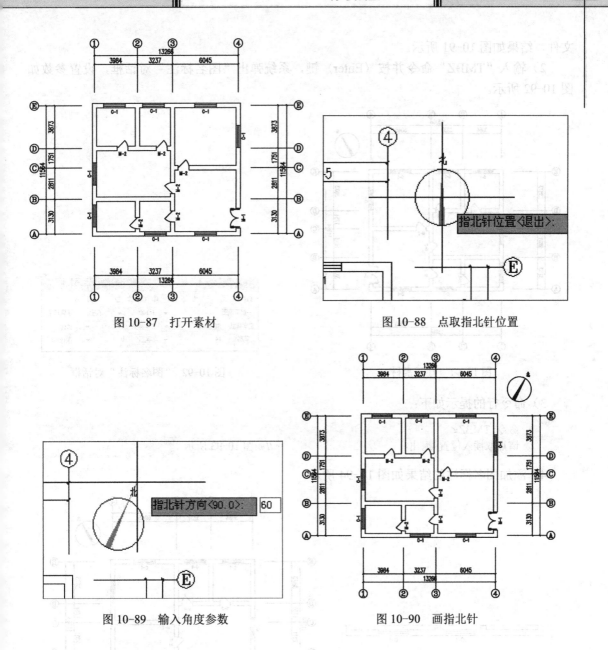

图 10-87 打开素材

图 10-88 点取指北针位置

图 10-89 输入角度参数

图 10-90 画指北针

10.3.11 图名标注

"图名标注"命令用于通过设置图名及比例参数来添加图名标注。

1. 执行方式

➤ 命令行：输入"TMBZ"命令并按〈Enter〉键。

➤ 菜单栏：选择"符号标注"→"图名标注"命令。

2. 操作步骤

"图名标注"命令的调用方法如下：

1）按〈Ctrl+O〉组合键，打开配套光盘提供的"第 10 章/10.3.11 图名标注.dwg"素材文件，结果如图 10-91 所示。

2）输入"TMBZ"命令并按〈Enter〉键，系统弹出"图名标注"对话框，设置参数如图 10-92 所示。

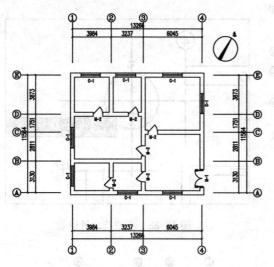

图 10-91　打开素材

图 10-92　"图名标注"对话框

3）命令行的提示如下：

```
命令: TMBZ↵
请点取插入位置<退出>:                    //如图 10-93 所示
```

4）添加图名标注的结果如图 10-94 所示。

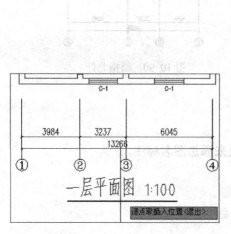

图 10-93　点取插入位置

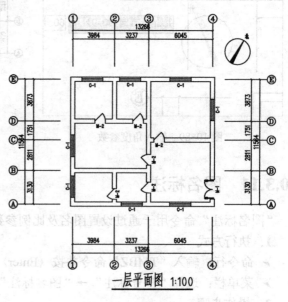

图 10-94　添加图名标注

第11章 立　　面

新建工程并创建楼层表，是生成建筑立面图的第一步。调用建筑立面及构件立面命令，可以分别生成建筑立面图以及建筑构件立面图。立面编辑与深化命令包括"立面门窗""门窗参数"以及"立面窗套"等。这些命令既可以用于编辑已生成的立面图，也可以用于为立面图绘制各类构件。

本章介绍生成立面图及深化立面图的操作方法。

11.1　楼层表与工程管理

11.1.1　天正工程管理的概念

天正工程管理是把用户所设计的大量图形文件按"工程"或"项目"区别开来，首先要求用户把同属于一个工程的文件放在同一个文件夹下进行管理。

工程管理允许用户使用一个 DWG 文件通过楼层框保存多个楼层平面，通过楼层框定义自然层与标准层关系；也允许使用一个 DWG 文件保存一个楼层平面，直接在楼层表定义楼层关系，通过对齐点把各楼层组装起来；还允许一部分楼层平面在一个 DWG 文件，而另一些楼层在其他 DWG 文件这种混合保存方式。图 11-1 所示即为某项工程的一个工程管理图纸集，其中一层和二层平面图都保存在一个 DWG 文件中，而其他平面（C、D、E）保存在独立的 DWG 文件中。

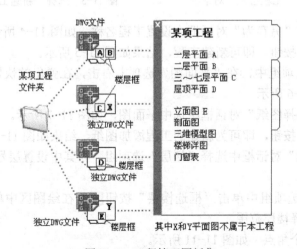

图 11-1　工程管理图纸集

11.1.2 创建楼层表

"工程管理"对话框是天正建筑管理工程项目的工具，用户可在其中新建和打开工程，并进行导入图纸和楼层表等常用操作。

调用"工程管理"命令，弹出"工程管理"对话框。用户可在其中建立由各楼层平面图组成的楼层表。界面上方提供了创建立面、剖面、三维模型等图形的工具按钮。

1. 执行方式

➢ 命令行：输入"GCGL"命令并按〈Enter〉键。
➢ 菜单栏：选择"文件布图"→"工程管理"命令。

2. 操作步骤

"工程管理"命令的调用方法如下：

1）按〈Ctrl+O〉组合键，打开配套光盘提供的"第 11 章/11.1 平面图.dwg"素材文件。

2）输入"GCGL 命令并按〈Enter〉键，系统弹出"工程管理"对话框，如图 11-2 所示。

3）在"工程管理"下拉菜单中选择"新建工程"选项，如图 11-3 所示。

图 11-2 "工程管理"对话框　　　　　图 11-3 选择"新建工程"选项

4）在随后弹出的"另存为"对话框中设置工程名称，如图 11-4 所示。

5）单击"保存"按钮，即可新建工程，结果如图 11-5 所示。

6）在"图纸"选项组中，在"平面图"选项上右击，在弹出的快捷菜单中选择"添加图纸"选项，如图 11-6 所示。

7）在弹出的"选择图纸"对话框中选中平面图，如图 11-7 所示。

8）单击"打开"按钮，即可为新建的工程添加图纸，结果如图 11-8 所示。

9）在"工程管理"对话框中选择"楼层"选项组，在其中设置层号和层高，如图 11-9 所示。

10）在"楼层"选项组中单击"框选楼层"按钮 ⊡，在绘图区中单击第一个角点，如图 11-10 所示，以选择楼层范围。

11）再单击另一个角点，如图 11-11 所示。

12）指定 A 轴与 1 轴的交点为对齐点，如图 11-12 所示。

13）图 11-13 所示为创建楼层表的结果。

图 11-4 "另存为"对话框　　图 11-5 新建工程　图 11-6 选择"添加图纸"选项

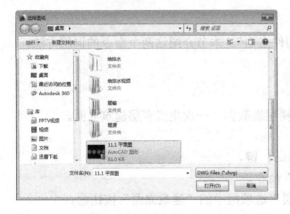

图 11-7 "选择图纸"对话框　　图 11-8 添加图纸　图 11-9 设置层号和层高

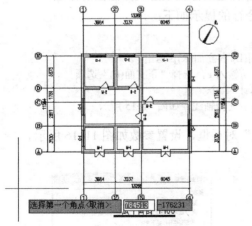
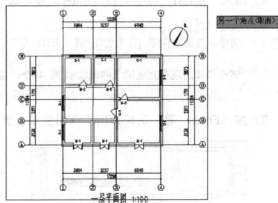

图 11-10 单击第一个角点　　　　　　图 11-11 单击另一个角点

14）重复上述操作，继续创建楼层表，结果如图 11-14 所示。

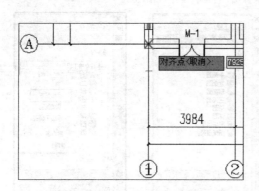

图 11-12　指定对齐点　　　　图 11-13　创建结果　　图 11-14　创建楼层表

11.2　绘制立面图

绘制立面图命令包括"建筑立面"及"构件立面"，本节介绍这两个命令的调用方法。

11.2.1　建筑立面

"建筑立面"命令可用于按照工程管理的楼层表数据，一次生成多层建筑立面。

1. 执行方式

➤ 命令行：输入"JZLM"命令并按〈Enter〉键。

➤ 菜单栏：选择"立面"→"建筑立面"命令。

➤ 按钮：单击"工程管理"对话框"楼层"选项组中的"建筑立面"按钮🏠。

2. 操作步骤

本节介绍在 11.1 节所创建的楼层表与工程管理的基础上生成建筑立面图的方法。

1）输入"JZLM"命令并按〈Enter〉键，命令行的提示如下：

```
命令: JZLM↙
请输入立面方向或 [正立面(F)/背立面(B)/左立面(L)/右立面(R)]<退出>: F
                                    //输入 F，选择"正立面(F)"选项
请选择要出现在立面图上的轴线:找到 4 个，总计 4 个
                                    //选择轴线，如图 11-15 所示
```

2）按〈Enter〉键，系统弹出"立面生成设置"对话框，设置参数如图 11-16 所示。

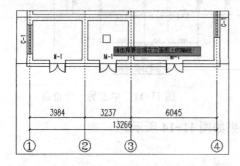

图 11-15　选择要出现在立面图上的轴线　　　　图 11-16　设置参数

3）在对话框中单击"生成立面"按钮，在弹出的"输入要生成的文件"对话框中设置文件名，如图 11-17 所示。

4）单击"保存"按钮，即可生成立面图，结果如图 11-18 所示。

图 11-17 "输入要生成的文件"对话框

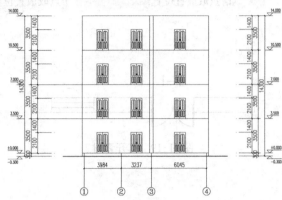

图 11-18 生成立面图

提示："立面生成设置"对话框中各选项的含义如下。

➢ "多层消隐" / "单层消隐"单选按钮。前者考虑到两个相邻楼层的消隐，速度较慢，但可考虑楼梯扶手等伸入上层的情况，且消隐精度比较好。

➢ "内外高差"文本框。在其中可以设置室内地面与室外地坪的高差。

➢ "出图比例"文本框。在其中可以设置立面图的打印出图比例。

➢ "左侧标注" / "右侧标注"复选框。这两个复选框用于确定是否标注立面图左右两侧的竖向标注，含楼层标高和尺寸。

➢ "绘层间线"复选框。该复选框用于确定楼层之间的水平横线是否绘制。

➢ "忽略栏杆以提高速度"复选框。选中此复选框，可为了优化计算，忽略复杂栏杆的生成。

11.2.2 构件立面

"构件立面"命令用于生成当前标准层、局部构件或三维图块对象在选定方向上的立面图与顶视图。生成的立面图取决于所选定对象的三维图形。

1. 执行方式

➢ 命令行：输入"GJLM"命令并按〈Enter〉键。

➢ 菜单栏：选择"立面"→"构件立面"命令。

2. 操作步骤

"构件立面"命令的调用方法如下：

1）按〈Ctrl+O〉组合键，打开配套光盘提供的"第 11 章/11.2.2 构件立面.dwg"素材文件，结果如图 11-19 所示。

2）输入"GJLM"命令并按〈Enter〉键，命令行的提示如下：

```
命令: GJLM↙
请输入立面方向或 [正立面(F)/背立面(B)/左立面(L)/右立面(R)/顶视图(T)]<退出>: F
```

//输入 F，选择"正立面(F)"选项，如图 11-20 所示
请选择要生成立面的建筑构件:指定对角点: 找到 4 个

//选择建筑构件，如图 11-21 所示
请点取放置位置： //点取放置位置，如图 11-22 所示

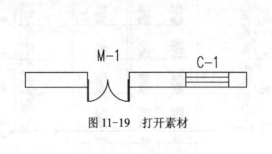

图 11-19　打开素材

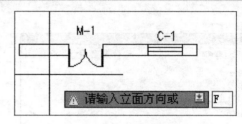

图 11-20　输入 F

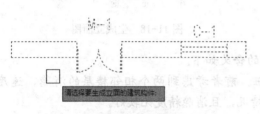

图 11-21　选择要生成立面的建筑构件

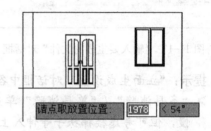

图 11-22　点取放置位置

3）按〈Enter〉键，即可生成建筑构件立面图，如图 11-23 所示。

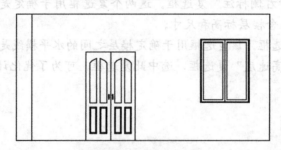

图 11-23　建筑构件立面图

11.3　立面编辑与深化

　　T20 天正建筑软件中的立面图是系统按照用户所设定的条件来生成的，所生成的图形难免有些不尽如人意的地方，所以需要对生成的立面图进行编辑与深化，以使其达到使用要求。

　　T20 天正建筑软件提供了一系列编辑和深化立面图的命令，包括"立面门窗""立面窗套"等。本节介绍这些命令的调用方法。

11.3.1　立面门窗

　　"立面门窗"命令可用于插入、替换立面图上的门窗，同时对立面门窗图库进行维护。

1. 执行方式

➢ 命令行：输入"LMMC"命令并按〈Enter〉键。

➢ 菜单栏：选择"立面"→"立面门窗"命令。

2. 操作步骤

"立面门窗"命令的调用方法如下：

1）按〈Ctrl+O〉组合键，打开配套光盘提供的"第 11 章/11.3.1 立面门窗.dwg"素材文件，结果如图 11-24 所示。

2）输入"LMMC 命令并按〈Enter〉键，打开"天正图库管理系统"窗口，在其中选择立面门样式，如图 11-25 所示。

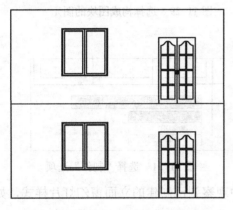

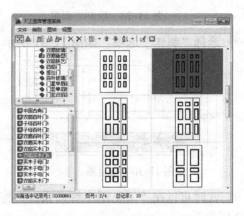

图 11-24　打开素材　　　　　　　图 11-25　"天正图库管理系统"窗口

3）单击对话框中的"替换"按钮，在绘图区中选择待替换的对象，如图 11-26 所示。

4）按〈Enter〉键，即可完成立面门的替换，结果如图 11-27 所示。

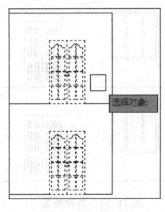

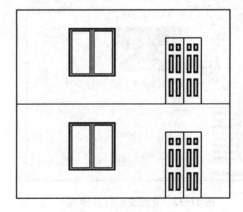

图 11-26　选择对象　　　　　　　　图 11-27　替换结果

5）调用"L"（直线）命令、"O"（偏移）命令、"TR"（修剪）等命令，绘制立面窗，如图 11-28 所示。

6）重复调用"LMMC"命令，在"天正图库管理系统"窗口中单击"新图入库"按钮，在绘图区中选择构成图块的图元，如图 11-29 所示。

7）指定图块的左下角点为基点，如图 11-30 所示。

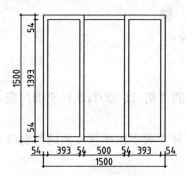

图 11-28　绘制立面窗

图 11-29　选择构成图块的图元

8）选择"制作"选项，如图 11-31 所示。

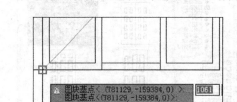

图 11-30　指定基点

图 11-31　选择"制作"选项

9）此时可以在"天正图库管理系统"窗口中观察到已创建的立面窗幻灯片样式，如图 11-32 所示。

10）单击窗口中的"替换"按钮 ，选择待替换的立面窗，按〈Enter〉键，即可完成替换，结果如图 11-33 所示。

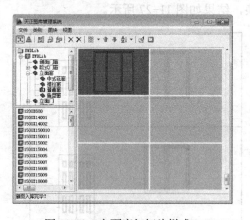

图 11-32　立面窗幻灯片样式

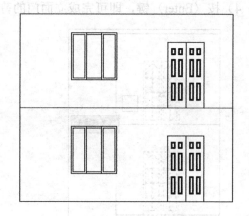

图 11-33　替换效果

11.3.2　门窗参数

"门窗参数"命令用于修改立面门窗的尺寸和位置。在绘图区中选择需修改的门窗并按〈Enter〉键确认，然后依次在命令行中输入要修改的门窗参数值并按〈Enter〉键，即可完成门窗参数的修改。

1. 执行方式

➤ 命令行：输入"MCCS"命令并按〈Enter〉键。

➤ 菜单栏：选择"立面"→"门窗参数"命令。

2. 操作步骤

"门窗参数"命令的调用方法如下：

1）按〈Ctrl+O〉组合键，打开配套光盘提供的"第 11 章/11.3.2 门窗参数.dwg"素材文件，结果如图 11-34 所示。

2）输入"MCCS"命令并按〈Enter〉键，命令行的提示如下：

```
命令: MCCS↙
选择立面门窗:指定对角点: 找到 1 个              //如图 11-35 所示
底标高<-143809>:                              //如图 11-36 所示，按〈Enter〉键
高度<1500>:2000                              //如图 11-37 所示
宽度<2000>:1800                              //如图 11-38 所示
```

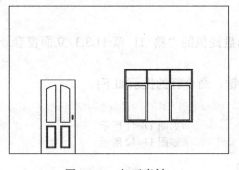

图 11-34　打开素材

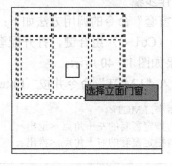

图 11-35　选择立面门窗

图 11-36　按〈Enter〉键

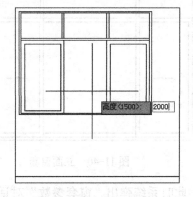

图 11-37　输入高度参数

3）按〈Enter〉键，即可完成修改门窗参数的操作，结果如图 11-39 所示。

11.3.3　立面窗套

"立面窗套"命令用于为已有的立面窗添加全包的窗套或者窗楣线和窗台线。

1. 执行方式

➤ 命令行：输入"LMCT"命令并按〈Enter〉键。

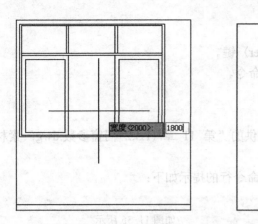

图 11-38　输入宽度参数　　　　　　　　　图 11-39　修改结果

➢ 菜单栏：选择"立面"→"立面窗套"命令。

2. 操作步骤

"立面窗套"命令的调用方法如下：

1）按〈Ctrl+O〉组合键，打开配套光盘提供的"第 11 章/11.3.3 立面窗套.dwg"素材文件，结果如图 11-40 所示。

2）输入"LMCT"命令并按〈Enter〉键，命令行的提示如下：

```
命令: LMCT↙
请指定窗套的左下角点 <退出>:              //如图 11-41 所示
请指定窗套的右上角点 <推出>:              //如图 11-42 所示
```

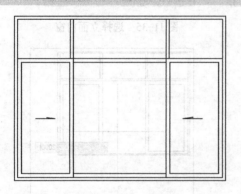
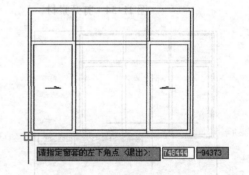

图 11-40　立面窗套　　　　　　　　　　　图 11-41　指定窗套的左下角点

3）此时系统弹出"窗套参数"对话框，设置参数如图 11-43 所示。

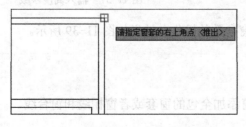
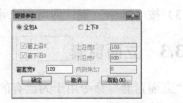

图 11-42　指定窗套的右上角点　　　　　　　图 11-43　"窗套参数"对话框

4）单击"确定"按钮，即可完成窗套的添加，结果如图 11-44 所示。

提示：在"窗套参数"对话框中单击"上下 B"单选按钮，可以绘制另一样式的窗套，如图 11-45 所示。

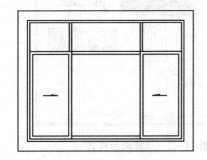

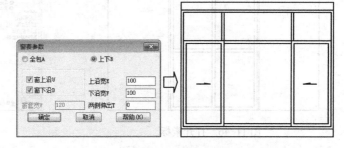

图 11-44　绘制全包窗套　　　　　　　　　　图 11-45　绘制结果

"窗套参数"对话框中各选项的含义如下。

➤ "全包 A"单选按钮。单击该单选按钮，可在窗四周创建矩形封闭窗套。

➤ "上下 B"单选按钮。单击该单选按钮，可在窗的上下方分别生成窗上沿与窗下沿。

➤ "窗上沿 U"／"窗下沿 D"复选框。仅在单击"上下 B"单选按钮时这两个复选框有效，分别表示仅要窗上沿或仅要窗下沿。

➤ "上沿宽 E"／"下沿宽 F 文本框"。在这两个文本框中可设置窗上沿线与窗下沿线的宽度。

➤ "两侧伸出 T"文本框。窗上、下沿两侧伸出的长度。

➤ "窗套宽 W"文本框。可在此文本框中设置除窗上、下沿以外部分的窗套宽。

11.3.4　立面阳台

"立面阳台"命令可用于插入或替换立面图上阳台的样式，同时也是立面阳台的管理工具。

1．执行方式

➤ 命令行：输入"LMYT"命令并按〈Enter〉键。

➤ 菜单栏：选择"立面"→"立面阳台"命令。

2．操作步骤

"立面阳台"命令的调用方法如下：

1）按〈Ctrl+O〉组合键，打开配套光盘提供的"第 11 章/11.3.4 立面阳台.dwg"素材文件，结果如图 11-46 所示。

2）输入"LMYT 命令并按〈Enter〉键，打开"天正图库管理系统"窗口，选择阳台样式如图 11-47 所示。

3）双击阳台样式，弹出"图块编辑"对话框，设置参数如图 11-48 所示。

4）此时命令行的提示如下：

```
命令: LMYT↵
点取插入点[转 90(A)/左右(S)/上下(D)/对齐(F)/外框(E)/转角(R)/基点(T)/更换(C)]<退出>:
                                                              //如图 11-49 所示
```

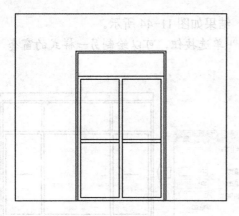

图 11-46 打开素标

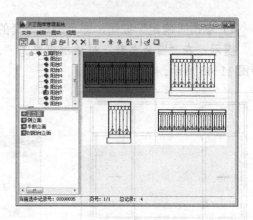

图 11-47 选择阳台样式

图 11-48 "图块编辑"对话框

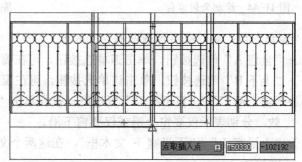

图 11-49 点取插入点

5）插入阳台图形的结果如图 11-50 所示。

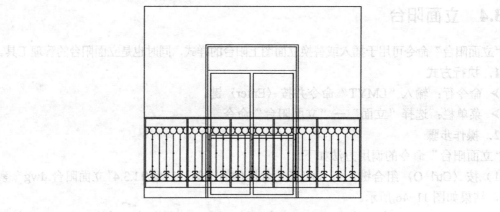

图 11-50 插入阳台图形

11.3.5 图形裁剪

"图形裁剪"命令可用于对立面图形进行裁剪，以表现立面构件之间的前后遮挡关系。

1. 执行方式

➢ 命令行：输入"TXCJ"命令并按〈Enter〉键。

➤ 菜单栏：选择"立面"→"图形裁剪"命令。

2．操作步骤

"图形裁剪"命令的调用方法如下：

1）按〈Ctrl+O〉组合键，打开配套光盘提供的"第 11 章/11.3.5 图形裁剪.dwg"素材文件，结果如图 11-51 所示。

2）输入"TXCJ"命令并按〈Enter〉键，命令行的提示如下：

```
命令: TXCJ↙
请选择被裁剪的对象:找到 1 个                          //如图 11-52 所示
矩形的第一个角点或 [多边形裁剪(P)/多段线定边界(L)/图块定边界(B)]<退出>:
                                                  //如图 11-53 所示
另一个角点<退出>:                                   //如图 11-54 所示
```

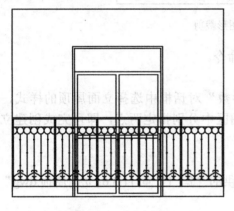

图 11-51　打开素标

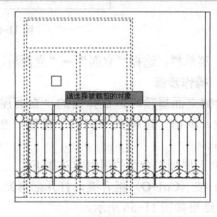

图 11-52　选择被裁剪的对象

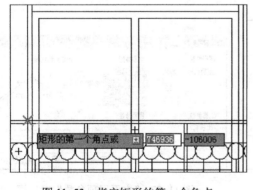

图 11-53　指定矩形的第一个角点

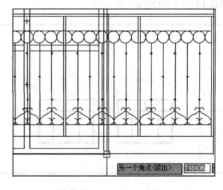

图 11-54　指定另一个角点

3）图形裁剪的结果如图 11-55 所示。

11.3.6　立面屋顶

"立面屋顶"命令可用于在指定的墙顶角之间绘制各种式样的屋顶图形。

1．执行方式

➤ 命令行：输入"LMWD"命令并按〈Enter〉键。

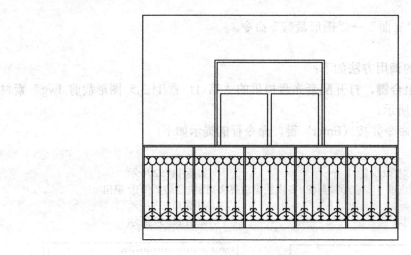

图 11-55 图形裁剪

> 菜单栏：选择"立面"→"立面屋顶"命令。

2. 操作步骤

绘制立面屋顶时，在弹出的"立面屋顶参数"对话框中选择立面屋顶的样式，并设置参数，单击"定位点 PT1-2"按钮，在绘图区中分别指定两点，即可完成创建立面屋顶操作。

"立面屋顶"命令的调用方法如下：

1）按〈Ctrl+O〉组合键，打开配套光盘提供的"第 11 章/11.3.6 立面屋顶.dwg"素材文件，结果如图 11-56 所示。

2）输入"LMWD 命令并按〈Enter〉键，系统弹出"立面屋顶参数"对话框，设置参数如图 11-57 所示。

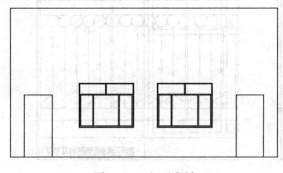

图 11-56 打开素材

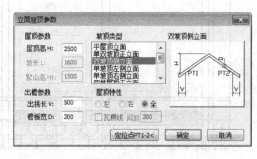

图 11-57 "立面屋顶参数"对话框

3）此时命令行的提示如下：

命令：LMWD↙
请点取墙顶角点 PT1 <返回>：   //如图 11-58 所示
请点取墙顶另一角点 PT2 <返回>：   //如图 11-59 所示

4）单击"确定"按钮关闭对话框，创建立面屋顶的结果如图 11-60 所示。

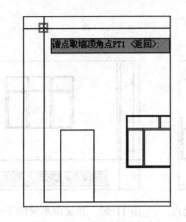

图 11-58　点取墙顶角点

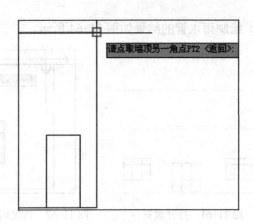

图 11-59　点取墙顶另一墙角点

图 11-60　创建立面屋顶

11.3.7　雨水管线

"雨水管线"命令可用于按照给定的位置生成竖直向下的雨水管。

1. 执行方式

➤ 命令行：输入"YSGX"命令并按〈Enter〉键。

➤ 菜单栏：选择"立面"→"雨水管线"命令。

2. 操作步骤

调用"雨水管线"命令，根据命令行的提示分别指定雨水管的起点和终点，即可完成绘制雨水管线操作。

1）按〈Ctrl+O〉组合键，打开配套光盘提供的"第 11 章/11.3.7 雨水管线.dwg"素材文件，结果如图 11-61 所示。

2）输入"YSGX"命令并按〈Enter〉键，命令行的提示如下：

```
命令: YSGX↙
当前管径为100
请指定雨水管的起点[参考点(R)/管径(D)]<退出>:          //如图 11-62 所示
请指定雨水管的下一点[管径(D)/回退(U)]<退出>:          //如图 11-63 所示
```

3）绘制雨水管的结果如图 11-64 所示。

图 11-61　打开素材

图 11-62　指定雨水管的起点

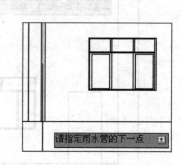

图 11-63　指定雨水管的下一点

4）重复上述操作，继续绘制另一侧的雨水管线，结果如图 11-65 所示。

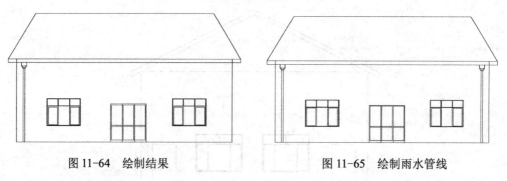

图 11-64　绘制结果　　　　　　　　　　　　　图 11-65　绘制雨水管线

11.3.8　柱立面线

"柱立面线"命令用户按默认的正投影方向模拟圆柱立面投影，并在柱子立面范围内添加有立体感的竖向投影线。

1. 执行方式

➢ 命令行：输入"ZLMX"命令并按〈Enter〉键。

➢ 菜单栏：选择"立面"→"柱立面线"命令。

2. 操作步骤

调用"柱立面线"命令，根据命令行的提示，分别指定起始角及包含角的参数，接着指定立面线数目，分别单击矩形边界的第一个和第二个角点，即可以完成添加柱立面线操作。

"柱立面线"命令的调用方法如下：

1）按〈Ctrl+O〉组合键，打开配套光盘提供的"第 11 章/11.3.8 柱立面线.dwg"素材文件，结果如图 11-66 所示。

2）输入"ZLMX"命令并按〈Enter〉键，命令行的提示如下：

```
命令: ZLMX↙
输入起始角<180>:180                    //如图 11-67 所示
输入包含角<180>:180                    //如图 11-68 所示
```

输入立面线数目<12>:8   //如图 11-69 所示
输入矩形边界的第一个角点<选择边界>:   //如图 11-70 所示
输入矩形边界的第二个角点<退出>:   //如图 11-71 所示

图 11-66 打开素材

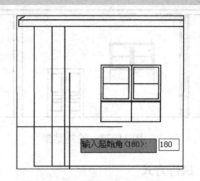

图 11-67 指定起始角参数

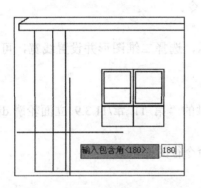

图 11-68 指定包含角参数

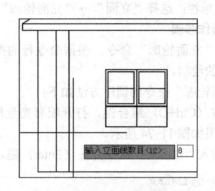

图 11-69 指定立面线数目

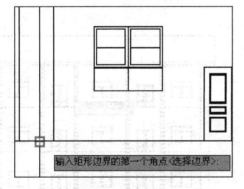

图 11-70 指定矩形边界的第一个角点

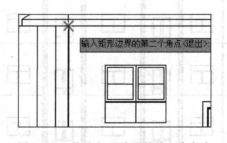

图 11-71 指定矩形边界的第二个角点

3）添加柱立面线的结果如图 11-72 所示。

4）重复操作继续添加柱立面线，结果如图 11-73 所示。

11.3.9 立面轮廓

"立面轮廓"命令可用于为立面图添加立面轮廓线并可自定义线宽。

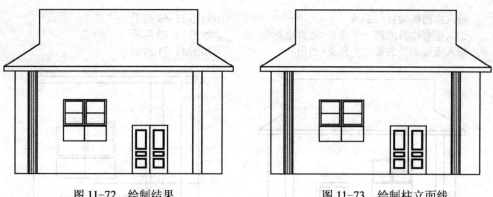

图 11-72　绘制结果　　　　　　　　图 11-73　绘制柱立面线

1. 执行方式

➤ 命令行：输入"LMLK"命令并按〈Enter〉键。

➤ 菜单栏：选择"立面"→"立面轮廓"命令。

2. 操作步骤

调用"立面轮廓"命令，根据命令行的提示，选择二维图形并设置线宽，可以完成立面轮廓线的绘制。

"立面轮廓"命令的调用方法如下：

1）按〈Ctrl+O〉组合键，打开配套光盘提供的"第 11 章/11.3.9 立面轮廓.dwg"素材文件，结果如图 11-74 所示。

2）输入"LMLK"命令并按〈Enter〉键，命令行的提示如下：

```
命令: LMLK↙
选择二维对象:指定对角点: 找到 121 个，3 个编组                  //如图 11-75 所示
请输入轮廓线宽度(按模型空间的尺寸)<50>: 100                   //如图 11-76 所示
```

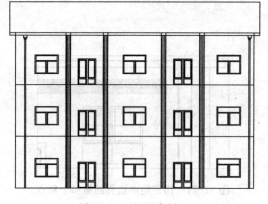

图 11-74　打开素材

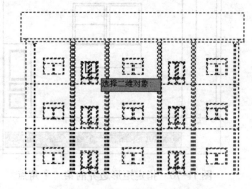

图 11-75　选择二维对象

添加立面轮廓线的结果如图 11-77 所示。

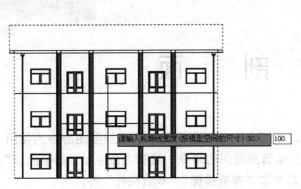

图 11-76　指定轮廓线宽度

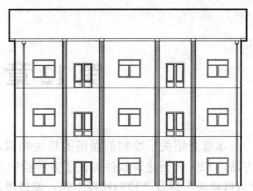

图 11-77　添加立面轮廓线

第 12 章 剖 面

本章介绍关于绘制剖面图的相关知识，主要介绍生成剖面图和编辑剖面图命令的使用方法。T20 天正建筑软件提供了多种绘制及编辑剖面图的命令，绘制类命令如"画剖面墙""双线楼板"以及"预制楼板"等；编辑类命令如"参数楼梯""参数栏杆"等。

本章介绍绘制及编辑剖面图的操作方法。

12.1 绘制建筑剖面图

调用建筑剖面命令和构件剖面命令，可以分别生成整体的建筑剖面图和局部的构件剖面图。本节分别介绍建筑剖面图与构件剖面图的绘制方法。

12.1.1 建筑剖面

与绘制建筑立面图相同，建筑剖面图也可由工程管理中的楼层表数据生成，二者的区别就在于绘制建筑剖面图时，须事先在首层平面图中绘制出剖切符号，指定剖切的位置。不同的剖切位置，将生成得到不同的建筑剖面图。

"建筑剖面"命令可用于在首层平面图的基础上生成剖面图。

1. 执行方式

➤ 命令行：输入"JZPM"命令并按〈Enter〉键。

➤ 菜单栏：选择"剖面"→"建筑剖面"命令。

2. 操作步骤

"建筑剖面"命令的调用方法如下：

1）按〈Ctrl+O〉组合键，打开配套光盘提供的"第 12 章/12.1.1 平面图.dwg"素材文件。

2）输入"JZPM"命令并按〈Enter〉键，弹出"工程管理"对话框；在"楼层"选项组中单击"建筑剖面"按钮 ，命令行的提示如下：

```
命令: JZPM↙
请选择一剖切线:                              //选择剖切线，如图 12-1 所示
请选择要出现在剖面图上的轴线:找到 4 个，总计 4 个
                                            //选择轴线，如图 12-2 所示
```

3）系统弹出"剖面生成设置"对话框，设置参数如图 12-3 所示。

4）单击"生成剖面"按钮，在弹出的"输入要生成的文件"对话框中设置文件名称，如图 12-4 所示。

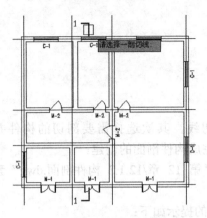

图 12-1 选择剖切线

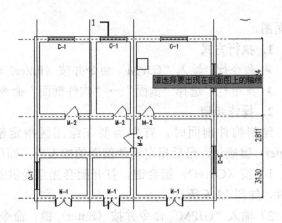

图 12-2 选择轴线

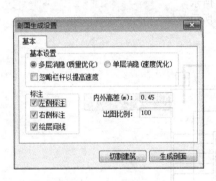

图 12-3 设置参数

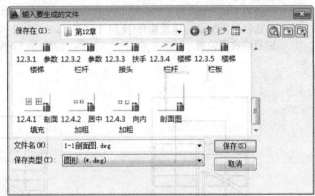

图 12-4 "输入要生成的文件"对话框

5）单击"保存"按钮，即可生成建筑剖面图，结果如图 12-5 所示。

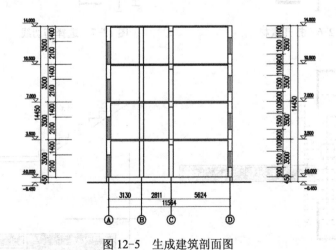

图 12-5 生成建筑剖面图

12.1.2 构件剖面

"构件剖面"命令用于生成当前标准层、局部构件或三维图块对象在指定剖视方向上的剖面图。

1. 执行方式

➢ 命令行：输入"GJPM"命令并按〈Enter〉键。

➢ 菜单栏：选择"剖面"→"构件剖面"命令。

2. 操作步骤

绘制构件剖面时，首先需要在绘图区指定剖切线，其次选择需要剖切的构件并按〈Enter〉键确认，最后指定构件剖面的插入点，即可完成构件剖面的创建。

1）按〈Ctrl+O〉组合键，打开配套光盘提供的"第 12 章/12.1.2 构件剖面.dwg"素材文件，如图 12-6 所示。

2）输入"GJPM"命令并按〈Enter〉键，命令行的提示如下：

```
命令: GJPM↙
请选择一剖切线:                    //如图 12-7 所示
请选择需要剖切的建筑构件:找到 1 个   //如图 12-8 所示
请点取放置位置:                    //如图 12-9 所示
```

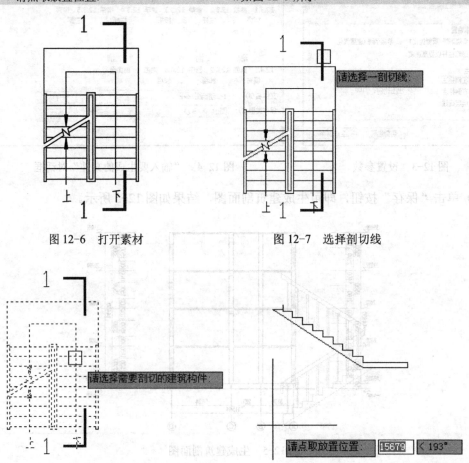

图 12-6　打开素材　　　　　　　　　　图 12-7　选择剖切线

图 12-8　选择需要剖切的建筑构件　　　　　图 12-9　点取放置位置

3）绘制构件剖面图的结果如图 12-10 所示。

12.2 剖面绘制

剖面绘制命令有"画剖面墙""双线楼板""预制楼板"等。调用这些命令可以通过设置各项参数来创建剖面构件图形。如"画剖面墙"命令可用于通过指定剖面墙的起点、终点和墙厚来绘制剖面墙图形。

本节介绍剖面绘制命令的操作方法。

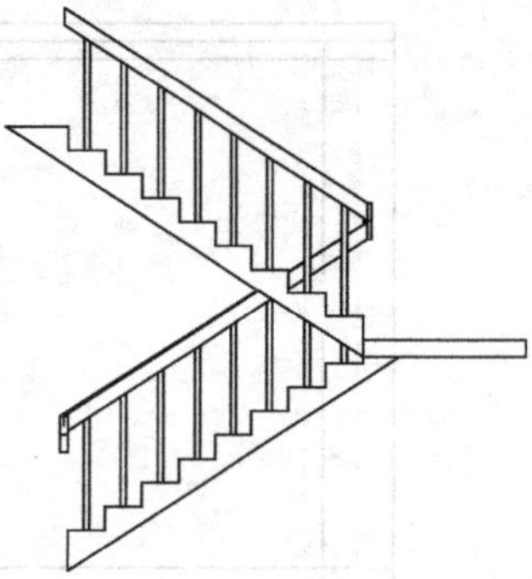

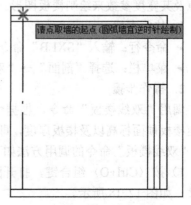

图 12-10 构件剖面图

12.2.1 画剖面墙

"画剖面墙"命令可用于在指定的两点之间创建一定厚度的剖面墙体。

1. 执行方式

➢ 命令行：输入"HPMQ"命令并按〈Enter〉键。

➢ 菜单栏：选择"剖面"→"画剖面墙"命令。

2. 操作步骤

在画剖面墙时，根据命令行的提示，依次指定剖面墙的各个点，即可完成剖面墙的绘制。另外，根据命令行提示，还可以设置剖面墙的参数。

"画剖面墙"命令的调用方法如下：

1）按〈Ctrl+O〉组合键，打开配套光盘提供的"第 12 章/12.2.1 画剖面墙.dwg"素材文件，如图 12-11 所示。

2）输入"HPMQ"命令并按〈Enter〉键，命令行的提示如下：

```
命令: HPMQ↙
请点取墙的起点(圆弧墙宜逆时针绘制)[取参照点(F)单段(D)]<退出>:
                            //如图 12-12 所示
墙厚当前值: 左墙 120, 右墙 240。
请点取直墙的下一点[弧墙(A)/墙厚(W)/取参照点(F)/回退(U)] <结束>: W
                            //如图 12-13 所示
请输入左墙厚 <120>: 200      //如图 12-14 所示
请输入右墙厚 <240>: 200      //如图 12-15 所示
```

图 12-11 打开素材

图 12-12 点取墙的起点

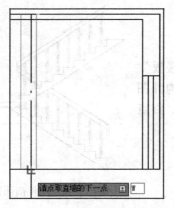

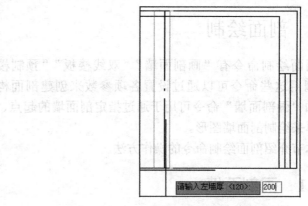

图 12-13　选择"墙厚(W)"选项　　　　　图 12-14　指定左墙厚宽度

3）单击鼠标左键，完成剖面墙体的绘制，结果如图 12-16 所示。

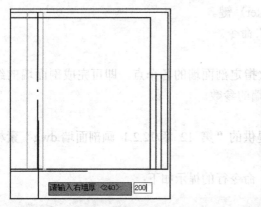

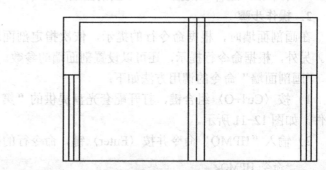

图 12-15　指定右墙厚宽度　　　　　图 12-16　绘制墙体

4）调用"TR"（修建）命令，修剪线段如图 12-17 所示。

12.2.2　双线楼板

"双线楼板"命令用于通过指定楼板的起始点、结束点及其宽度参数来绘制楼板图形。

1. 执行方式

➢ 命令行：输入"SXLB"命令并按〈Enter〉键。

➢ 菜单栏：选择"剖面"→"双线楼板"命令。

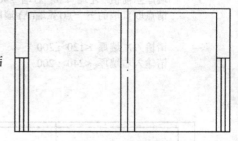

图 12-17　修剪线段

2. 操作步骤

调用"双线楼板"命令，根据命令行的提示，分别指定楼板的起始点和结束点，接着指定楼板顶面标高以及楼板厚度，即可完成双线楼板的绘制。

"双线楼板"命令的调用方法如下：

1）按〈Ctrl+O〉组合键，打开配套光盘提供的"第 12 章/12.2.2 双线楼板.dwg"素材文件，如图 12-18 所示。

2）输入"SXLB"命令并按〈Enter〉键，命令行的提示如下：

命令: SXLB↙
请输入楼板的起始点 <退出>:   //如图 12-19 所示;
结束点 <退出>:   //如图 12-20 所示;
楼板顶面标高 <-209301>:   //按〈Enter〉键;
楼板的厚度(向上加厚输负值) <200>: 120   //如图 12-21 所示。

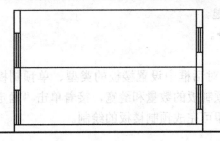

图 12-18　打开素材

图 12-19　指定楼板的起始点

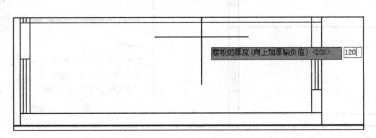

图 12-20　指定楼板的结束点

图 12-21　指定楼板的厚度

3) 绘制楼板的结果如图 12-22 所示。
4) 重复上述操作继续绘制双线楼板,结果如图 12-23 所示。

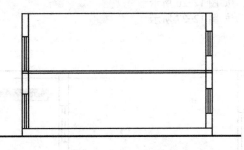

图 12-22　绘制结果

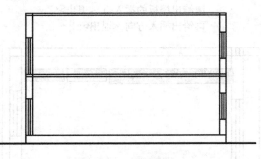

图 12-23　绘制楼板

12.2.3 预制楼板

"预制楼板"命令可用于通过设定楼板的类型以及宽度等参数来绘制预制楼板。

1. 执行方式

➤ 命令行：输入"YZLB"命令并按〈Enter〉键。

➤ 菜单栏：选择"剖面"→"预制楼板"命令。

2. 操作步骤

绘制预制楼板时，在弹出的"剖面楼板参数"对话框中设置楼板的类型、单预制板宽度和楼层的总宽度等参数，此时系统将自动计算出预制板的数量和缝宽，接着单击"确定"按钮，然后指定楼板的插入点和预制板排列方向，即可完成预制楼板的绘制。

"预制楼板"命令的调用方法如下：

1）按〈Ctrl+O〉组合键，打开配套光盘提供的"第 12 章/12.2.3 预制楼板.dwg"素材文件，如图 12-24 所示。

2）输入"YZLB"命令并按〈Enter〉键，系统弹出"剖面楼板参数"对话框，设置参数如图 12-25 所示。

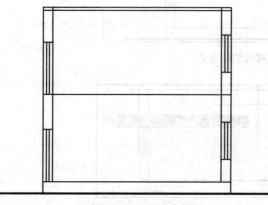

图 12-24　打开素材

图 12-25　"剖面楼板参数"对话框

3）此时命令行的提示如下：

命令: YZLB↙
请给出楼板的插入点 <退出>:　　　　　　　//如图 12-26 所示
再给出插入方向 <退出>:　　　　　　　　　//如图 12-27 所示

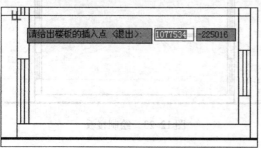

图 12-26　指定楼板的插入点

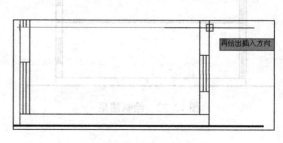

图 12-27　指定插入方向

4）预制楼板的绘制结果如图 12-28 所示。

12.2.4 加剖断梁

"加剖断梁"命令用于通过指定梁的插入点和宽度
参数来绘制剖断梁。

1. 执行方式

➢ 命令行：输入"JPDL"命令并按〈Enter〉
键。

➢ 菜单栏：选择"剖面"→"加剖断梁"命令。

2. 操作步骤

添加剖断梁时，首先指定剖面梁的参照点，其次根据命令行的提示分别设置梁左侧、
梁右侧、梁底边到参照点的距离，即可完成剖断梁的绘制。

"加剖断梁"命令的调用方法如下：

1）按〈Ctrl+O〉组合键，打开配套光盘提供的"第 12 章/12.2.4 加剖断梁.dwg"素材
文件，如图 12-29 所示。

2）输入"JPDL"命令并按〈Enter〉键，命令行的提示如下：

```
命令: JPDL↙
请输入剖面梁的参照点 <退出>:            //如图 12-30 所示
梁左侧到参照点的距离 <100>: 0          //如图 12-31 所示
梁右侧到参照点的距离 <100>: 400        //如图 12-32 所示
梁底边到参照点的距离 <300>: 650        //如图 12-33 所示
```

图 12-28 绘制预制楼板

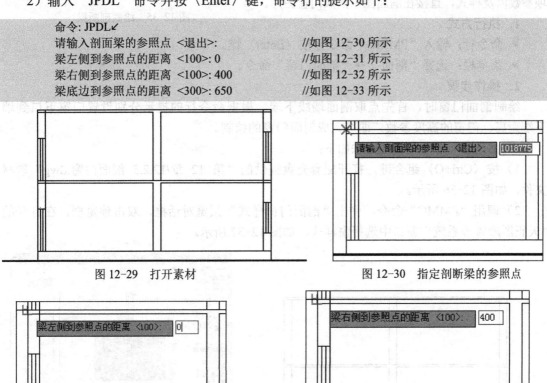

图 12-29 打开素材

图 12-30 指定剖断梁的参照点

图 12-31 指定梁左侧到参照点的距离

图 12-32 指定梁右侧到参照点的距离

3）绘制剖断梁的结果如图 12-34 所示。

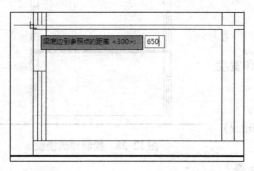

图 12-33　指定梁底边到参照点的距离

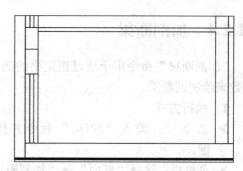

图 12-34　绘制结果

4）重复上述操作，继续绘制剖断梁图形，结果如图 12-35 所示。

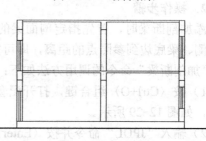

图 12-35　绘制剖断梁

12.2.5　剖面门窗

"剖面门窗"命令用于通过指定剖面门窗的各项参数以及样式，直接在剖面图中插入门窗图形。

1. 执行方式

➢ 命令行：输入"PMMC"命令并按〈Enter〉键。

➢ 菜单栏：选择"剖面"→"剖面门窗"命令。

2. 操作步骤

绘制剖面门窗时，首先点取剖面墙线下端，根据命令行的提示分别设置门窗下口到墙下端距离、门窗的高度参数，即可完成剖面门窗的绘制。

"剖面门窗"命令的调用方法如下：

1）按〈Ctrl+O〉组合键，打开配套光盘提供的"第 12 章/12.2.5 剖面门窗.dwg"素材文件，如图 12-36 所示。

2）调用"PMMC"命令，弹出"剖面门窗样式"预览对话框，双击预览框，在打开的"天正图库管理系统"窗口中选择窗样式，如图 12-37 所示。

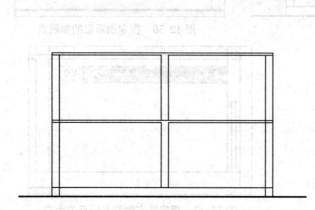

图 12-36　打开素材

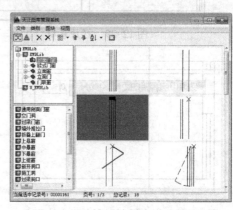

图 12-37　选择窗样式

3）双击返回"剖面门窗样式"预览对话框，所选择的窗样式如图 12-38 所示。

4）此时命令行的提示如下：

命令: PMMC↙
请点取剖面墙线下端或 [选择剖面门窗样式(S)/替换剖面门窗(R)/改窗台高(E)/改窗高(H)]<退出>:
//如图 12-39 所示
门窗下口到墙下端距离<900>:900
门窗的高度<1500>:2000   //分别指定各距离参数

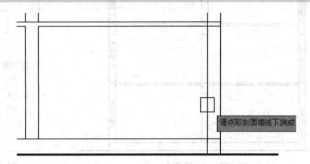

图 12-38 "剖面门窗样式"预览框   图 12-39   点取剖面墙线下端

5）绘制剖面窗的结果如图 12-40 所示。

6）按〈Enter〉键重复调用"PMMC"命令，为建筑剖面图绘制剖面窗的结果如图 12-41 所示。

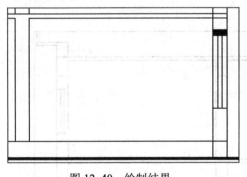

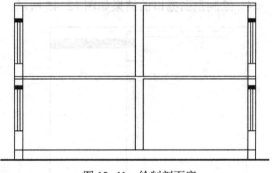

图 12-40   绘制结果   图 12-41   绘制剖面窗

12.2.6 剖面檐口

"剖面檐口"命令可用于在指定的点上绘制檐口图形。

1．执行方式

➢ 命令行：输入"PMYK"命令并按〈Enter〉键。

➢ 菜单栏：选择"剖面"→"剖面檐口"命令。

2．操作步骤

绘制剖面檐口时，弹出"剖面檐口参数"对话框，在其中设置檐口类型和相应的尺寸、位置参数，单击"确定"按钮指定剖面檐口的插入点，即可完成剖面檐口的绘制。

"剖面檐口"命令的调用方法如下：

1）按〈Ctrl+O〉组合键，打开配套光盘提供的"第 12 章/12.2.6 剖面檐口.dwg"素材文件，如图 12-42 所示。

2）输入"PMYK"命令并按〈Enter〉键，系统弹出"剖面檐口参数"对话框，设置参数如图 12-43 所示。

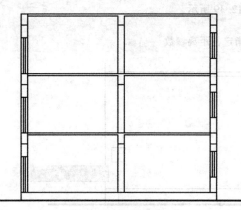

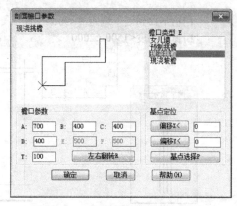

图 12-42　打开素材　　　　　　　　　　　图 12-43　"剖面檐口参数"对话框

3）此时命令行的提示如下：

命令: PMYK↙
请给出剖面檐口的插入点 <退出>:　　　　　　　　　//如图 12-44 所示

4）绘制剖面檐口的结果如图 12-45 所示。

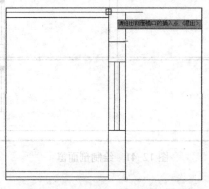

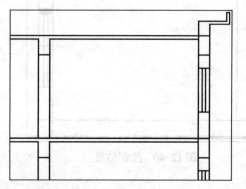

图 12-44　指定剖面檐口的插入点　　　　　　　图 12-45　绘制结果

5）重复上述操作，绘制另一侧的檐口图形，结果如图 12-46 所示。

提示："剖面檐口参数"对话框中主要选项的含义如下。

➢ "檐口类型 E"选项组。该选项组用于设置当前檐口的形式，有"女儿墙""预制挑檐""现浇挑檐"和"现浇坡檐"四种类型可供选择。

➢ "檐口参数"选项组。该选项组用于确定檐口的尺寸及相对位置。各参数的意义参见示意图。单击"左右翻转 R"按钮可使檐口整体翻转。

➢ "基点定位"选项组。该选项组用于选择屋顶的基点

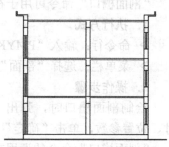

图 12-46　绘制剖面檐口

与屋顶的角点的相对位置，其中包括"偏移 X<""偏移 Y<"和"基点选择 P"三个
按钮。

12.2.7　门窗过梁

"门窗过梁"命令用于在剖面门窗上方画出给定梁高的矩形过梁剖面，并且带有灰度填充。

1．执行方式

➤ 命令行：输入"MCGL"命令并按〈Enter〉键。

➤ 菜单栏：选择"剖面"→"门窗过梁"命令。

2．操作步骤

调用"门窗过梁"命令，选择剖面门窗后，根据命令行的提示设置梁高，按〈Enter〉
键，即可完成过梁的绘制。

"门窗过梁"命令的调用方法如下：

1）按〈Ctrl+O〉组合键，打开配套光盘提供的"第 12 章/12.2.7 门窗过梁.dwg"素材
文件，如图 12-47 所示。

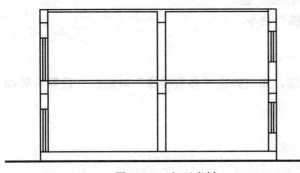

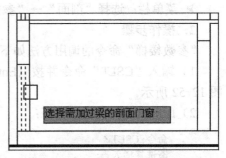

选择需加过梁的剖面门窗

图 12-47　打开素材　　　　　　　　　　图 12-48　选择需加过梁的剖面门窗

2）输入"MCGL"命令并按〈Enter〉键，命令行的提示如下：

```
命令: MCGL↙
选择需加过梁的剖面门窗:找到 1 个          //如图 12-48 所示
输入梁高<120>:150                        //如图 12-49 所示
```

3）过梁的绘制结果如图 12-50 所示。

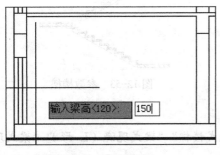

输入梁高<120>: 150

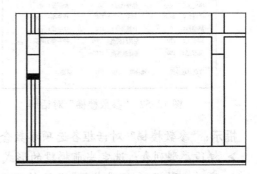

图 12-49　指定梁高　　　　　　　　　　　　图 12-50　绘制结果

4）重复上述操作，继续绘制门窗过梁，结果如图 12-51 所示。

12.3 剖面楼梯与栏杆

绘制剖面楼梯及其构件的命令有"参数楼梯""参数栏杆"等。调用这些命令，通过自定义参数和图形样式来绘制楼梯或栏杆图形。

本节介绍剖面楼梯与栏杆等图形的绘制方法。

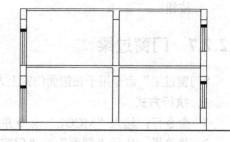

图 12-51　绘制门窗过梁

12.3.1 参数楼梯

"参数楼梯"命令用于在剖面图中插入单端或整段楼梯剖面，可从平面楼梯获取梯段参数。本命令一次可以绘制超过一跑的双跑 U 形楼梯，条件是各跑步数相同，而且之间对齐（没有错步）。

1. 执行方式

➤ 命令行：输入"CSLT"命令并按〈Enter〉键。

➤ 菜单栏：选择"剖面"→"参数楼梯"命令。

2. 操作步骤

"参数楼梯"命令的调用方法如下：

1）输入"CSLT"命令并按〈Enter〉键，系统弹出"参数楼梯"对话框，设置参数如图 12-52 所示。

2）此时命令行的提示如下：

命令: CSLT↙
请选择插入点:

3）单击指定插入点，创建参数楼梯的结果如图 12-53 所示。

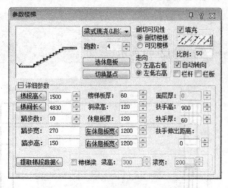

图 12-52　"参数楼梯"对话框

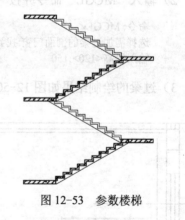

图 12-53　参数楼梯

提示： "参数楼梯"对话框各选项参数含义如下。

➤ **梯段类型列表：** 选定当前梯段的形式，有"板式楼梯""梁式现浇（L 形）""梁式现浇（△形）"和"梁式预制" 4 种可选。

➤ **"跑数"数值框。** 默认跑数为 1，在无模式对话框下可以连续绘制，此时各跑之间不能自动遮挡；当跑数大于 2 时，各跑之间按剖切与可见关系自动遮挡。

➢ "剖切可见性"选项组。该选项组用以选择画出的梯段是剖切楼梯还是可见楼梯（以图层 S_STAIR 或 S_E_STAIR 表示，颜色也有区别）。

➢ "自动转向"复选框。在每次绘制单跑楼梯后，若勾选此复选框，则楼梯走向会自动更换，便于绘制多层的双跑楼梯。

➢ "选休息板"按钮。单击该按钮，可确定是否绘出左右两侧的休息板——全有、全无、左有和右有。

➢ "切换基点"按钮。确定基点（绿色×）在楼梯上的位置，在左右平台板端部切换。

➢ "填充"选项组。以颜色填充剖切部分的梯段和休息平台区域，可见部分不填充。

➢ "面层厚"数值框。可在其中设置当前梯段的装饰面层厚度。

➢ "扶手高"数值框。可在其中设置当前梯段的扶手（栏板）高。

➢ "扶手厚"数值框。可在其中设置当前梯段的扶手厚。

➢ "提取楼梯数据"按钮。单击该按钮，可从平面楼梯对象提取梯段数据，若为双跑楼梯，则只提取第一跑数据。

➢ "斜梁高"数值框。选梁式楼梯后出现此参数，其数值应大于楼梯板厚。

12.3.2 参数栏杆

"参数栏杆"命令用于通过设置栏杆的样式和参数来创建参数栏杆。

1. 执行方式

➢ 命令行：输入"CSLG"命令并按〈Enter〉键。

➢ 菜单栏：选择"剖面"→"参数栏杆"命令。

2. 操作步骤

"参数栏杆"命令的调用方法如下：

1）按〈Ctrl+O〉组合键，打开配套光盘提供的"第 12 章/12.3.2 参数栏杆.dwg"素材文件，如图 12-54 所示。

2）输入"CSLG"命令并按〈Enter〉键，系统弹出"剖面楼梯栏杆参数"对话框，设置参数如图 12-55 所示。

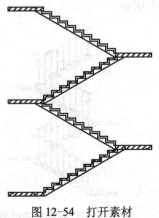

图 12-54 打开素材

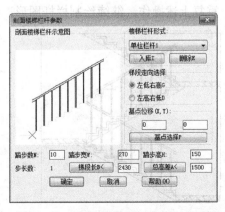

图 12-55 "剖面楼梯栏杆参数"对话框

3）单击"确定"按钮，关闭对话框，此时命令行的提示如下：

命令: CSLG↙
请给出剖面楼梯栏杆的插入点 <退出>:   //如图 12-56 所示

4）绘制栏杆图形的结果如图 12-57 所示。

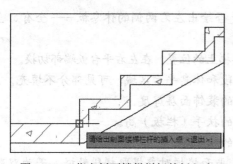

图 12-56　指定剖面楼梯栏杆的插入点

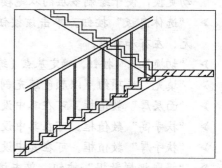

图 12-57　绘制栏杆

5）重复调用"CSLG"命令，在弹出的"剖面楼梯栏杆参数"对话框中修改参数，如图 12-58 所示。

6）单击"确定"按钮，关闭对话框，点取插入点如图 12-59 所示。

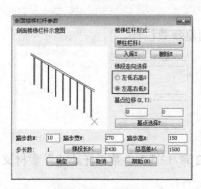

图 12-58　修改参数

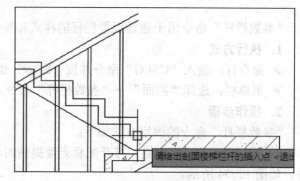

图 12-59　点取插入点

7）绘制栏杆图形的结果如图 12-60 所示。

8）重复上述操作，继续绘制栏杆图形，结果如图 12-61 所示。

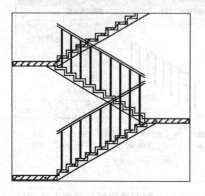

图 12-60　绘制结果

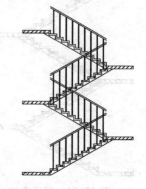

图 12-61　绘制栏杆的结果

提示："剖面楼梯栏杆参数"对话框中主要选项的含义如下。

➤ 栏杆"楼梯形式"下拉列表框。其中列出了已有的栏杆形式。

➤ "入库 I"按钮。单击该按钮，可扩充栏杆库。

➤ "删除 E"按钮。单击该按钮，可删除栏杆库中由用户添加的某一栏杆形式。

➤ "步长数"。步长数是指栏杆基本单元所跨越楼梯的踏步数。

➤ "梯段长 B"按钮。梯段长指梯段始末点的水平长度，通过给出梯段两个端点给出。

➤ "总高差 A"按钮。总高差指梯段始末点的垂直高度，通过给出梯段两个端点给出。

➤ "基点选择 P"。单击该按钮，可从图形中按预定位置切换基点。

12.3.3 扶手接头

"扶手接头"命令可与"剖面楼梯""参数栏杆""楼梯栏杆""楼梯栏板"等命令配合使用，对楼梯扶手和楼梯栏板的接头进行倒角与水平连接处理。水平伸出长度可以由用户输入。

1. 执行方式

➤ 命令行：输入"FSJT"命令并按〈Enter〉键。

➤ 菜单栏：选择"剖面"→"扶手接头"命令。

2. 操作步骤

"扶手接头"命令的调用方法如下：

1）按〈Ctrl+O〉组合键，打开配套光盘提供的"第 12 章/12.3.3 扶手接头.dwg"素材文件，如图 12-62 所示。

2）输入"FSJT"命令并按〈Enter〉键，命令行的提示如下：

```
命令: FSJT↵
请输入扶手伸出距离<0>:120                                    //如图 12-63 所示
请选择是否增加栏杆[增加栏杆(Y)/不增加栏杆(N)]<增加栏杆(Y)>: Y      //如图 12-64 所示
请指定两点来确定需要连接的一对扶手! 选择第一个角点<取消>:          //如图 12-65 所示
另一个角点<取消>:                                           //如图 12-66 所示
```

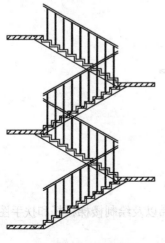

图 12-62　扶手接头

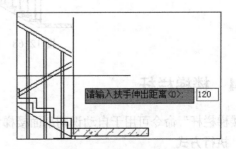

图 12-63　指定扶手伸出距离

图 12-64　选择"增加栏杆(Y)"选项

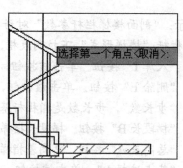

图 12-65　指定第一个角点

3）绘制扶手连接的结果如图 12-67 所示。

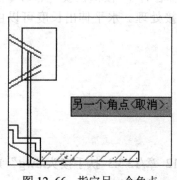

图 12-66　指定另一个角点

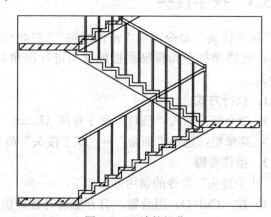

图 12-67　连接操作

4）重复上述操作，继续执行扶手接头操作，操作结果如图 12-68 所示。

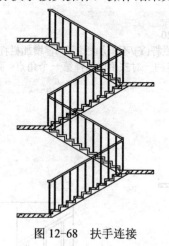

图 12-68　扶手连接

12.3.4　楼梯栏杆

"楼梯栏杆"命令可用于自动识别剖面楼梯和可见楼梯以及绘制楼梯栏杆和扶手图形。

1. 执行方式

➢ 命令行：输入"LTLG"命令并按〈Enter〉键。

➤ 菜单栏：选择"剖面"→"楼梯栏杆"命令。

2. 操作步骤

绘制楼梯栏杆时，根据命令行的提示设置栏杆的高度，分别指定栏杆的起点和终点，即可完成绘制楼梯栏杆的操作。

"楼梯栏杆"命令的调用方法如下：

1）按〈Ctrl+O〉组合键，打开配套光盘提供的"第 12 章/12.3.4 楼梯栏杆.dwg"素材文件，如图 12-69 所示。

2）输入"LTLG"命令并按〈Enter〉键，命令行的提示如下：

> 命令: LTLG↙
> 请输入楼梯扶手的高度 <1000>:1100
> 是否要打断遮挡线(Yes/No)? <Yes>: Y
> 再输入楼梯扶手的起始点 <退出>:　　　　　　　　//如图 12-70 所示
> 结束点 <退出>:　　　　　　　　　　　　　　　　//如图 12-71 所示

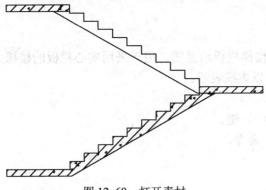

图 12-69　打开素材

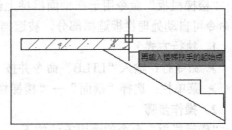

图 12-70　指定栏杆的起始点

3）栏杆的绘制结果如图 12-72 所示。

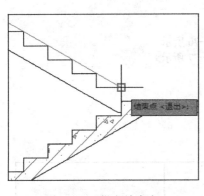

图 12-71　指定结束点

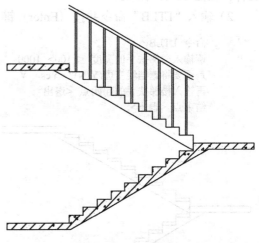

图 12-72　绘制结果

4）重复上述操作，继续绘制楼梯栏杆，结果如图 12-73 所示。

5）调用"FSJT"命令，对绘制完成的楼梯栏杆图形进行连接操作，结果如图 12-74 所示。

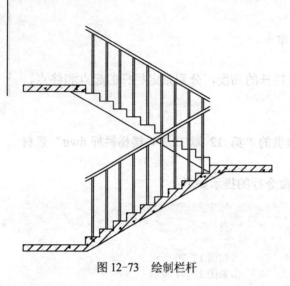

图 12-73 绘制栏杆

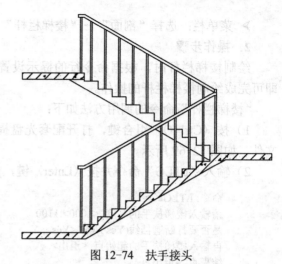

图 12-74 扶手接头

12.3.5 楼梯栏板

"楼梯栏板"命令用于在剖面楼梯上创建楼梯栏板示意图,用于采用实心栏板的楼梯。该命令可自动处理栏板遮挡部分,被遮挡部将以虚线表示。

1. 执行方式

➢ 命令行:输入"LTLB"命令并按〈Enter〉键。

➢ 菜单栏:选择"剖面"→"楼梯栏板"命令。

2. 操作步骤

"楼梯栏板"命令的调用方法如下:

1)按〈Ctrl+O〉组合键,打开配套光盘提供的"第 12 章/12.3.5 楼梯栏板.dwg"素材文件,如图 12-75 所示。

2)输入"LTLB"命令并按〈Enter〉键,命令行的提示如下:

```
命令: LTLB↙
请输入楼梯扶手的高度 <1100>: 1000
是否要将遮挡线变虚(Y/N)? <Yes>: Y
再输入楼梯扶手的起始点 <退出>:              //如图 12-76 所示
结束点 <退出>:                            //如图 12-77 所示
```

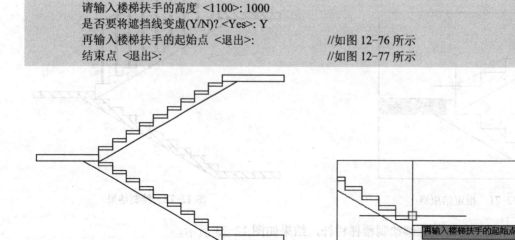

图 12-75 打开素材

再输入楼梯扶手的起始点 <退出>:

图 12-76 指定楼梯扶手的起始点

3）栏板的绘制结果如图 12-78 所示。

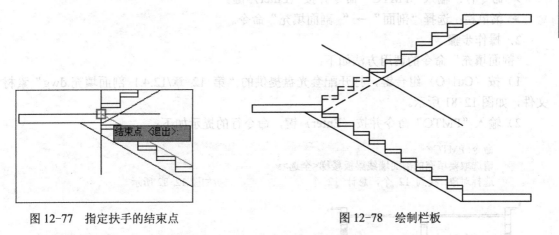

图 12-77　指定扶手的结束点　　　　　　　　图 12-78　绘制栏板

4）重复上述操作，绘制楼梯栏板，结果如图 12-79 所示。

5）调用 "FSJT" 命令，对绘制完成的楼梯栏板图形进行连接操作，结果如图 12-80 所示。

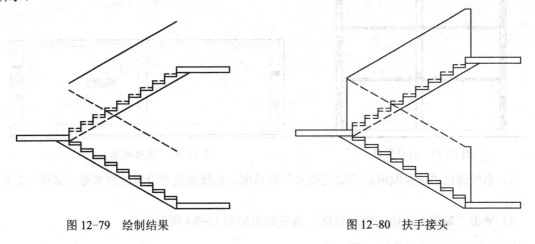

图 12-79　绘制结果　　　　　　　　　　　　图 12-80　扶手接头

12.4　剖面填充与加粗

对剖面图形执行图案填充或者加粗操作，可使之与其他图形区分开来。T20 天正建筑软件提供了绘制剖面填充和加粗的命令，如 "剖面填充" "居中加粗" "向内加粗" 等。

本节介绍这些命令的调用方法。

12.4.1　剖面填充

"剖面填充" 命令用于在剖面墙线与楼梯按指定的材料图例进行图案填充。与 AutoCAD 的图案填充使用条件不同的是，本命令不要求墙端封闭即可填充图案。

1. 执行方式

➤ 命令行：输入"PMTC"命令并按〈Enter〉键。

➤ 菜单栏：选择"剖面"→"剖面填充"命令。

2. 操作步骤

"剖面填充"命令的调用方法如下：

1）按〈Ctrl+O〉组合键，打开配套光盘提供的"第 12 章/12.4.1 剖面填充.dwg"素材文件，如图 12-81 所示。

2）输入"PMTC"命令并按〈Enter〉键，命令行的提示如下：

命令: PMTC↙
请选取要填充的剖面墙线梁板楼梯<全选>:
选择对象: 找到 12 个，总计 12 个   //如图 12-82 所示

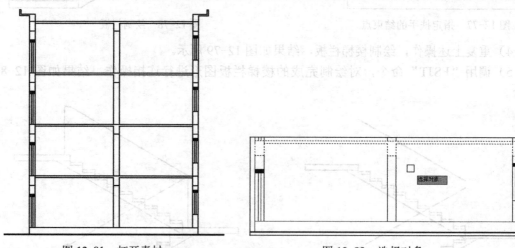

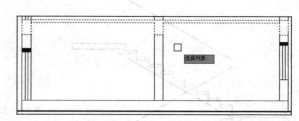

图 12-81 打开素材   图 12-82 选择对象

3）系统弹出"请点取所需的填充图案"对话框，选择图案和设置比例参数，如图 12-83 所示。

4）单击"确定"按钮关闭对话框，填充结果如图 12-84 所示。

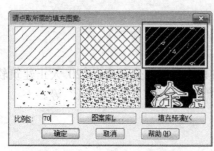

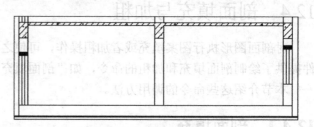

图 12-83 "请点取所需的填充图案"对话框   图 12-84 填充结果

5）重复上述操作，继续对剖面图执行填充操作，结果如图 12-85 所示。

12.4.2 居中加粗

"居中加粗"命令可用于对剖面墙线执行居中加粗操作。

1. 执行方式

➢ 命令行：输入"JZJC"命令并按〈Enter〉键。

➢ 菜单栏：选择"剖面"→"居中加粗"命令。

2. 操作步骤

"居中加粗"命令的调用方法如下：

1）按〈Ctrl+O〉组合键，打开配套光盘提供的"第12 章/12.4.2 居中加粗.dwg"素材文件，如图 12-86 所示。

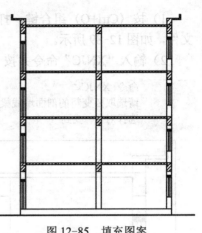

图 12-85　填充图案

2）输入"JZJC"命令并按〈Enter〉键，命令行的提示如下：

```
命令: JZJC↙
请选取要变粗的剖面墙线梁板楼梯线(向两侧加粗) <全选>:
选择对象: 指定对角点: 找到 2 个                    //如图 12-87 所示
```

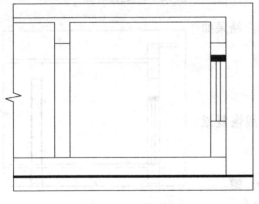

图 12-86　打开素材

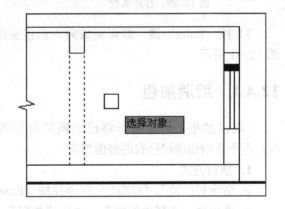

图 12-87　选择对象

3）按〈Enter〉键即可完成居中加粗操作，结果如图 12-88 所示。

12.4.3 向内加粗

"向内加粗"命令用于将剖面墙线向墙内侧加粗，能做到窗墙平齐的出图效果。

1. 执行方式

➢ 命令行：输入"XNJC"命令并按〈Enter〉键。

➢ 菜单栏：选择"剖面"→"向内加粗"命令。

2. 操作步骤

"向内加粗"命令的调用方法如下：

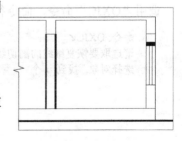

图 12-88　居中加粗

1）按〈Ctrl+O〉组合键，打开配套光盘提供的"第 12 章/12.4.3 向内加粗.dwg"素材文件，如图 12-89 所示。

2）输入"XNJC"命令并按〈Enter〉键，命令行的提示如下：

```
命令: XNJC↵
请选取要变粗的剖面墙线梁板楼梯线(向内侧加粗) <全选>:
选择对象: 找到 1 个              //如图 12-90 所示
```

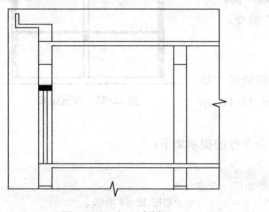

图 12-89　打开素材

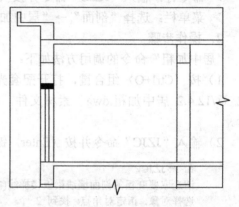

图 12-90　选择对象

3）按〈Enter〉键，即可完成向内加粗操作，结果如图 12-91 所示。

12.4.4　取消加粗

"取消加粗"命令用于将已加粗的剖面墙线恢复原状，但不影响该墙线已有的剖面填充。

1. 执行方式

➢ 命令行：输入"QXJC"命令并按〈Enter〉键。

➢ 菜单栏：选择"剖面"→"取消加粗"命令。

2. 操作步骤

调用"QXJC"命令，命令行的提示如下：

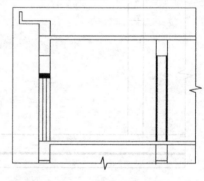

图 12-91　向内加粗

```
命令: QXJC↵
请选取要恢复细线的剖切线 <全选>:
选择对象: 找到 1 个      //选择线段按〈Enter〉键，可完成取消加粗操作
```

第 13 章   别墅设计综合实例

别墅是居住建筑中的一个类型，这种类型的居住建筑享有独立的庭院。用户可在庭院内部按照自己的喜好来安排绿化种植。联排别墅的外观是一致的，但用户可以根据自己所喜爱的风格来对房屋内部进行设计改造。独栋别墅的外观设计和内部装饰都可以有其自身的风格。

本章以某独栋别墅的建筑设计为例，介绍别墅建筑设计图纸的绘制方法。

13.1   绘制别墅一层平面图

别墅的一层是别墅与地面相连接的部分，一般不设置卧室，有时可以设置工人房或者客房，但一般作为储存或休闲娱乐、会客访友的场所。

此外，别墅一般配备车库。有些别墅视面积的大小还设置了两个车库或者室外停车坪等。所以，在绘制别墅的一层平面图时，设计者需要把车库这一重要区域也表现出来。

13.1.1   绘制轴网

轴网用来确定墙体的位置。调用"绘制轴网"命令，可以轻松地绘制轴网。本节介绍轴网图形的绘制。

1）调用"绘制轴网"命令，在对话框中单击"上开"单选按钮，设置上开参数（1400、3300、668、2932、3600、600），如图 13-1 所示。

2）单击"左进"单选按钮，设置左进参数（1200、1500、2100、1400、1300、4300、1700），如图 13-2 所示。

3）点取插入点，创建轴网的结果如图 13-3 所示。

图 13-1   设置上开参数　　　图 13-2   设置左进参数　　　　　　图 13-3   创建轴网

13.1.2 轴网标注

绘制轴网后，需要为轴网添加尺寸标注和轴号标注，以便为平面图、立面图、剖面图等图形的绘制提供参考依据。

1）调用"轴网标注"命令，在对话框中设置参数，如图13-4所示。

2）分别指定起始轴线（左侧）和终止轴线（右侧），在命令行提示"请选择不需要标注的轴线"时按〈Enter〉键，添加上、下开轴网标注，结果如图13-5所示。

3）按〈Enter〉键，重新弹出对话框，并修改起始轴号参数，如图13-6所示。

4）根据命令行的提示，添加左、右进轴网标注如图13-7所示。

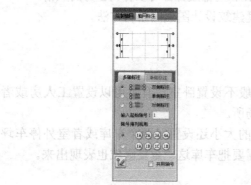

图 13-4　设置起始轴号

图 13-5　绘制上、下开轴网标注

图 13-6　修改起始轴号参数

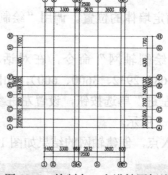

图 13-7　绘制左、右进轴网标注

5）沿用前面章节所介绍的轴号编辑方法，对上开和下开的轴号执行编辑修改，结果如图13-8所示。

13.1.3 绘制墙体

墙体可以在轴网的基础上绘制，通过调用"绘制墙体"命令，分别设置墙宽、墙高等参数，在轴网上分别指定起点和终点，即可完成墙体的绘制。

1）调用"直线"命令，绘制直线，如图13-9所示。

2）调用"偏移"命令，偏移轴线，结果如图13-10所示。

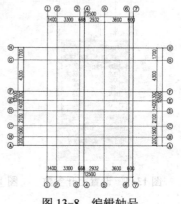

图 13-8　编辑轴号

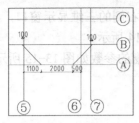
图 13-9　绘制直线

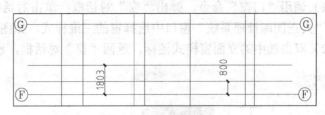
图 13-10　偏移轴线

3）调用"修剪"命令，修剪轴网的结果如图 13-11 所示。

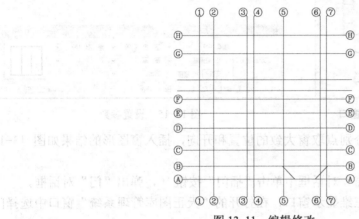
图 13-11　编辑修改

4）调用"绘制墙体"命令，在弹出的对话框中设置墙体的参数，如图 13-12 所示。

5）根据命令行的提示，分别指定墙体的起点和终点，绘制墙体的结果如图 13-13 所示。

图 13-12　设置墙体参数

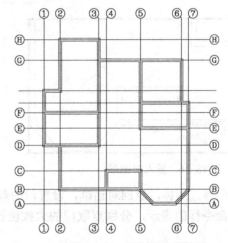
图 13-13　绘制墙体的结果

13.1.4　绘制门窗

绘制墙体后，可在墙体的基础上绘制门窗图形。调用"门窗"命令，在弹出的"窗"对话框中设置门窗的编号以及宽度、高度等参数来创建门窗图形。

1）调用"门窗"命令，弹出"窗"对话框；单击对话框中右侧的三维显示窗口，在打开的"天正图库管理系统"窗口中选择窗的三维样式，如图 13-14 所示。

2）双击选中的立面窗样式图标，返回"窗"对话框，设置窗的参数如图 13-15 所示。

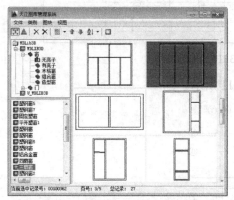

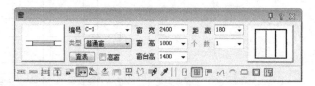

图 13-14 "天正图库管理系统"窗口　　　　　　图 13-15 设置参数

3）根据命令行的提示，分别点取窗大致的位置和开向，插入窗图形的结果如图 13-16 所示。

4）按〈Enter〉键，在"窗"对话框中单击"插门"按钮□，弹出"门"对话框。

5）双击对话框中右侧的三维显示窗口，在打开的"天正图库管理系统"窗口中选择门的立面样式，如图 13-17 所示。

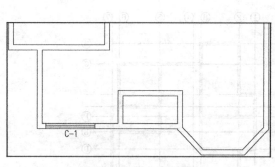

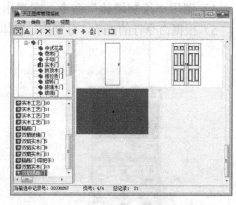

图 13-16 插入窗图形　　　　　　图 13-17 选择样式

6）双击门样式图标，返回对话框，设置门的参数如图 13-18 所示。

7）根据命令行的提示，分别点取门的大致位置和开向，插入门图形，结果如图 13-19 所示。

8）在"门"对话框中单击"插矩形洞"按钮□，在弹出的"矩形洞"对话框中设置洞口参数，如图 13-20 所示。

9）根据命令行的提示，点取矩形洞的位置，插入矩形洞的结果如图 13-21 所示。

10）在"门"对话框中单击"插门"按钮□，接着单击对话框左侧的二维窗口，在打开的"天正图库管理系统"窗口中选择卷帘门的平面样式，如图 13-22 所示。

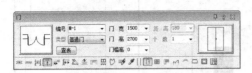

图 13-18　设置参数

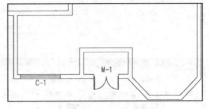

图 13-19　插入门图形

图 13-20　设置参数

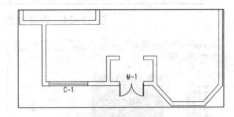

图 13-21　插入矩形洞

11）双击平面样式图标，返回"门"对话框；单击右侧的三维显示窗口，在打开的"天正图库管理系统"窗口中选择卷帘门的立面样式，如图 13-23 所示。

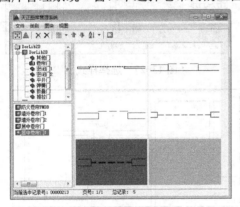

图 13-22　选择平面样式

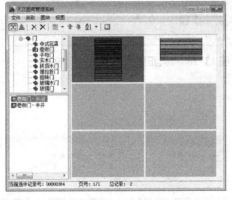

图 13-23　选择立面样式

12）双击立面样式图标，返回"门"对话框，设置卷帘门的参数，如图 13-24 所示。

13）根据命令行的提示，分别点取门的大致的位置和开向，插入卷帘门的结果如图 13-25 所示。

14）在"门"对话框中单击左侧的二维显示窗口，在打开的"天正图库管理系统"对话框中选择单扇平开门的平面样式，结果如图 13-26 所示。

15）双击平面样式图标，返回"门"对话框；单击对话框右侧的三维显示窗口，在打开的"天正图库管理系统"窗口中选择单扇平开门的立面样式，结果如图 13-27 所示。

16）双击立面样式图标，返回"门"对话框，设置参数，如图 13-28 所示。

17）根据命令行的提示，分别点取门的大致的位置和开向，插入平开门的结果如图 13-29 所示。

18）继续在"门"/"窗"对话框中设置门窗参数，继续为别墅的一层平面图绘制门窗图形，结果如图 13-30 所示。

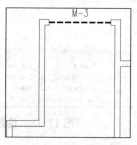

图 13-24　设置参数　　　　　　　　图 13-25　插入卷帘门

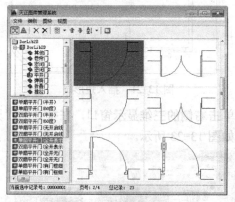
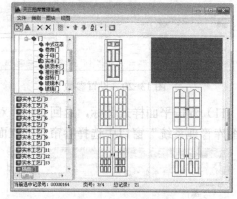

图 13-26　"天正图库管理系统"窗口　　　　　图 13-27　选择样式

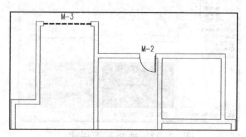

图 13-28　"门"对话框　　　　　　　图 13-29　插入平开门

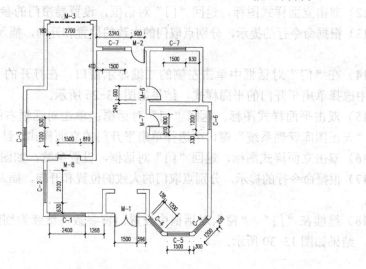

图 13-30　绘制结果

13.1.5　绘制楼梯

楼梯可以连接上下楼层，是重要的建筑构件之一。调用"双跑楼梯"命令，通过设置楼梯的梯间、梯段等参数来绘制楼梯图形。

1）调用"双跑楼梯"命令，在弹出的"双跑楼梯"对话框中设置参数，如图 13-31 所示。

2）单击指定楼梯的插入点，插入楼梯的结果如图 13-32 所示。

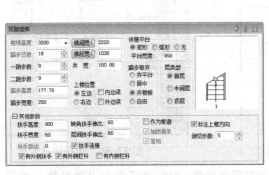

图 13-31　"双跑楼梯"对话框　　　　　　图 13-32　插入楼梯

13.1.6　布置洁具

调用"布置洁具"命令，通过分别指定洁具的种类和插入参数，来为指定的区域布置洁具。

1）调用"布置洁具"命令，在打开的"天正洁具"窗口中选择洗脸盆图形，如图 13-33 所示。

2）双击洗脸盆样式图标，在弹出的"布置台上式洗脸盆 1"对话框中设置参数，结果如图 13-34 所示。

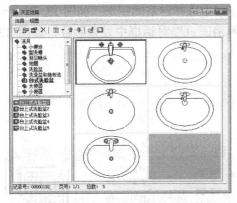

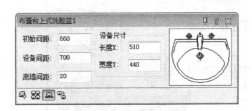

图 13-33　"天正洁具"对话框　　　　　　图 13-34　设置参数

3）此时，命令行的提示如下：

命令：BZJJ↙

```
请选择沿墙边线 <退出>:
插入第一个洁具[插入基点(B)] <退出>:                //指定洁具的插入点
下一个 <结束>:                                 //单击鼠标右键
台面宽度<600>:550
台面长度<1100>:1320                          //插入洁具的结果如图 13-35 所示
```

4）按〈Enter〉键，在打开的"天正洁具"窗口中选择坐便器图形，如图 13-36 所示。

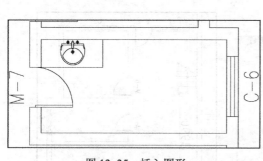

图 13-35　插入图形

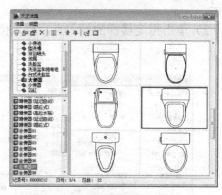

图 13-36　选择洁具图形

5）双击坐便器样式图标，在弹出的"布置坐便器 07"对话框中设置参数，如图 13-37 所示。

6）指定沿墙边线来点取洁具的插入点，插入洁具图形的结果如图 13-38 所示。

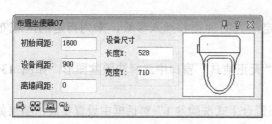

图 13-37　设置参数

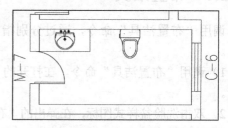

图 13-38　插入洁具图形

7）按〈Enter〉键，在打开的"天正洁具"窗口中选择淋浴间图形，如图 13-39 所示。

8）双击淋浴间样式图标，在弹出的"布置淋浴间 1"对话框中设置参数，如图 13-40 所示。

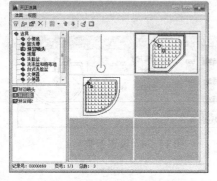

图 13-39　选择淋浴间图形

图 13-40　设置参数

9) 在命令行中输入 A，调整淋浴间图形的角度，点取插入点，插入淋浴间图形的结果如图 13-41 所示。

10) 绘制橱柜。调用"多段线"命令，绘制橱柜的轮廓线，结果如图 13-42 所示。

11) 调用"布置洁具"命令，在打开的"天正洁具"对话框中选择洗涤盆图形，结果如图 13-43 所示。

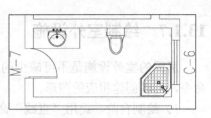

图 13-41　插入淋浴间图形

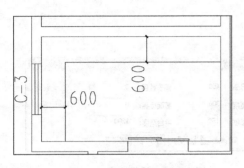

图 13-42　绘制多段线

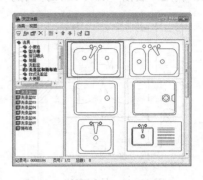

图 13-43　选择洗涤盆图形

12) 双击洗涤盆样式图标，在弹出的"布置洗涤盆 01"对话框中设置参数，如图 13-44 所示。

13) 在命令行中输入 A，调整洗涤盆图形的角度，点取插入点，插入洗涤盆图形的结果如图 13-45 所示。

图 13-44　设置参数

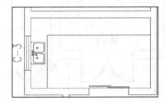

图 13-45　插入洗涤盆图形

14) 按〈Ctrl+O〉组合键，打开配套光盘提供的"第 13 章/图块图例.dwg"文件，将"煤气灶"图块复制粘贴至当前平面图中，结果如图 13-46 所示。

15) 插入洁具图形后，别墅一层平面图如图 13-47 所示。

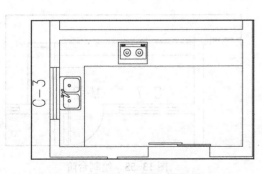

图 13-46　调入煤气灶

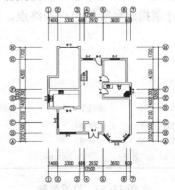

图 13-47　绘制结果

13.1.7 绘制室外设施

房屋的室外设施是不可缺少的生活配套，比如台阶、坡道等；调用"台阶""坡道"等命令，可以创建相应的图形。

1）绘制台阶。调用"直线"命令，绘制直线，结果如图 13-48 所示。

2）调用"台阶"命令，在弹出的"台阶"对话框中设置参数，如图 13-49 所示。

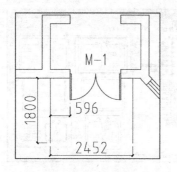

图 13-48　绘制直线

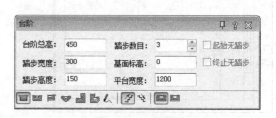

图 13-49　设置参数

3）根据命令行的提示，分别指定台阶的起点和终点，绘制台阶的结果如图 13-50 所示。

4）绘制花坛。调用"矩形"命令，绘制尺寸为 1500mm×700mm 矩形；调用"偏移"命令，设置偏移距离为 100mm，向内偏移矩形，结果如图 13-51 所示。

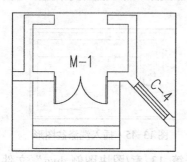

图 13-50　绘制台阶

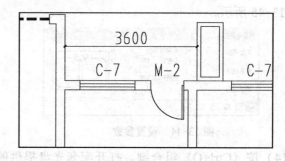

图 13-51　绘制花坛

5）调用"台阶"命令，在弹出的"台阶"对话框中设置参数，如图 13-52 所示。

6）分别指定台阶的起点和终点，绘制台阶图形，结果如图 13-53 所示。

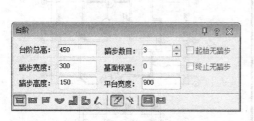

图 13-52　设置参数

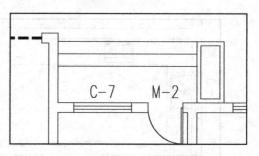

图 13-53　绘制台阶

7）调用"坡道"命令，在弹出的"坡道"对话框中设置参数，如图 13-54 所示。

8）在命令行中输入 A，翻转图形的角度；在绘图区中指定图形的插入点，绘制坡道图形，结果如图 13-55 所示。

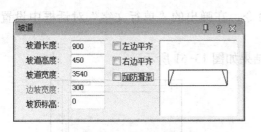

图 13-54 "坡道"对话框

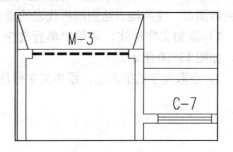

图 13-55 绘制坡道

9）绘制栏杆。调用"直线"命令及"偏移"命令，绘制并偏移直线；调用"修剪"命令，修剪直线，结果如图 13-56 所示。

10）调用"圆形"命令，绘制半径为 120mm 的圆形；调用"直线"命令，绘制直线，结果如图 13-57 所示。

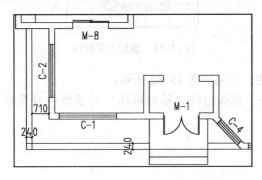

图 13-56 绘制直线

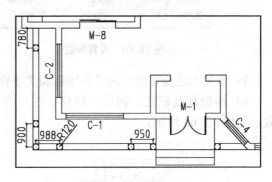

图 13-57 绘制结果

11）调用"圆形"命令，绘制半径为 60mm 的圆形，结果如图 13-58 所示。

12）室外设施绘制完成后，别墅一层平面图如图 13-59 所示。

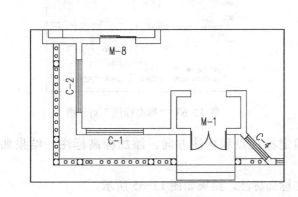

图 13-58 绘制圆形

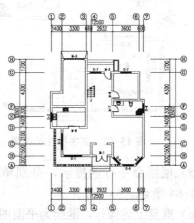

图 13-59 绘制结果

13.1.8 添加符号标注

对于绘制完成的平面图，设计者还需要为其添加文字标注、标高标注以及图名标注，以完善图形、完整地表达图形所代表的意义。

1）添加文字标注。调用"单行文字"命令，在弹出的"单行文字"对话框中设置参数，如图 13-60 所示。

2）点取文字的插入点，添加文字标注，结果如图 13-61 所示。

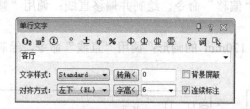

图 13-60　设置参数

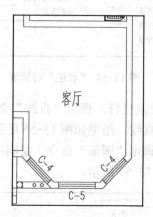

图 13-61　添加文字标注

3）重复上述操作继续为平面图添加文字标注，结果如图 13-62 所示。

4）添加标高标注。调用"标高标注"命令，在弹出的"标高标注"对话框中设置参数，如图 13-63 所示。

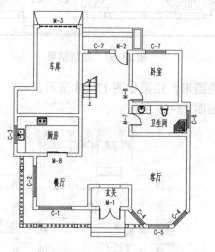

图 13-62　文字标注的结果

图 13-63　"标高标注"对话框

5）根据命令行的提示，分别单击指定标注点和标注方向，添加标高标注，结果如图 13-64 所示。

6）重复上述操作，继续为平面图添加标高标注，结果如图 13-65 所示。

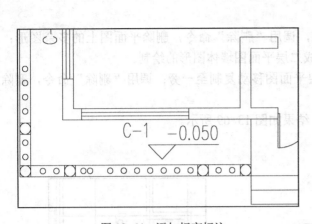

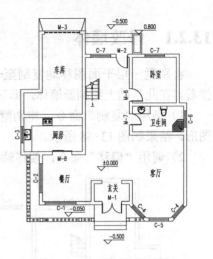

图 13-64　添加标高标注　　　　　　　　图 13-65　标高标注的结果

7）添加图名标注。调用"图名标注"命令，在弹出的"图名标注"对话框中设置参数，结果如图 13-66 所示。

8）点取插入位置，添加图名标注，结果如图 13-67 所示。

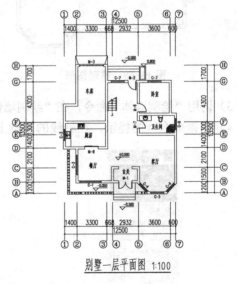

图 13-66　设置参数　　　　　　　　　　图 13-67　图名标注的结果

13.2　绘制别墅二层平面图

别墅二层平面图可以在一层平面图的基础上修改得到。别墅二层主要提供休息的场所，因此一般将主卧室、书房设置在该楼层；此外，还可以在该楼层设置家庭活动场所，作为家庭成员在一起娱乐的空间。

本节介绍别墅二层平面图的绘制方法。

13.2.1 修改墙体

将别墅一层平面图移动复制至一旁，调用"删除"命令，删除平面图上的多余图形；接着再在此基础上绘制新墙体，即可完成二层平面图墙体图形的绘制。

1）调用"复制"命令，将别墅一层平面图移动复制至一旁；调用"删除"命令，删除图形，结果如图 13-68 所示。

2）调用"偏移"命令，偏移轴线，结果如图 13-69 所示。

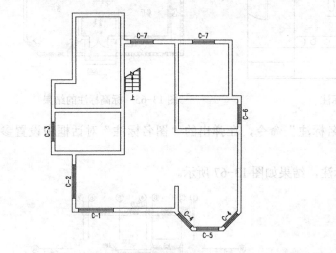

图 13-68　整理图形

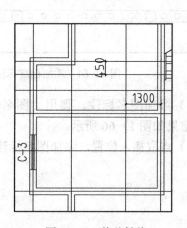

图 13-69　偏移轴线

3）调用"绘制墙体"命令，在"绘制墙体"对话框中设置参数，结果如图 13-70 所示。

4）根据命令行的提示，在轴线的基础上绘制墙体，结果如图 13-71 所示。

图 13-70　"绘制墙体"对话框

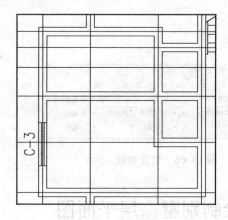

图 13-71　绘制墙体

5）调用"删除"命令，删除图形，结果如图 13-72 所示。

6）调用"偏移"命令，偏移轴线，结果如图 13-73 所示。

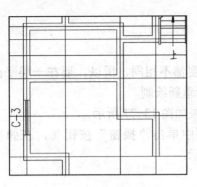

图 13-72　删除图形

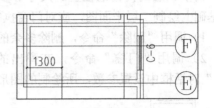

图 13-73　偏移轴线

7）调用"绘制墙体"命令，在弹出的"绘制墙体"对话框中设置墙体的高度参数为 3000mm，左宽参数为 120mm，右宽参数为 120mm，在上一小节中偏移得到的轴线的基础上绘制墙体，结果如图 13-74 所示。

8）调用"删除"命令，删除多余的墙体，结果如图 13-75 所示。

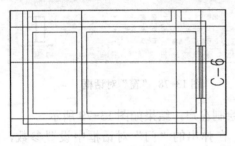

图 13-74　绘制墙体

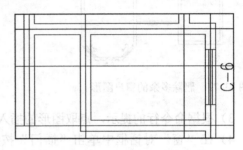

图 13-75　删除多余的墙体

9）重复调用"绘制墙体"命令，绘制新增墙体，结果如图 13-76 所示。

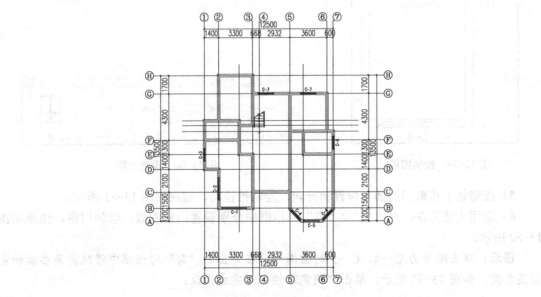

图 13-76　绘制结果

13.2.2　绘制门窗

别墅二层的门窗的位置、尺寸等参数与一层的门窗都不相同，所以，要在一层平面图的基础上绘制二层平面图，应对门窗执行修改操作或者重新绘制。

1）调用"删除"命令，删除多余的窗户图形，结果如图 13-77 所示。

2）调用"门窗"命令，在弹出的"门"对话框中单击"插窗"按钮▣，在弹出的"窗"对话框中设置参数，所绘制的图形如图 13-78 所示。

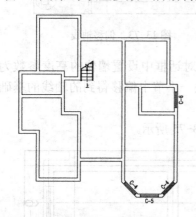

图 13-77　删除多余的窗户图形

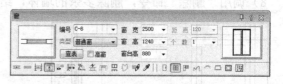

图 13-78　"窗"对话框

3）根据命令行的提示，点取图形的插入点，绘制窗户，结果如图 13-79 所示。

4）在"窗"对话框中单击"插门"按钮▯，在弹出的"门"对话框中设置参数，如图 13-80 所示。

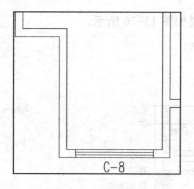

图 13-79　绘制图形

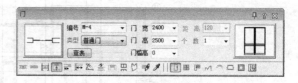

图 13-80　设置参数

5）在墙体上点取门的插入位置和开向，绘制推拉门，结果如图 13-81 所示。

6）沿用上述方法，在"门"/"窗"对话框中分别设置门窗参数，绘制门窗，结果如图 13-82 所示。

提示：双击编号为 C—4、C—5 的窗图形，在弹出的"窗"对话框中修改窗高参数和窗台高参数，如图 13-83 所示，单击"确定"按钮可完成修改。

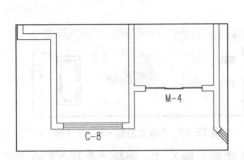

图 13-81　绘制推拉门的结果

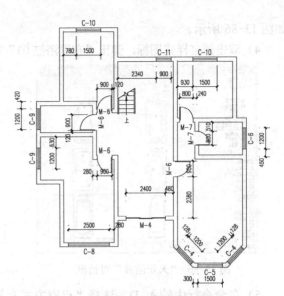

图 13-82　绘制门窗的结果

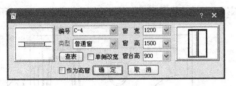

图 13-83　修改参数

13.2.3　修改楼梯以及布置洁具

二层楼梯的显示方式与一层有不同，因此在绘制二层平面图时，设计者需要更改楼梯的显示样式。布置洁具的方法与绘制一层平面图时相同，在此仅对该操作进行简单介绍。读者如有不明了的地方，可参见上一节介绍一层平面图绘制方法中布置洁具的具体操作。

1）修改楼梯的样式。双击楼梯弹出"双跑楼梯"对话框，在"层类型"选项组中单击"中间层"单选按钮，如图 13-84 所示。

2）单击"确定"按钮关闭对话框，修改楼梯样式，结果如图 13-85 所示。

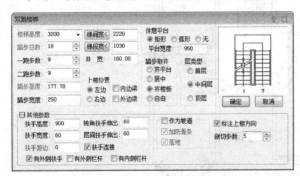

图 13-84　"双跑楼梯"对话框

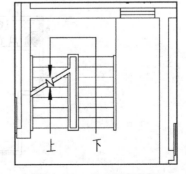

图 13-85　修改楼梯样式

3）布置洁具。调用"布置洁具"命令，在打开的"天正洁具"窗口中选择浴缸图形，如图 13-86 所示。

4）双击浴缸样式图标，弹出"布置浴缸 03"对话框，选择浴缸的尺寸，如图 13-87 所示。

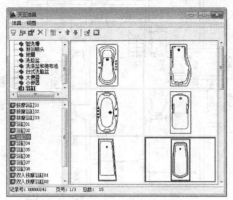

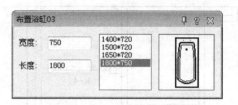

图 13-86 "天正洁具"对话框　　　　　　图 13-87 "布置浴缸 03"对话框

5）在命令行中输入 D，选择"点取方式布置"选项；输入 T，选择"改基点"选项；点取浴缸图形的右上角点为插入基点，插入浴缸图形，结果如图 13-88 所示。

6）重复调用"布置洁具"命令，继续绘制座便器和洗手盆图形，结果如图 13-89 所示。

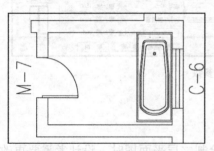

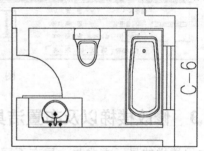

图 13-88 插入浴缸图形　　　　　　　　　图 13-89 绘制结果

7）为二层平面图绘制洁具图形的结果如图 13-90 所示。

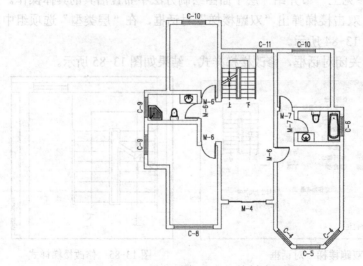

图 13-90 绘制洁具图形

13.2.4 绘制室外设施

在绘制二层平面图时，需要绘制局部雨棚以及二层家庭室的阳台栏杆图形。本节介绍局部雨棚以及阳台栏杆的绘制方法。

1）绘制雨棚轮廓线。调用"直线"命令，绘制直线，结果如图 13-91 所示。

2）调用"直线"命令、"偏移"命令，绘制并偏移直线，结果如图 13-92 所示。

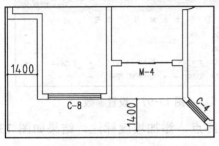

图 13-91 绘制直线

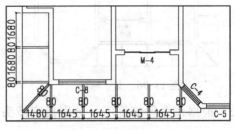

图 13-92 偏移直线 1

3）调用"偏移"命令，偏移直线，结果如图 13-93 所示。

4）调用"圆形"命令，绘制半径为 70mm 的圆形；调用"复制"命令，复制圆形，结果如图 13-94 所示。

5）局部雨棚以及阳台栏杆图形的绘制结果如图 13-95 所示。

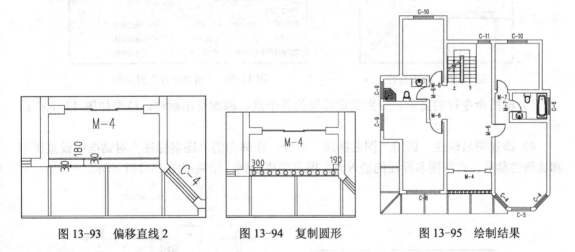

图 13-93 偏移直线 2　　　　图 13-94 复制圆形　　　　图 13-95 绘制结果

13.2.5 添加符号标注

在二层平面图的基本图形绘制完毕后，设计者需要添加符号标注。符号标注主要调用"单行文字""标高标注"以及"图名标注"等命令来添加。

1）添加文字标注。调用"单行文字"命令，在弹出的"单行文字"对话框中设置参数，点取标注文字的插入点，即可完成标注操作，如图 13-96 所示。

2）添加坡度标注。调用"箭头引注"命令，在弹出的"箭头引注"对话框中设置参数，结果如图 13-97 所示。

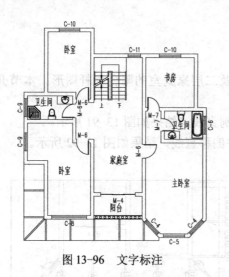

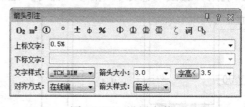

图 13-96　文字标注　　　　　　　　　图 13-97　设置参数

3）根据命令行的提示，分别指定箭头起点和终点，添加坡度标注，结果如图 13-98 所示。

4）引出标注。调用"引出标注"命令，在弹出的"引出标注"对话框中设置参数，结果如图 13-99 所示。

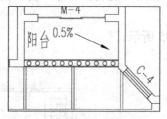

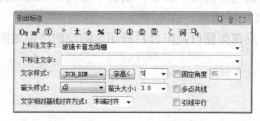

图 13-98　坡度标注　　　　　　　　图 13-99　"引出标注"对话框

5）根据命令行的提示，分别指定标注的各个点，添加引出标注，结果如图 13-100 所示。

6）添加图名标注。调用"图名标注"命令，在弹出的"图名标注"对话框中设置图名和比例的参数，点取图名标注的插入点，即可完成绘制，结果如图 13-101 所示。

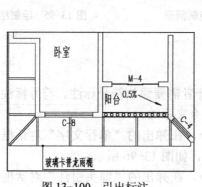

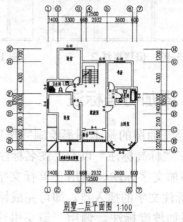

图 13-100　引出标注　　　　　　　　图 13-101　图名标注

13.3 绘制别墅三层平面图

别墅的三层有局部的坡屋顶以及一个卧室和配套的卫生间。别墅三层平面图的绘制重点是局部屋顶。设计者可以调用"任意坡顶"命令来绘制屋顶图形,还可调用"填充"命令来填充屋顶图案。

本节介绍任意坡屋顶以及屋顶排水坡道和水管的绘制方法。

13.3.1 修改墙体

别墅三层平面图可以通过在二层平面图的基础上执行编辑修改操作来得到。任意坡顶需要在墙体的基础上生成,所以在绘制局部屋顶之前,需要修改墙体。

在本例墙体修改的过程中,主要调用到的命令有"净距偏移""任意坡顶"等。

1)调用"复制"命令,将二层平面图移动复制到一旁。

2)调用"删除"命令,对二层平面图执行整理操作,结果如图 13-102 所示。

3)调用"绘制墙体"命令,绘制高度为 3000mm,左宽参数为 120mm,右宽参数为 120mm 的墙体,结果如图 13-103 所示。

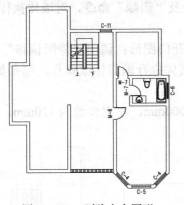
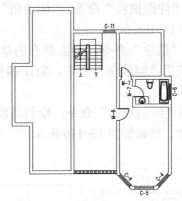

图 13-102 删除多余图形   图 13-103 绘制墙体

4)调用"净距偏移"命令,输入偏移距离 205,点取墙体的一侧,如图 13-104 所示。

5)净距偏移的结果如图 13-105 所示。

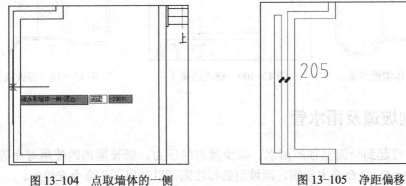
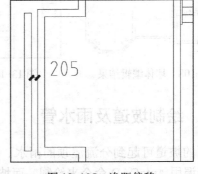

图 13-104 点取墙体的一侧   图 13-105 净距偏移

6）双击偏移得到的墙体图形，在弹出的"墙体编辑"对话框中修改墙体的左宽、右宽参数，结果如图 13-106 所示。

7）单击"确定"按钮关闭对话框，修改墙体宽度的结果如图 13-107 所示。

图 13-106　"墙体编辑"对话框

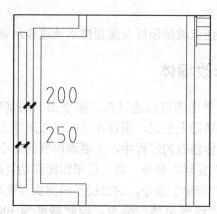

图 13-107　修改结果

8）调用"静距偏移"命令、"倒墙角"命令及"删除"命令，对墙体执行编辑修改操作，结果如图 13-108 所示。

9）调用"删除"命令，删除原有的单扇平开门图形；调用"静距偏移"命令，偏移墙体图形；调用"倒墙角"命令，对所偏移的墙体执行编辑修改操作，结果如图 13-109 所示。

10）调用"绘制墙体"命令，绘制高度为 3000mm，左宽参数为 120mm，右宽参数为 120mm 的墙体，结果如图 13-110 所示。

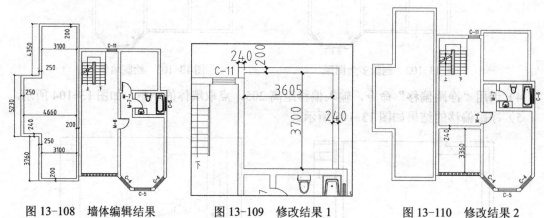

图 13-108　墙体编辑结果　　　图 13-109　修改结果 1　　　图 13-110　修改结果 2

13.3.2　绘制坡道及雨水管

屋面的坡道可起到分流屋顶的雨水、减少屋顶的压力、延长屋顶的使用寿命等作用。坡道需要调用 AutoCAD 命令来绘制，而坡道的标注则可以使用天正命令来绘制。

1）绘制坡道。调用"直线"命令，绘制直线；调用"修剪"命令，修剪直线，结果如

图 13-111 所示。

2）绘制雨水管。调用"圆形"命令，绘制半径为 50mm 的圆形；调用"复制"命令，移动复制圆形，结果如图 13-112 所示。

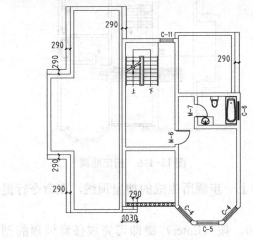

图 13-111　绘制结果

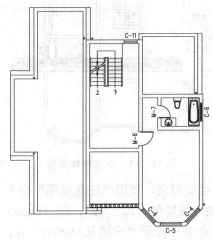

图 13-112　复制结果

3）添加坡度标注。调用"箭头引注"命令，在弹出的"箭头引注"对话框中设置参数，如图 13-113 所示。

4）根据命令行的提示，分别指定箭头起点和直段的下一点，添加坡度标注，结果如图 13-114 所示。

图 13-113　设置参数

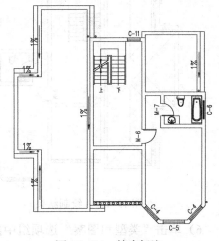

图 13-114　坡度标注

13.3.3　绘制屋顶

本节介绍任意坡屋顶的绘制方法，首先调用"任意坡顶"命令来生成屋顶，其次调用"填充"命令来对屋顶执行图案填充操作。

1）调用"搜屋顶线"命令，根据命令行的提示，框选墙体图形，如图 13-115 所示。

2）按〈Enter〉键，输入偏移外皮的距离为 0，如图 13-116 所示；再次按〈Enter〉

键，即可完成搜屋顶线的创建。

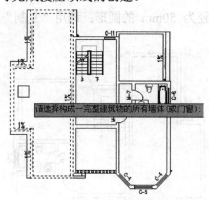

图 13-115　框选墙体图形

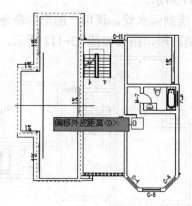

图 13-116　指定距离

3）绘制屋顶。调用"任意坡顶"命令，选择上一步骤所生成的搜屋顶线，在命令行提示"请输入坡度角 <30>:"时，按〈Enter〉键。

4）命令行提示"出檐长<600>:"时，输入 0，按〈Enter〉键即可完成任意坡顶的创建，结果如图 13-117 所示。

5）填充图案。调用"图案填充"命令，弹出"图案填充和渐变色"对话框，如图 13-118 所示。

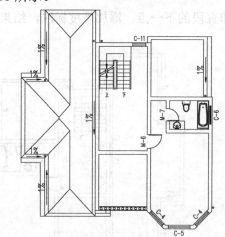

图 13-117　绘制结果

图 13-118　"图案填充和渐变色"对话框

6）单击"类型和图案"选项组中的"样例"选项，在弹出的"填充图案选项板"对话框中选择填充图案，如图 13-119 所示。

7）双击选中的样式图标，返回"图案填充和渐变色"对话框，设置图案填充的比例和角度参数，如图 13-120 所示。

8）在对话框中单击"添加：拾取点(K)"按钮，拾取填充区域；按〈Enter〉键返回"图案填充和渐变色"对话框，单击"确定"按钮关闭对话框即可完成图案填充，结果如图 13-121 所示。

9）按〈Enter〉键，在"图案填充和渐变色"对话框中修改图案的填充角度为 0°，如图 13-122 所示。

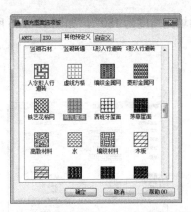

图 13-119　"填充图案选项板"对话框

图 13-120　"图案填充和渐变色"对话框

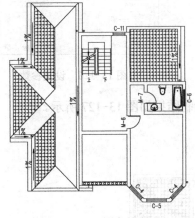

图 13-121　图案填充

图 13-122　修改参数

10）图案填充的结果如图 13-123 所示。

11）按〈Enter〉键，在"图案填充和渐变色"对话框中修改图案的填充角度为 270°，如图 13-124 所示。

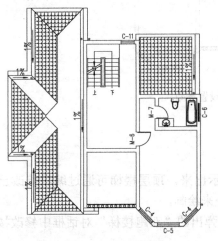

图 13-123　图案填充

图 13-124　修改结果

12）对屋顶执行填充操作的结果如图 13-125 所示。

13）在"图案填充和渐变色"对话框中修改图案的填充角度为 180°，如图 13-126 所示。

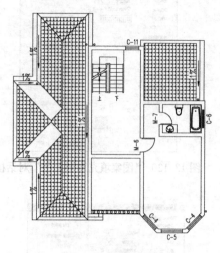

图 13-125　图案填充

图 13-126　设置参数

14）在屋面拾取填充区域，完成弯瓦屋面的绘制结果如图 13-127 所示。

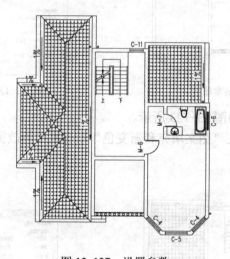

图 13-127　设置参数

13.3.4　绘制、编辑其他图形

别墅三层平面图上的楼梯、双开门也应表示出来，顶层楼梯可通过编辑修改已绘中间楼梯得到，而双开门可以通过调用"门窗"命令来绘制。

1）修改楼梯样式。双击双跑楼梯图形，在弹出的"双跑楼梯"对话框中修改楼梯的层参数，如图 13-128 所示。

2）单击"确定"按钮关闭对话框，完成楼梯图形的修改结果如图 13-129 所示。

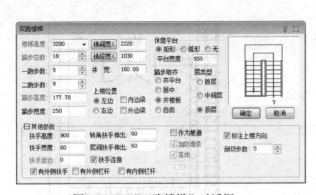

图 13-128 "双跑楼梯"对话框

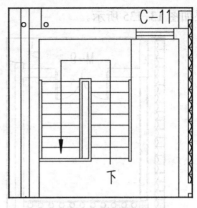

图 13-129 修改结果

3）绘制平开门。调用"门窗"命令，在弹出的"门"对话框中设置参数，如图 13-130 所示。

4）在墙体上分别单击指定门的插入点，即可插入门图形，结果如图 13-131 所示。

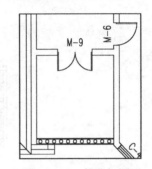

图 13-131 插入门图形

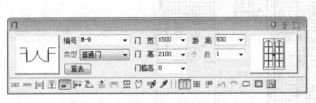

图 13-130 "门"对话框

5）完善露台栏杆。调用"删除"命令，删除墙体图形，结果如图 13-132 所示。

6）调用"直线"命令，绘制直线；调用"偏移"命令，偏移直线，结果如图 13-133 所示。

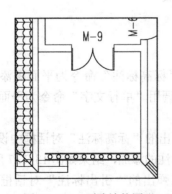

图 13-132 删除墙体图形

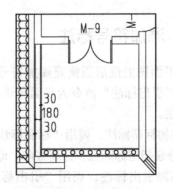

图 13-133 偏移直线

7）调用"延伸"命令，延伸线段；调用"修剪"命令，修剪线段，结果如图 13-134 所示。

8）调用"圆形"命令，绘制半径为 70mm 的圆；调用"复制"命令，移动复制圆形，结果如图 13-135 所示。

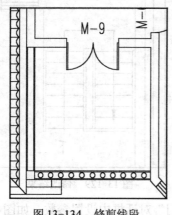

图 13-134　修剪线段

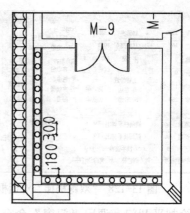

图 13-135　移动复制

9）绘制并编辑其他图形，结果如图 13-136 所示。

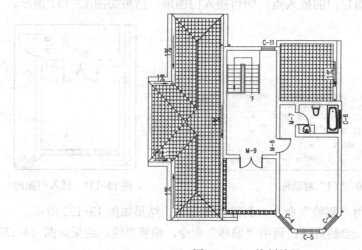

图 13-136　绘制结果

13.3.5　添加符号标注

绘制平面图的最后照例要添加符号标注。调用"标高标注"命令为平面图添加标高标注；调用"引出标注"命令为平面图添加材料标注；调用"单行文字"命令为平面图添加区域文字标注。

1）添加标高标注。调用"标高标注"命令，在弹出的"标高标注"对话框中设置标高参数，然后分别指定标高点和标高方向，即可完成标高标注的添加，结果如图 13-137 所示。

2）添加引出标注。调用"引出标注"命令，在弹出的"引出标注"对话框中设置参数，如图 13-138 所示。

3）根据命令行的提示，分别指定标注的起始点、引线的位置以及文字基线的位置，添加引出标注，结果如图 13-139 所示。

4）重复上述操作继续为平面图添加引出标注，结果如图 13-140 所示。

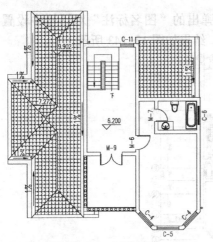

图 13-137   标高标注

图 13-138   "引出标注"对话框

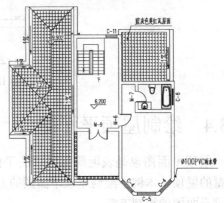

图 13-139   标注结果

图 13-140   绘制结果

5）添加文字标注。调用"单行文字"命令，在弹出的"单行文字"对话框中设置参数，点取标注文字的插入点，即可完成文字标注的添加，结果如图 13-141 所示。

6）添加坡度标注。调用"箭头引注"命令，在弹出的"箭头引注"对话框中设置参数，分别指定箭头的起点和终点，即可完成坡度标注的添加，结果如图 13-142 所示。

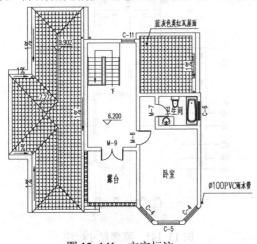

图 13-141   文字标注

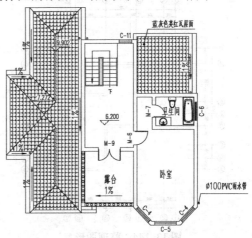

图 13-142   坡度标注

7）添加图名标注。调用"图名标注"命令，在弹出的"图名标注"对话框中设置参数，点取标注的插入位置，即可完成图名标注的添加，结果如图 13-143 所示。

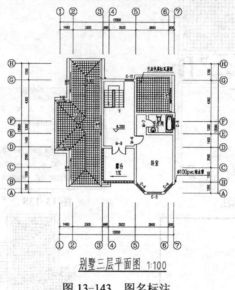

别墅三层平面图 1:100

图 13-143　图名标注

13.4　绘制屋顶平面图

屋顶平面图也是表现局部屋顶的平面图，与别墅三层平面图中的屋顶一起构成了整个别墅的屋顶。本例中绘制屋顶平面图的方法与绘制三层局部屋顶的方法大致相同，本节介绍屋顶平面图的绘制方法。

1）整理图形。调用"复制"命令，将别墅三层平面图移动复制到一旁；调用"删除"命令来整理图形，结果如图 13-144 所示。

2）整理尺寸标注。调用"取消尺寸"命令，删除多余的尺寸标注；调用"删除轴号"命令，框选待删除的轴号，选择"不重排轴号"选项，操作结果如图 13-145 所示。

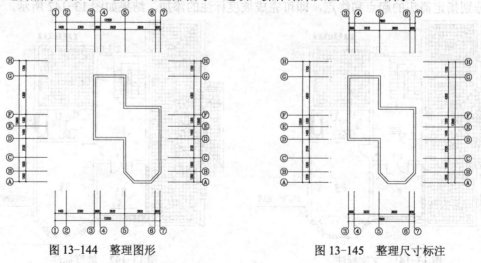

图 13-144　整理图形　　　　　　　　图 13-145　整理尺寸标注

3）修改墙体。调用"移动"命令，移动墙体；双击移动的墙体图形，在弹出的"墙体编辑"对话框中修改墙体的参数，单击"确定"按钮关闭对话框即可完成墙体的修改，结果如图 13-146 所示。

4）绘制排水坡道。调用"直线"命令，绘制直线；调用"修剪"命令，修剪直线，结果如图 13-147 所示。

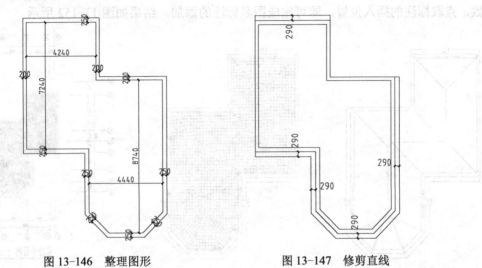

图 13-146　整理图形　　　　　　　　　　图 13-147　修剪直线

5）绘制屋顶。调用"搜屋顶线"命令，框选墙体并按〈Enter〉键，指定偏移外皮的距离为 0，按〈Enter〉键即可完成搜屋顶线的绘制。

6）调用"任意坡顶"命令，选择在上一步骤所生成的搜屋顶线，在命令行提示"请输入坡度角 <30>:"时，按〈Enter〉键。

7）命令行提示"出檐长<600>:"时，输入 0，按〈Enter〉键即可完成任意坡顶的创建，结果如图 13-148 所示。

8）绘制雨水管。调用"圆形"命令，绘制半径为 50mm 的圆形；调用"复制"命令，移动复制圆形，结果如图 13-149 所示。

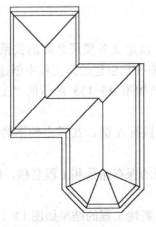
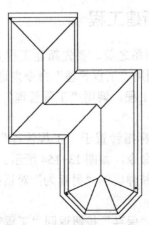

图 13-148　绘制屋顶　　　　　　　　　　图 13-149　复制圆形

9）添加坡度标注。调用"箭头引注"命令，在弹出的"箭头引注"对话框中设置参数，分别指定箭头的起点和终点，为屋顶添加坡度标注，结果如图 13-150 所示。

10）调用"图案填充"命令，沿用绘制三层平面图中的局部屋顶填充图案的方法，为屋顶绘制填充图案，结果如图 13-151 所示。

11）添加图名标注。调用"图名标注"命令，在弹出的"图名标注"对话框中设置参数，点取标注的插入位置，即可完成图名标注的添加，结果如图 13-152 所示。

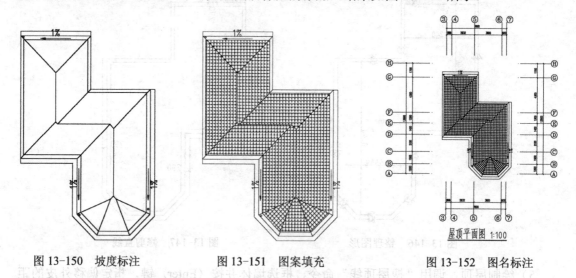

图 13-150　坡度标注　　　　　图 13-151　图案填充　　　　　图 13-152　图名标注

13.5　绘制别墅立面图

别墅的立面图用来表示别墅某个立面的最终完成效果，包括门窗的样式、各层之间的关系等。在 T20 天正建筑软件中绘制立面图，可以使用系统自带的立面生成命令，在楼层表的基础上生成建筑立面图。

本节介绍别墅正立面图的绘制方法。

13.5.1　新建工程

生成立面图之前，要先新建工程并创建楼层表，以定义各楼层之间的关系与高度。新建工程可以调用"工程管理"命令来进行操作。楼层表在已创建的新工程中创建。

1）新建工程。调用"工程管理"命令，系统弹出如图 13-153 所示的"工程管理"对话框。

2）将鼠标指针置于"工程管理"选项上，单击鼠标左键，在弹出的下拉菜单中选择"新建工程"命令，如图 13-154 所示。

3）在系统弹出的"另存为"对话框中设置新工程的保存路径和工程名称，如图 13-155 所示。

4）单击"保存"按钮返回"工程管理"对话框，新建工程的结果如图 13-156 所示。

图 13-153　"工程管理"对话框

图 13-154　选择"新建工程"命令

图 13-155　"另存为"对话框

图 13-156　新建工程

5）将鼠标指针置于"平面图"选项上，单击鼠标右键，在弹出的下拉菜单中选择"添加图纸"命令，如图 13-157 所示。

6）系统弹出"选择图纸"对话框，在其中选择"平面图.dwg"文件，如图 13-158 所示。

图 13-157　选择"添加图纸"命令

图 13-158　"选择图纸"对话框

7）单击"打开"按钮，即可添加图纸，结果如图 13-159 所示。

8）创建楼层表。在"楼层"选项组中，分别输入层号和层高参数，结果如图 13-160 所示。

图 13-159　添加图纸结果

图 13-160　输入参数

9）将鼠标指针停在"文件"选项栏中，单击"选择"按钮；框选别墅一层平面图，单击 A 轴和 7 轴的交点为对齐点，如图 13-161 所示。

10）创建楼层表的结果如图 13-162 所示。

11）重复上述操作，继续绘制各层楼层表，结果如图 13-163 所示。

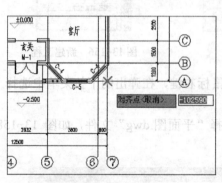

图 13-161　单击对齐点

图 13-162　创建楼层表

图 13-163　创建结果

13.5.2　生成立面图

创建楼层表后，设计者就可以执行生成立面图操作了。单击"建筑立面"按钮，指定立面方向，再分别选择需要出现在立面图上的轴线，设置内外高差参数后，即可完成生成立面图操作。

1）调用"建筑立面"命令，输入 F，选择"正立面"选项；根据命令行的提示，分别选择 1 号轴线和 7 号轴线，按〈Enter〉键，在弹出的"立面生成设置"对话框中设置参数，如图 13-164 所示。

2）单击"生成立面"按钮，在弹出的"输入要生成的文件"对话框中设置立面图的文件名，如图 13-165 所示。

图 13-164 "立面生成设置"对话框   图 13-165 "输入要生成的文件"对话框

3）单击"保存"按钮，即可生成立面图，结果如图 13-166 所示。

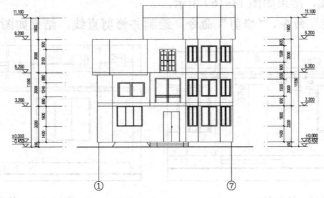

图 13-166 生成立面图

13.5.3 完善一层立面图

由系统自行生成的立面图，难免会出现一些错误，所以设计者要删除一些多余的图形，添加一些必要的图形，以完善立面图，使其达到最好的表达效果。本节介绍完善一层立面图的操作方法。

1）修剪台阶图形。调用"删除"命令，删除多余线段；调用"延伸"命令，延伸线段，结果如图 13-167 所示。

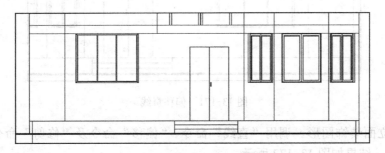

图 13-167 操作结果

2）调整窗台高度。调用"移动"命令，选择一层的窗户图形，设置距离参数为500mm，向下移动图形，结果如图13-168所示。

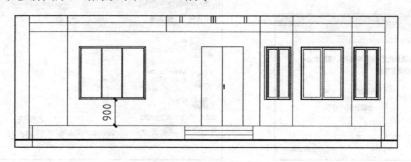

图 13-168　移动图形

3）绘制玻璃雨棚。调用"直线"命令、"偏移"命令，绘制并偏移直线；调用"修剪"命令，修剪直线，结果如图13-169所示。

4）调用"直线"命令、"修剪"命令，绘制并修剪直线，结果如图13-170所示。

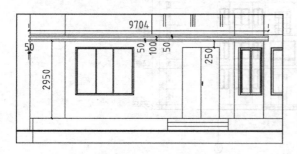

图 13-169　绘制结果

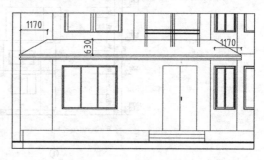

图 13-170　修剪结果

5）绘制雨棚钢结构。调用"直线"命令，绘制直线；调用"偏移"命令，偏移直线，结果如图13-171所示。

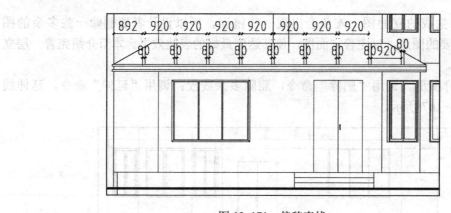

图 13-171　偏移直线

6）绘制立面装饰图形。调用"直线"命令、"偏移"命令及"修剪"命令，绘制、偏移并修剪直线，结果如图13-172所示。

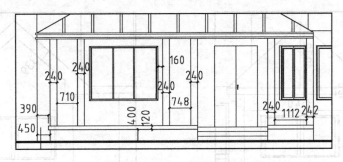

图 13-172　绘制结果

7）调用"直线"命令、"修剪"命令，绘制并修剪直线，结果如图 13-173 所示。

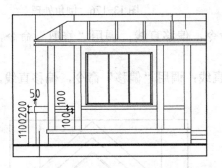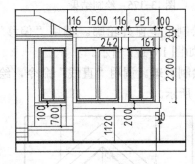

图 13-173　修剪直线

8）按〈Ctrl+O〉组合键，打开配套光盘提供的"第 13 章/图块图例.dwg"文件，将其中的"栏杆"图块复制粘贴至立面图中，一层立面图的完善结果如图 13-174 所示。

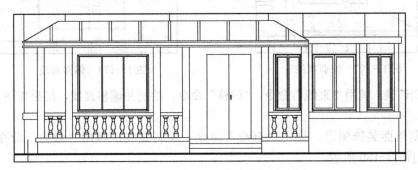

图 13-174　一层立面图的完善结果

13.5.4　完善二层平面图

完善二层平面图的操作主要包括绘制立面造型窗、绘制阳台栏杆以及绘制墙立面装饰图形等。本节介绍完善二层平面图的操作方法。

1）绘制造型窗。调用"直线"命令、"偏移"命令及"修剪"命令，绘制、偏移并修剪直线，结果如图 13-175 所示。

2）调用"偏移"命令，偏移直线；调用"倒角"命令，设置倒角半径为 0，对所偏移的线段进行倒角处理，结果如图 13-176 所示。

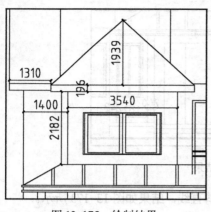
图 13-175 绘制结果

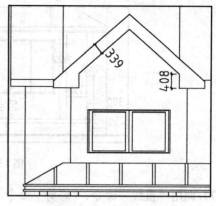
图 13-176 倒角处理

3）绘制造型窗外轮廓。调用"偏移"命令，偏移直线；调用"修剪"命令，修剪直线，结果如图 13-177 所示。

4）绘制玻璃。调用"直线"命令，绘制直线；调用"偏移"命令，偏移直线，结果如图 13-178 所示。

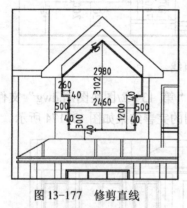
图 13-177 修剪直线

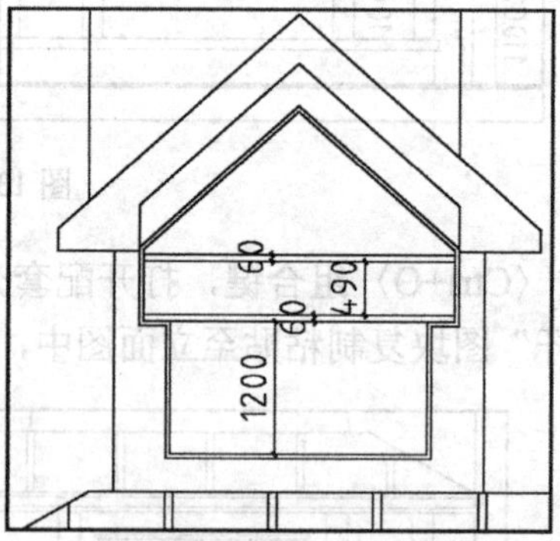

图 13-178 偏移直线

5）绘制玻璃。调用"直线"命令、"偏移"命令，绘制并偏移直线，结果如图 13-179 所示。

6）绘制墙面装饰图形。调用"直线"命令，绘制直线；调用"修剪"命令，修剪直线，结果如图 13-180 所示。

7）调用"直线"命令，绘制直线；调用"偏移"命令，偏移直线，结果如图 13-181 所示。

8）绘制阳台栏杆。调用"偏移"命令，偏移直线；调用"修剪"命令，修剪直线，结果如图 13-182 所示。

9）按〈Ctrl+O〉组合键，打开配套光盘提供的"第 13 章/图块图例.dwg"文件，将其中的"栏杆"图块复制粘贴至立面图中，结果如图 13-183 所示。

10）图形裁剪。调用"图形裁剪"命令，根据命令行的提示，选择被裁剪的对象，结果如图 13-184 所示。

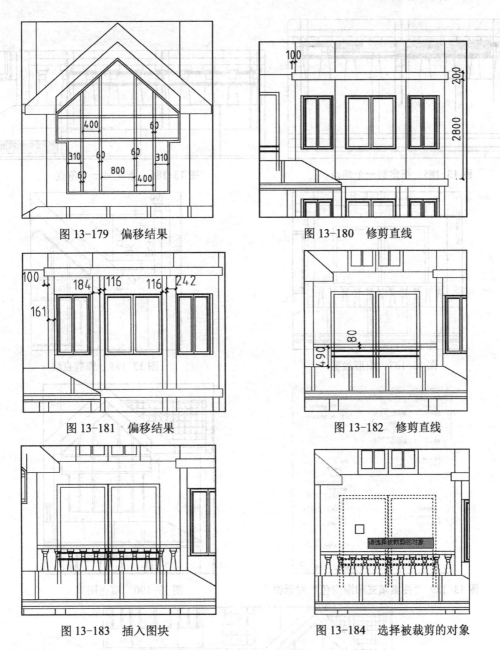

图 13-179　偏移结果　　　　　　　　图 13-180　修剪直线

图 13-181　偏移结果　　　　　　　　图 13-182　修剪直线

图 13-183　插入图块　　　　　　　　图 13-184　选择被裁剪的对象

11）按〈Enter〉键，指定矩形的第一个角点，如图 13-185 所示。

12）指定矩形的另一个角点，如图 13-186 所示。

13）图形裁剪的结果如图 13-187 所示。

14）绘制局部屋顶。调用"直线"命令，绘制直线；调用"偏移"命令，偏移直线；调用"修剪"命令，修剪直线，结果如图 13-188 所示。

15）图案填充。调用"图案填充"命令，在弹出的"图案填充和渐变色"对话框中选择填充图案并设置填充比例，如图 13-189 所示。

16）在立面图中拾取填充区域，填充图案，结果如图 13-190 所示。

17）二层立面图的完善结果如图 13-191 所示。

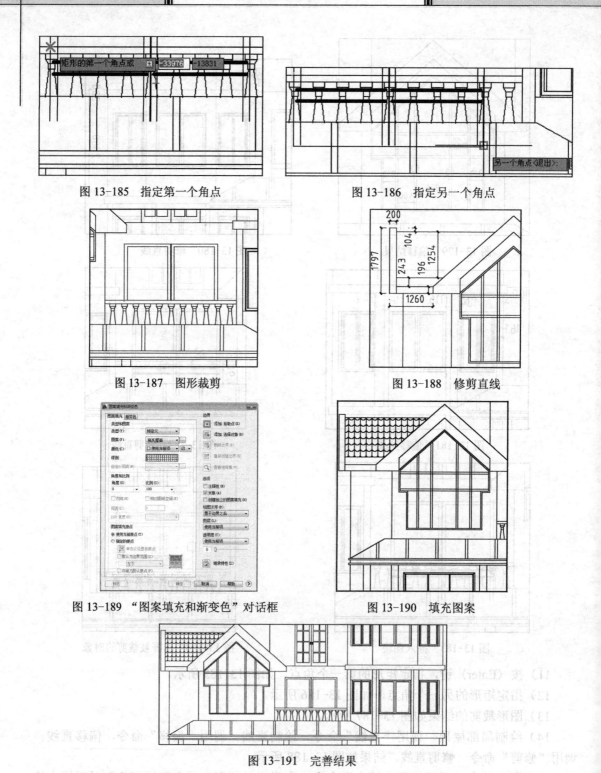

图 13-185　指定第一个角点

图 13-186　指定另一个角点

图 13-187　图形裁剪

图 13-188　修剪直线

图 13-189　"图案填充和渐变色"对话框

图 13-190　填充图案

图 13-191　完善结果

13.5.5　完善三层立面图与屋顶立面图

别墅三层与屋顶相连，所以在本例中将完善三层立面图与屋顶立面图一起讲解，以便读者理解。

1）绘制阳台栏杆。调用"矩形"命令，分别绘制尺寸为 440mm×100mm、340mm×80mm 的矩形；调用"直线"命令，绘制直线，结果如图 13-192 所示。

2）调用"直线"命令，绘制直线；调用"偏移"命令，偏移直线，结果如图 13-193 所示。

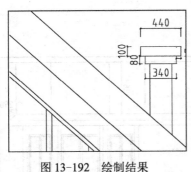

图 13-192　绘制结果

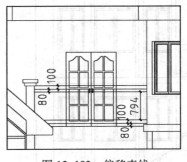

图 13-193　偏移直线

3）调用"图形裁剪"命令，根据命令行的提示，选择双开门图形；按〈Enter〉键后分别指定矩形的两个对角点，图形裁剪的结果如图 13-194 所示。

4）按〈Ctrl+O〉组合键，打开配套光盘提供的"第 13 章/图块图例.dwg"文件，将其中的"栏杆"图块复制粘贴至立面图中，结果如图 13-195 所示。

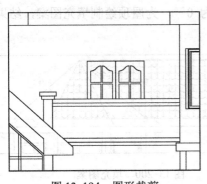

图 13-194　图形裁剪

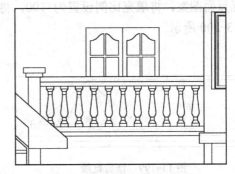

图 13-195　插入"栏杆"图块

5）绘制立面装饰图形。调用"直线"命令，绘制直线；调用"修剪"命令，修剪直线，结果如图 13-196 所示。

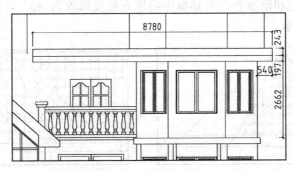

图 13-196　修剪直线

6）调用"延伸"命令，延伸线段；调用"修剪"命令，修剪线段，结果如图 13-197 所示。

7）绘制屋顶。调用"矩形"命令，绘制尺寸为 2047mm×200mm 的矩形；调用"直线"命令，绘制直线；调用"修剪"命令，修剪直线，结果如图 13-198 所示。

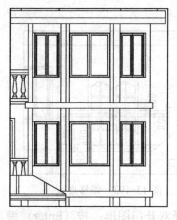

图 13-197　修剪线段

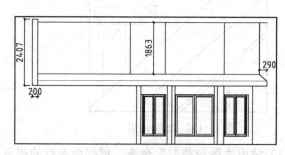

图 13-198　修剪直线

8）调用"直线"命令，绘制直线；调用"修剪"命令，修剪直线，结果如图 13-199 所示。

9）填充图案。调用"图案填充"命令，在弹出的"图案填充和渐变色"对话框中选择弯瓦屋面图案，将填充比例设置为 100，将角度设置为 0°，为屋顶绘制填充图案，结果如图 13-200 所示。

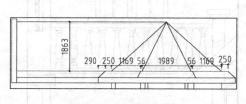

图 13-199　修剪直线

图 13-200　填充图案

10）按〈Enter〉键，在弹出的"图案填充和渐变色"对话框中将填充角度修改为-45°，绘制填充图案的结果如图 13-201 所示。

11）在"图案填充和渐变色"对话框中将填充角度修改为 45°，对屋顶执行填充操作的结果如图 13-202 所示。

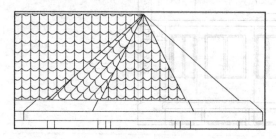

图 13-201　修剪线段

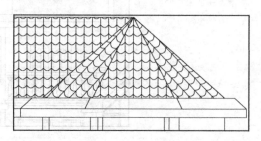

图 13-202　执行填充操作的结果

12）别墅三层立面图与屋顶立面图的完善结果如图 13-203 所示。

图 13-203　完善结果

13.5.6　添加立面图标注

立面图标注包括某些局部的标高标注以及使用材料的文字标注，这些标注主要通过调用"引出标注""标高标注"命令来添加。

1）添加标高标注。调用"标高标注"命令，在弹出的"标高标注"对话框中设置参数，分别点取标高点和标高方向，为立面图添加标高标注的结果如图 13-204 所示。

2）添加材料标注。调用"引出标注"命令，在弹出的"引出标注"对话框中设置参数，分别指定标注的起始点、引线位置和文字基线的位置，添加材料标注的结果如图 13-205 所示。

图 13-204　标高标注　　　　　图 13-205　材料标注

3）图名标注。调用"图名标注"命令，在弹出的"图名标注"对话框中设置参数，点取标注的插入位置，即可添加图名标注，结果如图 13-206 所示。

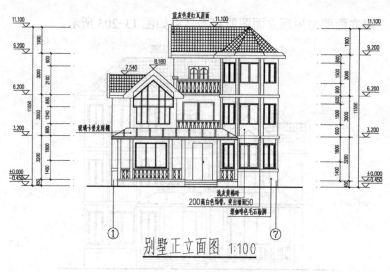

图 13-206　图名标注

13.6　绘制别墅剖面图

　　T20 天正建筑软件可以根据平面图上的剖切线来生成剖面图。调用"建筑剖面"命令，通过设置内外高差参数，可以生成包含剖面门窗、墙体以及楼板等图形的建筑剖面图。

　　本节介绍别墅剖面图的绘制方法。

13.6.1　生成剖面图

　　1）绘制剖切符号。调用"剖切符号"命令，在弹出的"剖切符号"对话框中设置参数，如图 13-207 所示。

　　2）根据命令行的提示，分别指定剖切的第一个点和第二个点，点取右边为剖视方向，绘制剖切符号，结果如图 13-208 所示。

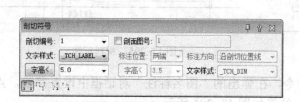

图 13-207　"剖切符号"对话框

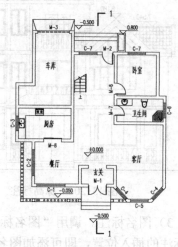

图 13-208　绘制结果

3）调用"建筑剖面"命令，根据命令行的提示选择剖切符号；选择 A 轴和 G 轴为需要出现在剖面图上的轴线，按〈Enter〉键，在弹出的"剖面生成设置"对话框中设置参数，如图 13-209 所示。

4）单击"生成剖面"按钮，在弹出的"输入要生成的文件"对话框中设置文件名，如图 13-210 所示。

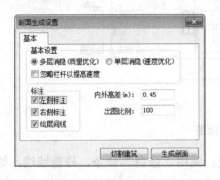

图 13-209　"剖面生成设置"对话框

图 13-210　设置文件名

5）单击"保存"按钮，生成剖面图，结果如图 13-211 所示。

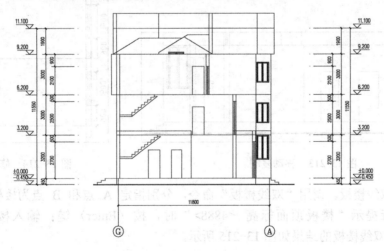

图 13-211　生成剖面图

13.6.2　绘制剖面图形

剖面图生成之后，总会有一些这样或者那样的问题，这就需要设计者在后期调用 AutoCAD 命令或者天正命令来执行编辑修改操作，以完善图形，达到使用的目的。

本节介绍完善剖面图的操作方法。

1）整理剖面图。调用"删除"命令，删除剖面图上的多余图形，结果如图 13-212 所示。

2）修改剖面窗参数。调用"复制"命令，将右边的剖面窗移动复制至左边，结果如图 13-213 所示。

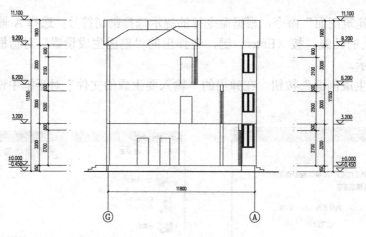

图 13-212　整理剖面图

3）绘制剖面窗。调用"偏移"命令，偏移墙线；调用"修剪"命令，修剪墙线，结果如图 13-214 所示。

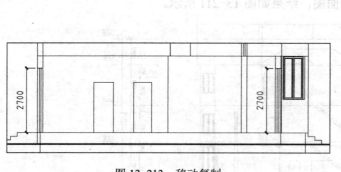

图 13-213　移动复制

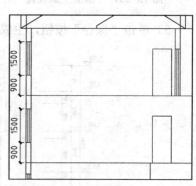

图 13-214　修剪墙线

4）绘制双线楼板。调用"双线楼板"命令，分别指定 A 点和 B 点为楼板的起点和终点；在命令行提示"楼板顶面标高 <4888>"时，按〈Enter〉键；输入楼板的宽度为100mm，绘制双线楼板的结果如图 13-215 所示。

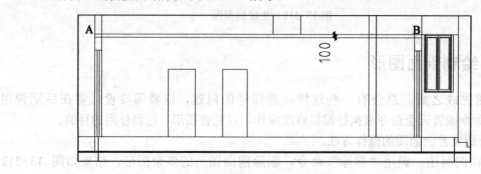

图 13-215　绘制结果

5）重复上述操作，继续绘制双线楼板图形，结果如图 13-216 所示。

6）画剖断梁。调用"画剖断梁"命令，根据命令行的提示，单击 a 点为剖面梁的参照点；在命令行提示"梁左侧到参照点的距离 <100>"时，输入 0；在命令行提示"梁右侧到参照点的距离 <100>时"，输入 240；在命令行提示"梁底边到参照点的距离 <300>"时，输入 500，绘制剖断梁的结果如图 13-217 所示。

图 13-216　绘制双线楼板

图 13-217　绘制剖断梁

7）按〈Enter〉键，调用"画剖断梁"命令，继续绘制剖断梁图形；调用"修剪"命令，修剪多余线段，结果如图 13-218 所示。

8）剖面填充。调用"剖面填充"命令，选择填充对象，按〈Enter〉键，在弹出的"请点取所需的填充图案"对话框中选择"涂黑"图案，单击"确定"按钮关闭对话框，即可完成剖面填充操作，结果如图 13-219 所示。

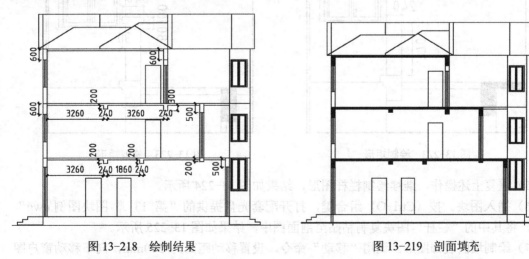

图 13-218　绘制结果

图 13-219　剖面填充

13.6.3　完善剖面图

剖面图中有一些图形不能直接使用天正命令来绘制，但是设计者可以使用 AutoCAD 命令来绘制这些图形，其中包括不能直接生成的阳台栏杆图形、雨棚图形等。

1）绘制剖断梁。调用"矩形"命令，绘制尺寸为 340mm×374mm 的矩形；调用"修剪"命令，修剪多余线段，结果如图 13-220 所示。

2）调用"分解"命令，分解矩形；调用"偏移"命令、"修剪"命令，偏移并修剪矩形边，结果如图 13-221 所示。

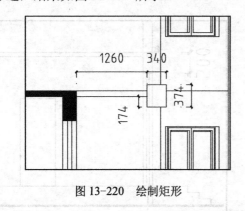

图 13-220　绘制矩形　　　　　　　　　　图 13-221　操作结果

3）绘制栏杆。调用"矩形"命令，绘制尺寸为 770mm×240mm 的矩形，如图 13-222 所示。

4）调用"矩形"命令，绘制尺寸为 340mm×180mm 的矩形；调用"分解"命令，分解矩形；调用"偏移"命令、"修剪"命令，偏移并修剪矩形，结果如图 13-223 所示。

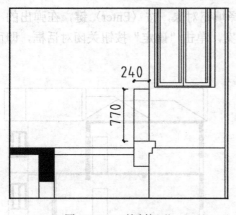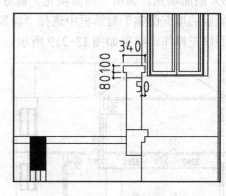

图 13-222　绘制矩形　　　　　　　　　　图 13-223　修剪矩形

5）重复上述操作，继续绘制栏杆图形，结果如图 13-224 所示。

6）插入图块。按〈Ctrl+O〉组合键，打开配套光盘提供的"第 13 章/图块图例.dwg"文件，将其中的"栏杆"图块复制粘贴至剖面图中，结果如图 13-225 所示。

7）绘制墙面装饰图形。调用"移动"命令，设置移动距离为 500mm，向下移动窗户图形；调用"矩形"命令，绘制尺寸为1250mm×200mm 的矩形，如图 13-226 所示。

8）绘制雨棚。调用"分解"命令，分解矩形；调用"偏移"命令，偏移矩形边；调用"修剪"命令，修剪线段，结果如图 13-227 所示。

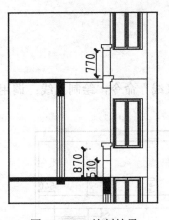

图 13-224 绘制结果

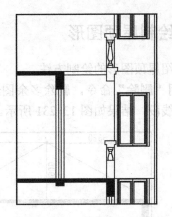

图 13-225 插入"栏杆"图块

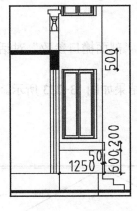

图 13-226 编辑结果

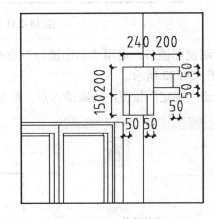

图 13-227 修剪线段

9）调用"直线"命令，绘制直线；调用"修剪"命令，修剪线段，结果如图 13-228 所示。

10）绘制墙面装饰图形。调用"直线"命令、"偏移"命令及"修剪"命令，绘制并修剪图形，结果如图 13-229 所示。

11）剖面图的完善结果如图 13-230 所示。

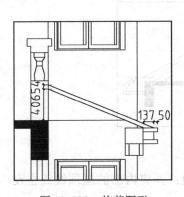

图 13-228 修剪图形

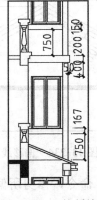

图 13-229 绘制结果

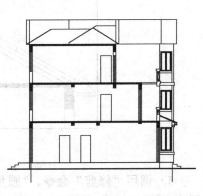

图 13-230 完善结果

13.6.4 绘制屋顶图形

本节介绍屋顶图形的绘制方法。

1）调用"删除"命令，删除多余图形；调用"直线"命令，绘制直线；调用"修剪"命令，修剪线段，结果如图 13-231 所示。

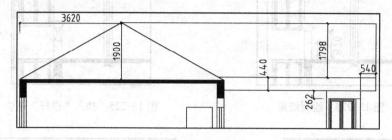

图 13-231　修剪线段

2）绘制剖面檐口。调用"剖面檐口"命令，在弹出的"剖面檐口参数"对话框中设置参数，如图 13-232 所示。

3）单击"确定"按钮，点取插入点，绘制剖面檐口，结果如图 13-233 所示。

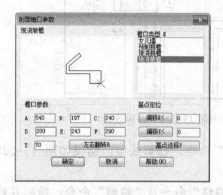

图 13-232　"剖面檐口参数"对话框

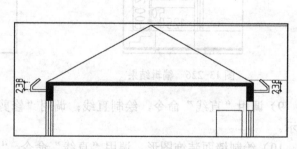

图 13-233　绘制剖面檐口

4）调用"偏移"命令，偏移线段，如图 13-234 所示。

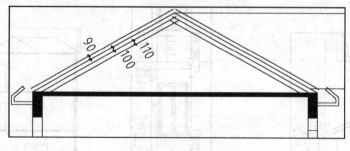

图 13-234　偏移线段

5）调用"修剪"命令、"圆角"命令，修剪所偏移的线段；并将内部的屋顶线线型设置为虚线，结果如图 13-235 所示。

6）调用"直线"命令，绘制直线；调用"修剪"命令，修剪线段，结果如图 13-236 所示。

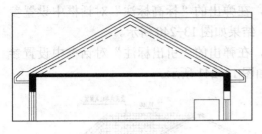  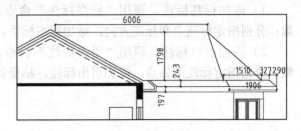

图 13-235　修剪图形　　　　　　　　　　　　图 13-236　修剪线段

7）调用"图案填充"命令，在弹出的"图案填充和渐变色"对话框中选择弯瓦屋面图案，将填充比例设置为 100，将角度设置为 0°，为屋顶绘制填充图案，结果如图 13-237 所示。

8）按〈Enter〉键，在弹出的"图案填充和渐变色"对话框中修改填充角度为 45°，绘制填充图案，结果如图 13-238 所示。

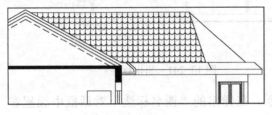 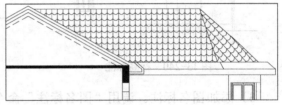

图 13-237　图案填充　　　　　　　　　　　　图 13-238　填充结果

9）在"图案填充和渐变色"对话框中选择 SOLID 图案，为其他剖面图形绘制填充图案，结果如图 13-239 所示。

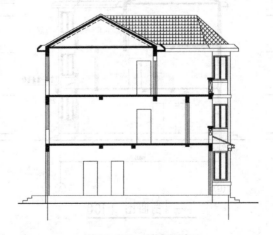

图 13-239　填充图案

13.6.5　添加符号标注

绘制剖面图的最后一个步骤是符号标注的添加，包括图名标注、标高标注以及材料标注；读者可以参照前面章节所讲解的方法来为剖面图添加符号标注。

1）添加标高标注。调用"标高标注"命令，在弹出的"标高标注"对话框中设置参数；分别指定标高点和标高方向，添加标高标注，结果如图 13-240 所示。

2）添加引出标注。调用"引出标注"命令，在弹出的"引出标注"对话框中设置参数；分别指定标注的各点，添加引出标注，结果如图 13-241 所示。

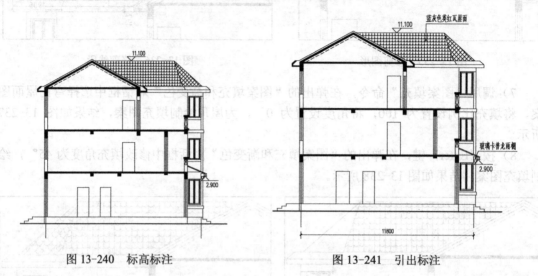

图 13-240　标高标注　　　　　　　　　图 13-241　引出标注

3）添加图名标注。调用"图名标注"命令，在弹出的"图名标注"对话框中设置参数；在剖面图的下方点取插入点，添加图名标注，结果如图 13-242 所示。

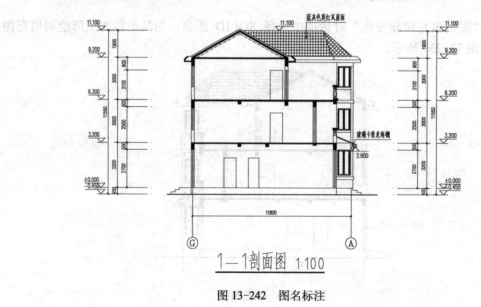

1—1剖面图 1:100

图 13-242　图名标注

第14章 住宅楼设计综合实例

本章以住宅楼的建筑设计为例，介绍住宅楼建筑设计施工图纸的绘制方法，包含住宅楼平面图、立面图以及剖面图的绘制。T20 天正建筑软件为绘制设计图形设置了各类命令，如"绘制墙体""标准柱"等。通过调用这些命令，设计者可以快速地绘制或者修改图形。

14.1 绘制车库层平面图

住宅楼的一层一般不作为居住空间，多作为车库或者储存间，所以层高会比其他各层稍微低一些。本节介绍车库层平面图的绘制方法。

14.1.1 绘制轴网

轴网可准确定位墙体以及标准柱等图形的位置。本节介绍住宅楼轴网的绘制方法。

1）调用"绘制轴网"命令，在弹出的"绘制轴网"对话框中单击"下开"单选按钮，设置轴间距参数（3000、3400、3000、2900、3000、3100、3100、3000、2900、3000、3600、3000），结果如图 14-1 所示。

2）单击"左进"单选按钮，设置轴间距参数（1500、4500、1300、2300、1800、1200、2400、1900），结果如图 14-2 所示。

图 14-1 设置下开参数　　　　图 14-2 设置上开参数

3）点取轴网的插入位置，绘制轴网，结果如图 14-3 所示。

14.1.2 轴网标注

轴网的开间尺寸和进深尺寸可以使用"轴网标注"命令进行标注。本节介绍轴网标注的操作方法。

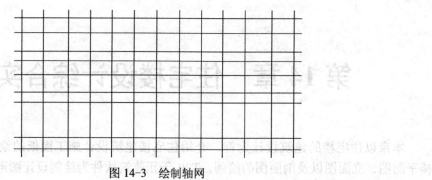

图 14-3 绘制轴网

1）调用"轴网标注"命令，在弹出的"轴网标注"对话框中设置参数，如图 14-4 所示。

2）根据命令行的提示，分别选择起始轴线和终止轴线；在命令行提示"请选择不需要标注的轴线"时，按〈Enter〉键，绘制轴网标注的结果如图 14-5 所示。

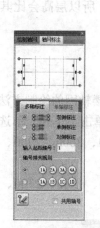

图 14-4 "轴网标注"对话框

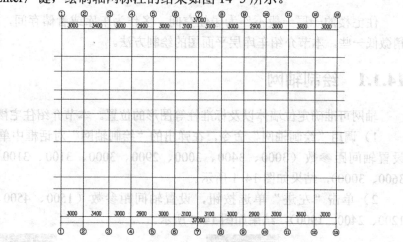

图 14-5 标注结果

3）按〈Enter〉键，在弹出的"轴网标注"对话框中修改起始轴号为 A，然后为轴网添加进深标注，结果如图 14-6 所示。

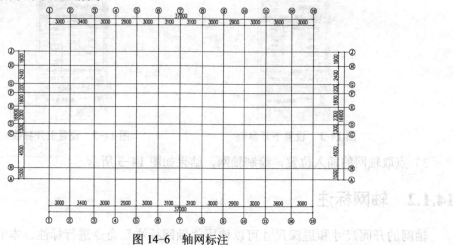

图 14-6 轴网标注

14.1.3　绘制墙体

墙体是平面图中最重要的图形之一。在 T20 天正建筑软件中，调用"绘制墙体"命令，可以通过设置墙体的高度、宽度以及墙体的类型和使用用途等各项参数来绘制墙体图形。

本节介绍墙体的绘制方法。

1）调用"绘制墙体"命令，在弹出的"墙体"对话框中设置参数，结果如图 14-7 所示。

2）根据命令行的提示，分别单击指定墙体的起点和终点，绘制墙体，结果如图 14-8 所示。

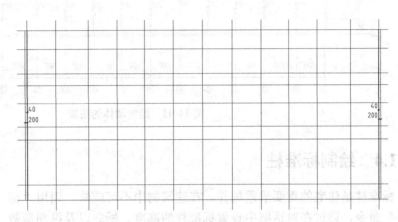

图 14-7　"墙体"对话框　　　　　　　　　图 14-8　绘制结果

3）按〈Enter〉键，在弹出的"墙体"对话框中修改参数，结果如图 14-9 所示。

4）分别指定直墙的起点和下一点，按〈Esc〉键退出绘制，结果如图 14-10 所示。

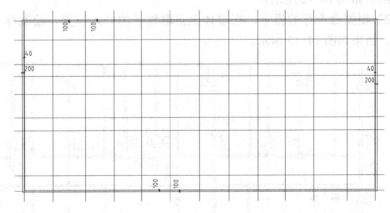

图 14-9　修改参数　　　　　　　　　　　　图 14-10　绘制墙体

5）综合运用"绘制墙体"命令、"编辑墙体"命令及"净距偏移"命令来绘制墙体，完成住宅楼车库层墙体图形的绘制，结果如图 14-11 所示。

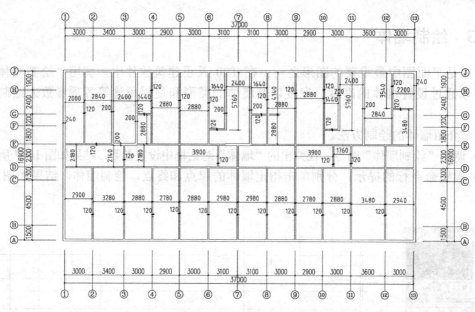

图 14-11 绘制墙体的结果

14.1.4 绘制标准柱

标准柱是住宅的重要承重构件，在建筑物中不可或缺。调用"标准柱"命令，通过在对话框中设置标准柱的高度、横向以及纵向参数和材料等参数来绘制标准柱图形。

本节介绍标准柱图形的绘制方法。

1）调用"标准柱"命令，在弹出的"标准柱"对话框中设置参数，结果如图 14-12 所示。

2）根据命令行的提示，在墙体上点取柱子的插入位置，绘制标准柱，结果如图 14-13 所示。

图 14-12 设置参数

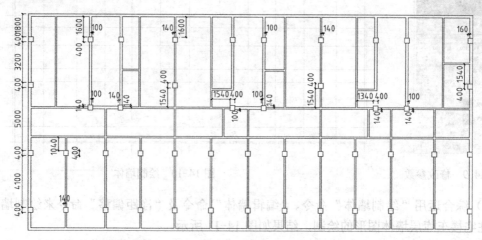

图 14-13 绘制结果

3）按〈Enter〉键，在弹出的"标准柱"对话框中设置柱子的横向参数为 240，纵向参数为 200；在墙线上点取柱子的插入位置，绘制标准柱的结果如图 14-14 所示。

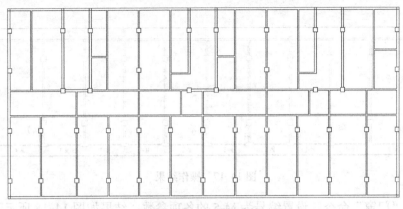

图 14-14　绘制标准柱

14.1.5　绘制门窗

门窗是住宅的另一重要构件，可提供通风和采光的功能。调用"门窗"命令，可以绘制各种尺寸和样式的门窗图形。

本节介绍门窗图形的绘制方法。

1）调用"门窗"命令，在弹出的"门"对话框中设置门参数，结果如图 14-15 所示。

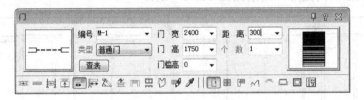

图 14-15　设置参数

2）根据命令行的提示，在墙体上点取门窗大致的位置和开向，插入门图形，结果如图 14-16 所示。

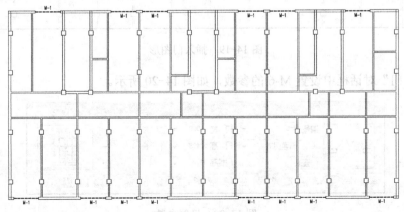

图 14-16　绘制结果

3）重复调用"门窗"命令，分别绘制尺寸为 2800mm×1750mm 的 M-2 图形，尺寸为 2500mm×1750mm 的 M-3 图形，尺寸为 3000mm×1750mm 的 M-4 图形，结果如图 14-17 所示。

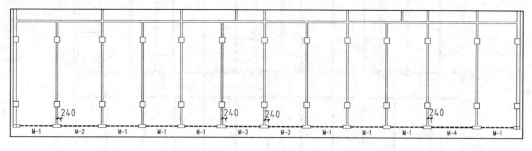

图 14-17　操作结果

4）调用"门窗"命令，设置编号为 M-5 的各项参数，结果如图 14-18 所示。

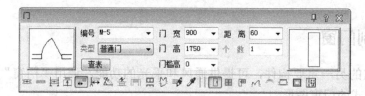

图 14-18　设置参数

5）在墙体上插入门图形，结果如图 14-19 所示。

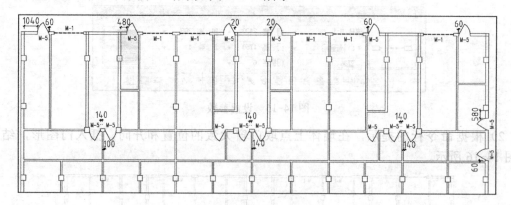

图 14-19　插入门图形

6）在"门"对话框中设置 M-6 的参数，如图 14-20 所示。

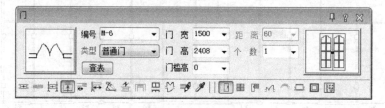

图 14-20　设置参数

7）插入 M-6 门图形，结果如图 14-21 所示。

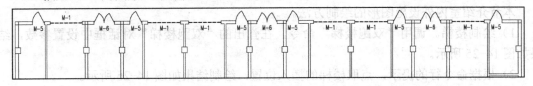

图 14-21　绘制结果

8）调用"门窗"命令，在弹出的"门"对话框中单击"插窗"按钮 囲；在"窗"对话框中设置 C-1 的参数，结果如图 14-22 所示。

9）绘制 C-1 窗图形，结果如图 14-23 所示。

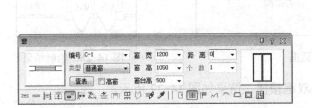

图 14-22　"窗"对话框

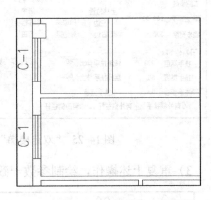

图 14-23　绘制 C-1 窗图形

10）车库层门窗图形的绘制结果如图 14-24 所示。

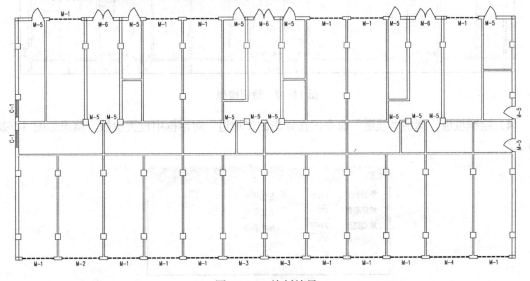

图 14-24　绘制结果

14.1.6　绘制室内、外设施

住宅楼的室内、外设施包括楼梯、坡道、散水等。在 T20 天正建筑软件中，设计者可以调用相应的命令绘制这些图形，如"坡道"命令、"散水"命令等。

本节介绍室内外设施图形的绘制方法。

1）绘制楼梯。调用"双跑楼梯"命令，在弹出的"双跑楼梯"对话框中设置参数，结果如图 14-25 所示。

2）根据命令行的提示，点取楼梯的插入位置，绘制结果如图 14-26 所示。

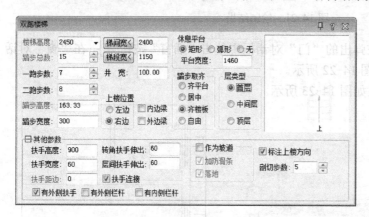

图 14-25 "双跑楼梯"对话框

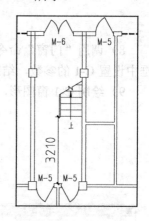

图 14-26 绘制结果

3）重复上述操作，绘制参数一致的双跑楼梯，结果如图 14-27 所示。

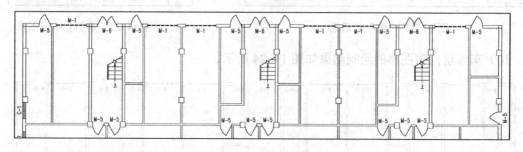

图 14-27 绘制楼梯

4）绘制坡道。调用"坡道"命令，在弹出的"坡道"对话框中设置参数，结果如图 14-28 所示。

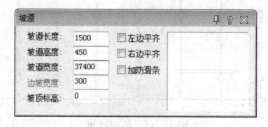

图 14-28 "坡道"对话框

5）根据命令行的提示，输入 A，调整坡道图形的角度；输入 T，点取坡道图形的右下角点为新的插入点，插入坡道图形，结果如图 14-29 所示。

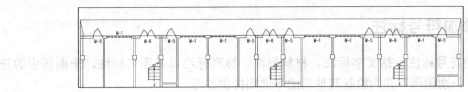

图 14-29　绘制结果

6）重复上述操作，继续绘制坡道图形，结果如图 14-30 所示。

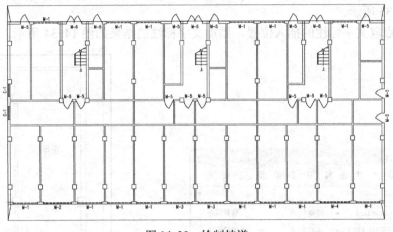

图 14-30　绘制坡道

7）绘制散水。调用"散水"命令，在弹出的"散水"对话框中设置参数，结果如图 14-31 所示。

图 14-31　设置参数

8）在"散水"对话框中单击"任意绘制"按钮 ，根据命令行的提示，分别指定散水的起点和终点，绘制散水，结果如图 14-32 所示。

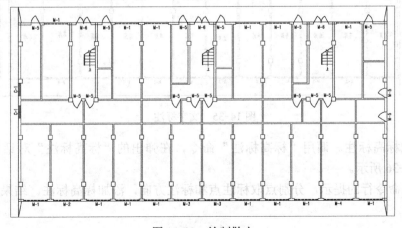

图 14-32　绘制散水

14.1.7 添加符号标注

平面图的符号标注包括文字标注、材料标注、标高标注以及图名标注，平面图中的符号标注有利于识别图形，并为绘制其他层的平面图提供参考。

本节介绍符号标注图形的添加。

1）添加文字标注。调用"单行文字"命令，在弹出的"单行文字"对话框中设置参数，如图 14-33 所示。

2）添加点取文字标注的插入位置，添加文字标注的结果如图 14-34 所示。

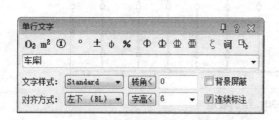

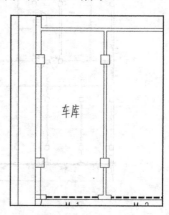

图 14-33 "单行文字"对话框

图 14-34 标注结果

3）重复上述操作，继续为平面图添加文字标注，结果如图 14-35 所示。

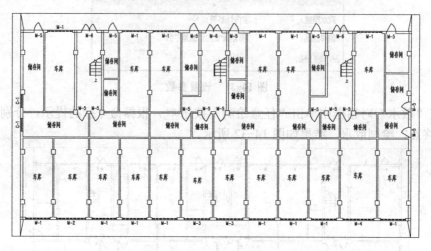

图 14-35 文字标注

4）添加标高标注。调用"标高标注"命令，在弹出的"标高标注"对话框中设置参数，如图 14-36 所示。

5）根据命令行的提示，分别点取标注点和标注方向，添加标高标注，结果如图 14-37 所示。

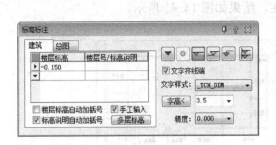

图 14-36 "标高标注"对话框

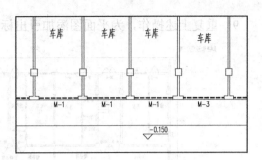

图 14-37 标注结果

6)重复上述操作,继续为平面图添加标高标注,如图 14-38 所示。

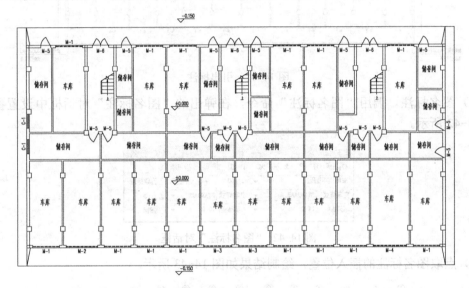

图 14-38 标高标注

7)引出标注。调用"引出标注"命令,在弹出的"引出标注"对话框中设置参数,如图 14-39 所示。

8)根据命令行的提示,分别指定标注第一点和引线的位置,然后点取文字基线位置,即可完成引出标注,结果如图 14-40 所示。

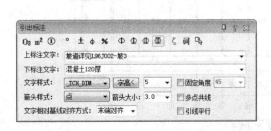

图 14-39 "引出标注"对话框

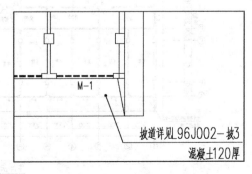

图 14-40 标注结果

9）重复上述操作，为平面图添加引出标注，结果如图 14-41 所示。

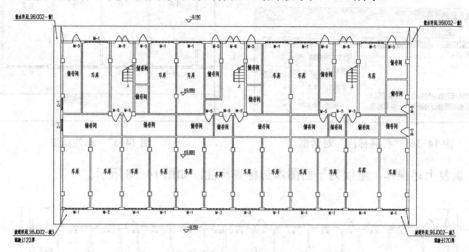

图 14-41　引出标注

10）图名标注。调用"图名标注"命令，在弹出的"图名标注"对话框中设置参数，如图 14-42 所示。

图 14-42　"图名标注"对话框

11）点取图名标注的插入位置，绘制结果如图 14-43 所示。

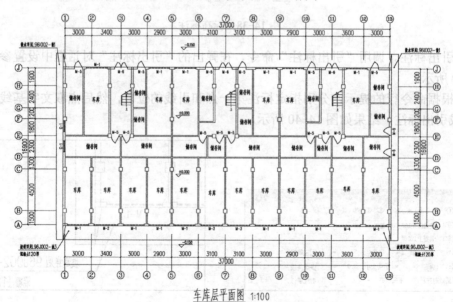

车库层平面图 1:100

图 14-43　图名标注

12）绘制指北针。调用"画指北针"命令，点取指北针图形的插入位置；在命令行提示"指北针方向<90.0>:"时，按〈Enter〉键确认，绘制结果如图 14-44 所示。

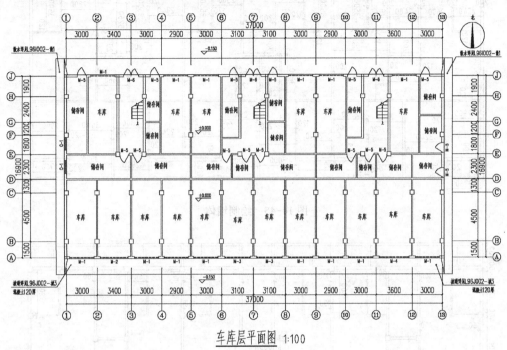

车库层平面图 1:100

图 14-44　绘制指北针

14.2　绘制一层平面图

住宅楼一层是位于车库层上面、标准层下面的楼层，有其自己的特点，所以本节单独介绍其绘制方法。

14.2.1　绘制墙体、柱子

一层平面图的墙体、柱子图形可以在车库层的基础上绘制，同样是调用"绘制墙体""标准柱"等命令，通过设置墙体、柱子的各项参数来完成绘制墙体、柱子的操作。

1）整理图形。调用"复制"命令，将车库平面图移动复制到一旁；调用"删除"命令，将除轴网以外的图形删除。

2）绘制墙体。调用"绘制墙体"命令，在弹出的"绘制墙体"对话框中设置墙体的高度为 2750mm，总宽度分别为 240mm、120mm 以及 200mm，绘制外墙和内部隔墙的结果如图 14-45 所示。

3）绘制标准柱。调用"标准柱"命令，在弹出的"标准柱"对话框中设置标准柱的高度均为 2750mm，设置横向参数为 400、纵向参数为 400，以及横向参数为 200、纵向参数为 200；在墙体上点取插入位置，绘制标准柱的结果如图 14-46 所示。

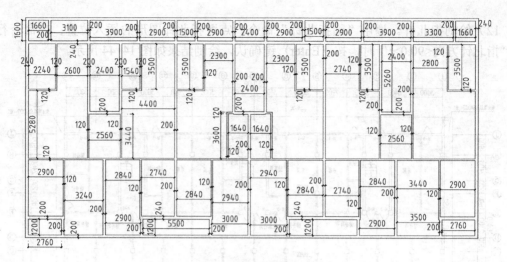

图 14-45　绘制墙体

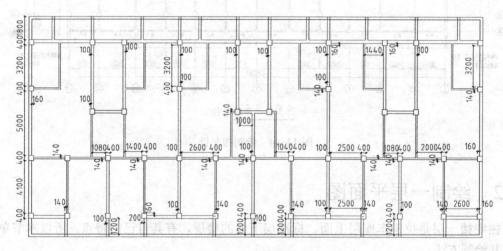

图 14-46　绘制标准柱

14.2.2　绘制门窗

　　一层平面图的门窗图形同样需要调用"门窗"命令来绘制。本节不对绘制门窗图形进行详细介绍，读者可以通过书中提供的门窗表来绘制门窗图形。

　　1）调用"门窗"命令，弹出"门"对话框；单击其中的"凸窗"按钮 ，在弹出的"凸窗"对话框中设置参数，结果如图 14-47 所示。

图 14-47　"凸窗"对话框

2）在墙体上单击点取凸窗的插入位置和开启方向，绘制凸窗，结果如图 14-48 所示。

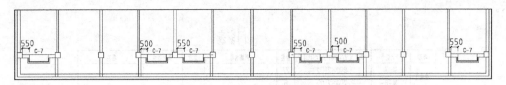

图 14-48　绘制凸窗

3）在"凸窗"对话框中设置梯形凸窗的参数，结果如图 14-49 所示。

图 14-49　设置参数

4）根据命令行的提示，点取梯形凸窗的插入位置，绘制结果如图 14-50 所示。

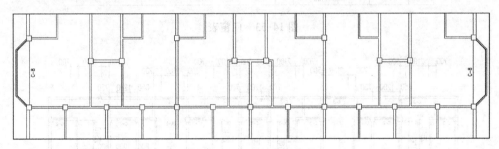

图 14-50　绘制结果

5）在"凸窗"对话框中单击"矩形洞"按钮 ⊡ ，在弹出的"矩形洞"对话框中设置参数，结果如图 14-51 所示。

图 14-51　"矩形洞"对话框

6）在墙体上点取矩形洞的插入位置，绘制矩形洞，结果如图 14-52 所示。

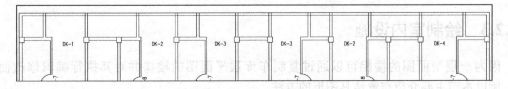

图 14-52　绘制矩形洞

7）根据如图 14-53 所示的门窗表，继续绘制一层平面图的门窗图形，结果如图 14-54 所示。

门窗表

类型		设计编号	洞口尺寸/(mm×mm)	数量	图集名称	页次	通用型号	备注
普通门		M-7	900×2100	22				
		M-8	700×2100	6				
普通窗		C-2	1200×1350	7				
		C-3	2100×1350	6				
		C-4	900×1350	2				
		C-5	1000×1350	2				
		C-6	800×1350	2				
		C-9	3300×2000	1				
		C-10	2900×2000	2				
		C-11	3000×2000	2				
		C-12	3500×2000	1				
		C-19	1200×2000	6				
凸窗		C-7	1500×1850	6				
		C-8	5000×1900	2				
洞口		DK-1	2500×2100					
		DK-2	2640×2100	2				
		DK-3	2200×2100	2				
		DK-4	2700×2100	1				

图 14-53　门窗表

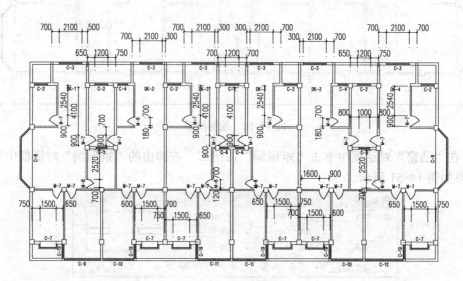

图 14-54　绘制门窗

8）修改墙体高度。双击如图 14-55 所示的虚线墙体图形，在弹出的"墙体编辑"对话框中将墙体的高度改为 600mm，按〈Enter〉键，即可完成墙体高度参数的修改。

14.2.3　绘制室内设施

因为一层平面图的楼梯可以通过复制车库层平面图的楼梯并对其执行编辑修改而得到，所以本节主要介绍布置洁具图形的方法。

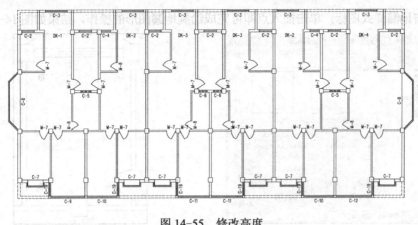

图 14-55　修改高度

1）修改楼梯图形。调用"复制"命令，从车库层平面图中移动复制楼梯图形至一层平面图中；双击楼梯图形，在弹出的"双跑楼梯"对话框中修改楼梯参数，如图 14-56 所示。

2）单击"确定"按钮关闭对话框，完成楼梯的修改结果如图 14-57 所示。

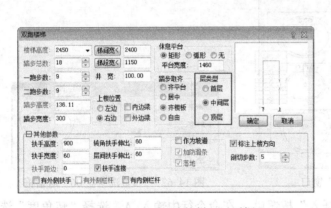

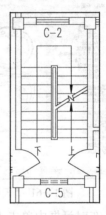

图 14-56　"双跑楼梯"对话框　　　　　　　　　　　　图 14-57　修改结果

3）调用"复制"命令，移动复制修改完成的楼梯图形至其他楼梯间，结果如图 14-58 所示。

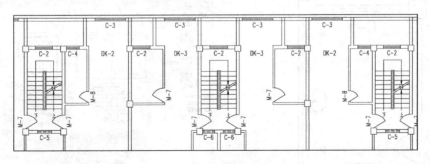

图 14-58　复制结果

4）布置洁具。调用"布置洁具"命令，在打开的"天正洁具"窗口中选择地漏图形，如图 14-59 所示。

5）双击地漏样式图标，单击插入点即可完成绘制地漏图形的操作，结果如图 14-60 所示。

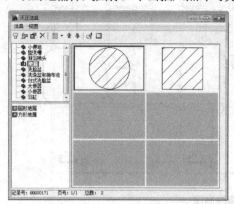

图 14-59 "天正洁具"窗口

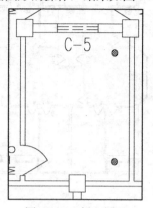

图 14-60 插入图形

6）按〈Enter〉键，在打开的"天正洁具"窗口中选择洗脸盆图形，如图 14-61 所示。

7）双击洗脸盆样式图标，弹出"布置洗脸盆 06"对话框，如图 14-62 所示。

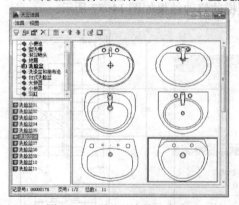

图 14-61 "天正洁具"窗口

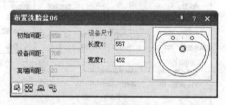

图 14-62 "布置洗脸盆 06"对话框

8）在对话框中单击"自由插入"按钮，在命令行中输入 A，选择"转角度"选项，翻转图形的角度，单击指定插入位置，绘制洗脸盆的结果如图 14-63 所示。

9）在"天正洁具"对话框中选择淋浴喷头图形，结果如图 14-64 所示。

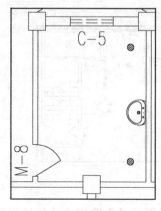

图 14-63 绘制结果

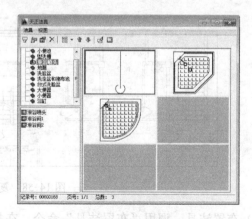

图 14-64 "天正洁具"窗口

10）双击淋浴喷头样式图标，在弹出的"布置淋浴喷头"对话框中单击"自由插入"按钮🔲；在命令行中输入 A，调整图形的角度，单击指定插入点，结果如图 14-65 所示。

11）沿用上述操作方法，布置座便器，结果如图 14-66 所示。

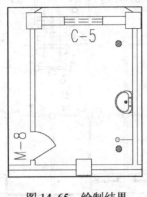 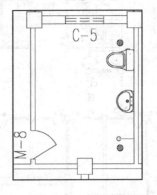

图 14-65　绘制结果　　　　　　　　　　图 14-66　布置座便器

12）绘制橱柜台面。调用"直线"命令，绘制直线，如图 14-67 所示。

13）调用"布置洁具"命令，在"天正图库"窗口中选择洗涤盆图形；双击样式图标，在弹出的"布置洗涤盆 06"对话框中单击"自由插入"按钮🔲；在命令行中输入 A，调整图形的角度，指定插入点，结果如图 14-68 所示。

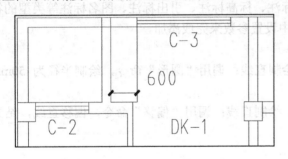 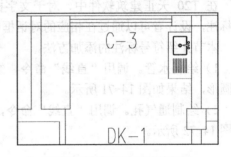

图 14-67　绘制直线　　　　　　　　　　图 14-68　绘制洗涤盆

14）插入图块。按〈Ctrl+O〉组合键，打开配套光盘提供的"第 14 章/图块图例.dwg"文件，将其中的"燃气灶"图块复制粘贴至平面图中，结果如图 14-69 所示。

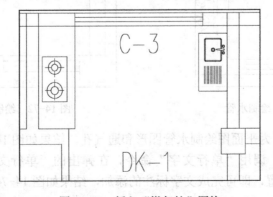

图 14-69　插入"燃气灶"图块

15）绘制一层平面图洁具图形的结果如图 14-70 所示。

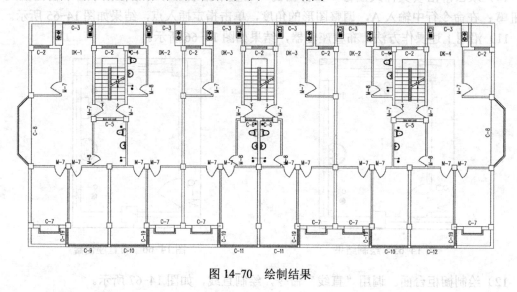

图 14-70　绘制结果

14.2.4　添加符号标注

在 T20 天正建筑软件中，对于文字标注、标高标注、引出标注、图名标注等类型的符号标注，设计者可以通过在相应的对话框中设置参数来完成添加。

本节介绍符号标注的添加方法。

1）绘制水管。调用"直线"命令，绘制直线；调用"圆形"命令，绘制半径为 50mm 的圆形，结果如图 14-71 所示。

2）绘制通气孔。调用"直线"命令，绘制直线；调用"偏移"命令，偏移直线，结果如图 14-72 所示。

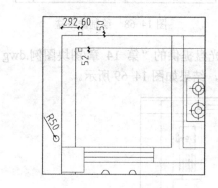

图 14-71　绘制水管

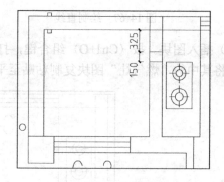

图 14-72　绘制通气孔

3）重复上述操作，为平面图绘制水管图形和通气孔，结果如图 14-73 所示。

4）添加文字标注。调用"单行文字"命令，在弹出的"单行文字"对话框中设置参数；点取文字的插入位置，即可完成文字标注的添加，结果如图 14-74 所示。

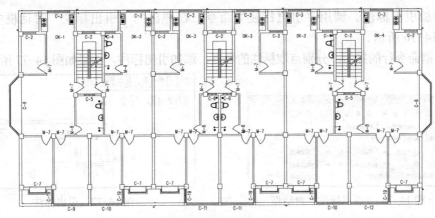

图 14-73　绘制结果

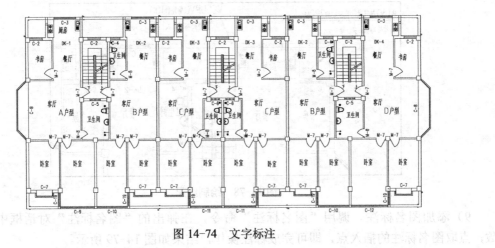

图 14-74　文字标注

5）添加坡度标注。调用"箭头引注"命令，在弹出的"箭头引注"对话框中设置参数；根据命令行的提示，分别点取箭头的起点和直段的下一点，添加坡度标注，结果如图 14-75 所示。

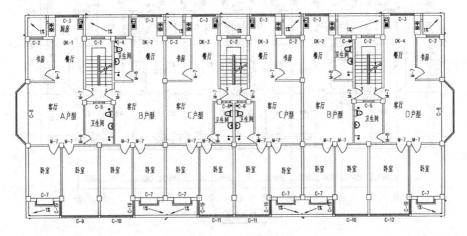

图 14-75　坡度标注

6）添加引出标注。调用"引出标注"命令，在弹出的"引出标注"对话框中设置参数，如图 14-76 所示。

7）根据命令行的提示，分别点取标注的各点，添加引出标注，结果如图 14-77 所示。

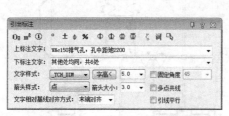

图 14-76　"引出标注"对话框

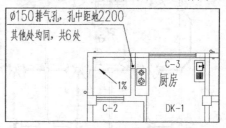

图 14-77　引出标注

8）重复上述操作，继续添加引出标注，结果如图 14-78 所示。

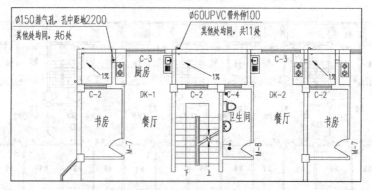

图 14-78　绘制结果

9）添加图名标注。调用"图名标注"命令，在弹出的"图名标注"对话框中设置参数，点取图名标注的插入点，即可完成标注操作，结果如图 14-79 所示。

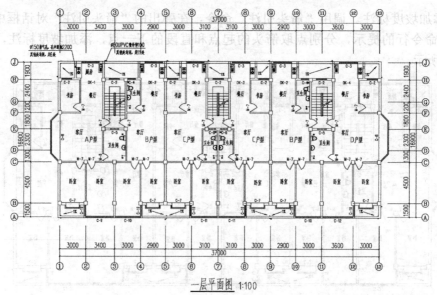

图 14-79　图名标注

14.3 绘制阁楼层平面图

标准层平面图和五层平面图都可以在一层平面的基础上编辑修改得到，无需再重新进行绘制。而阁楼层平面图则可以在五层平面图的基础上进行图形的删除和添加得到。

本节介绍阁楼层平面图的绘制方法。

1）调用"复制"命令，将一层平面图移动复制到一旁；然后调用 AutoCAD 命令和天正命令执行删除和添加图形的操作，完成标准层和五层平面图的绘制，分别如图 14-80 和图 14-81 所示。

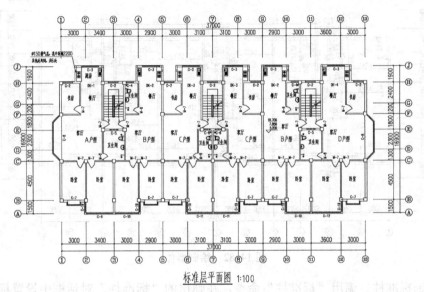

标准层平面图 1:100

图 14-80 标准层平面

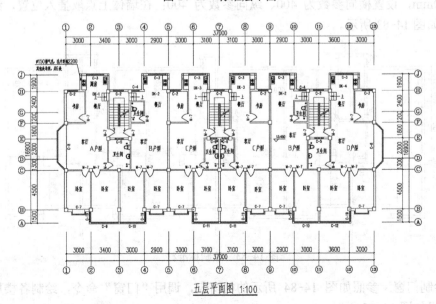

五层平面图 1:100

图 14-81 五层平面图

2）整理图形。调用"复制"命令，将一层平面图移动复制到一旁；调用"删除"命令，删除除轴网以外的图形。

3）绘制墙体。调用"绘制墙体"命令，在弹出的"绘制墙体"对话框中设置墙体的高度为 2750mm，总宽度为 240mm、120mm 以及 200mm，绘制外墙和内墙的结果如图 14-82 所示。

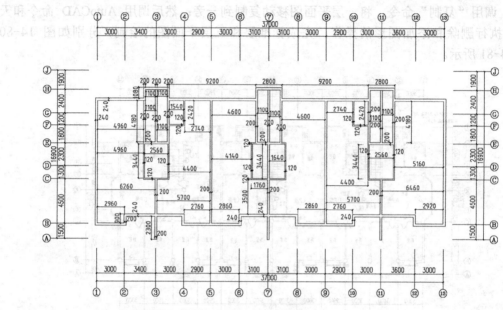

图 14-82　绘制墙体

4）绘制标准柱。调用"标准柱"命令，在弹出的"标准柱"对话框中设置标准柱的高度为 2750mm，设置横向参数为 400、纵向参数为 400；在墙体上点取插入位置，绘制标准柱，结果如图 14-83 所示。

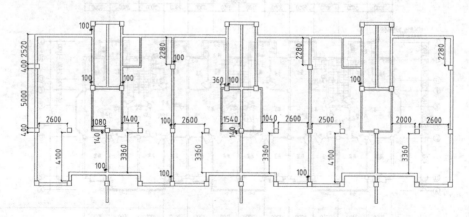

图 14-83　绘制标准柱

5）绘制门窗。参照如图 14-84 所示的门窗表，调用"门窗"命令，绘制各楼层的门窗图形，结果如图 14-85 所示。

门窗表

类型	设计编号	洞口尺寸/(mm×mm)	数量	图集名称	页次	选用型号	备注
普通门	M-8	700×2100	6				
	M-9	1500×1650	6				
	M-10	1800×1700	6				
普通窗	C-13	1200×1400	4				
	C-14	900×1400	2				
	C-15	2360×1350	4				
	C-16	2260×1350	2				
	C-18	1200×1400	3				
凸窗	C-8	5000×1900	2				
洞口	DK-5	900×2100	6				

图 14-84 门窗表

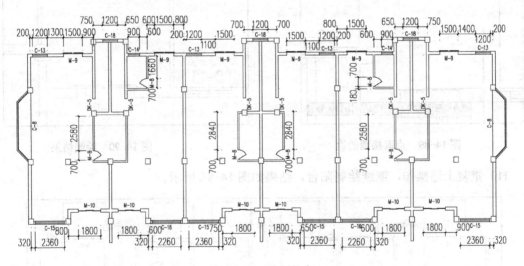

图 14-85 绘制门窗

6）绘制阳台外轮廓线。调用"多段线"命令，绘制多段线，结果如图 14-86 所示。

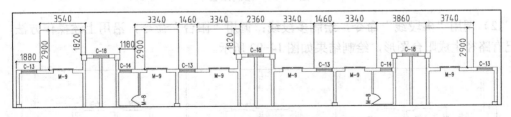

图 14-86 绘制阳台外轮廓线

7）绘制阳台。调用"阳台"命令，在弹出的"绘制阳台"对话框中设置参数，如图 14-87 所示。

8）在对话框中单击"选择已有路径生成"按钮，选择上一步创建的多段线，根据命令行的提示，选择邻接的墙、门窗或柱子图形，如图 14-88 所示。

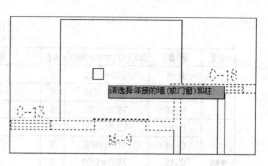

图 14-87 "绘制阳台"对话框

图 14-88 选择图形

9）按〈Enter〉键，点取接墙的边，如图 14-89 所示。

10）按〈Enter〉键，即可完成阳台的绘制，结果如图 14-90 所示。

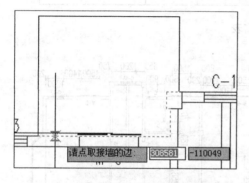

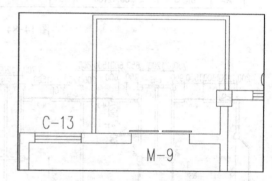

图 14-89 点取接墙的边

图 14-90 绘制结果

11）重复上述操作，继续绘制阳台，结果如图 14-91 所示。

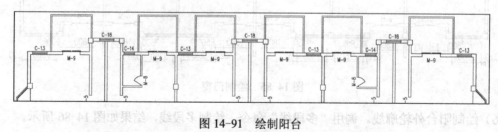

图 14-91 绘制阳台

12）调用"多段线"命令，绘制多段线；调用"阳台"命令，沿用上述操作方法，根据已有路径生成阳台图形，绘制结果如图 14-92 所示。

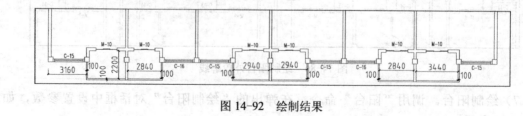

图 14-92 绘制结果

13）绘制梯段。调用"直线梯段"命令，在弹出的"直线梯段"对话框中设置参数，如图 14-93 所示。

14）指定梯段的插入位置，绘制结果如图 14-94 所示。

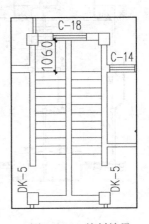

图 14-93 "直线梯段"对话框　　　　　图 14-94 绘制结果

15）重复上述操作，继续绘制直线梯段，结果如图 14-95 所示。

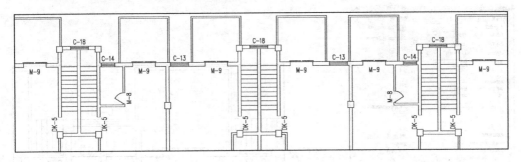

图 14-95 绘制梯段

16）添加坡度引注。调用"箭头引注"命令，在弹出的"箭头引注"对话框中设置参数；分别指定标注的起点和终点，即可完成绘制箭头引注的操作，结果如图 14-96 所示。

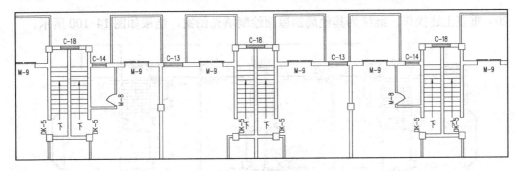

图 14-96 绘制箭头引注

17）绘制局部屋顶。调用"直线"命令，绘制直线，结果如图 14-97 所示。

18）调用"图案填充"命令，在弹出的"图案填充和渐变色"对话框中设置参数，结果如图 14-98 所示。

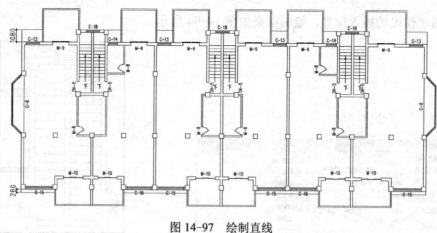

图 14-97　绘制直线

19）点取填充区域，按〈Enter〉键返回"图案填充和渐变色"对话框，单击"确定"
按钮可完成填充图案操作，结果如图 14-99 所示。

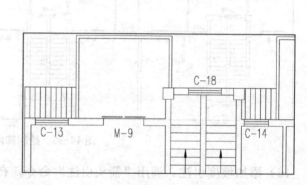

图 14-98　"图案填充和渐变色"对话框

图 14-99　填充结果

20）重复上述操作，继续为其他局部屋顶绘制填充图案，结果如图 14-100 所示。

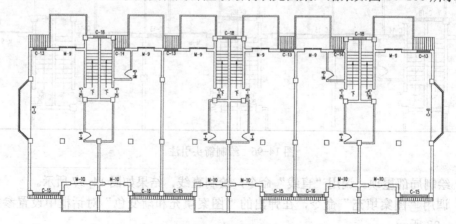

图 14-100　操作结果

21）绘制坡道。调用"直线"命令，绘制直线；调用"修剪"命令，修剪线段，结果如图 14-101 所示。

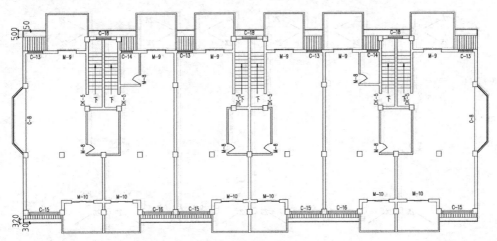

图 14-101　绘制坡道

22）绘制雨水管。调用"直线"命令，绘制直线；调用"圆形"命令，绘制半径为 50mm 的圆形，结果如图 14-102 所示。

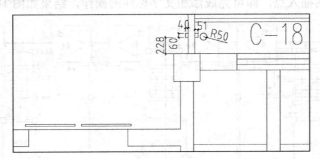

图 14-102　绘制雨水管

23）重复上述操作，绘制其他雨水管图形，结果如图 14-103 所示。

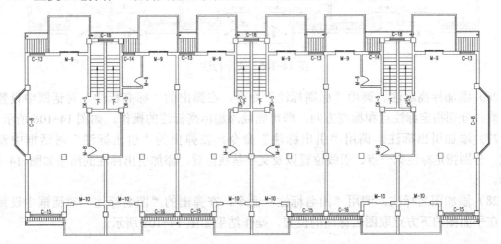

图 14-103　绘制结果

24）添加坡道标注。调用"箭头引注"命令，在弹出的"箭头引注"对话框中设置参数；分别指定箭头的起点和直段的下一点，箭头引注的绘制结果如图 14-104 所示。

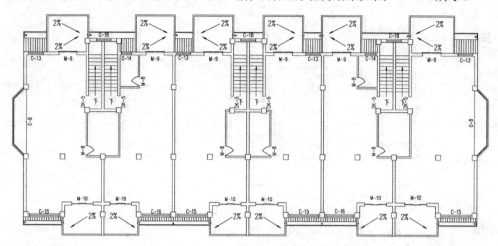

图 14-104　坡道标注

25）添加文字标注。调用"单行文字"命令，在弹出的"单行文字"对话框中设置参数，点取文字标注的插入点，即可完成添加文字标注的操作，结果如图 14-105 所示。

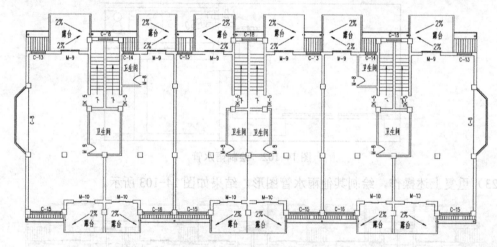

图 14-105　文字标注

26）添加标高标注。调用"标高标注"命令，在弹出的"标高标注"对话框中设置标高参数；分别指定标注点和标高方向，即可完成添加标高标注的操作，如图 14-106 所示。

27）添加引出标注。调用"引出标注"命令，在弹出的"引出标注"对话框中设置参数，分别指定标注第一点、引线位置以及文字基线位置，添加引出标注的结果如图 14-107 所示。

28）添加图名标注。调用"图名标注"命令，在弹出的"图名标注"对话框中设置参数，在平面图的下方点取图名标注的位置，操作结果如图 14-108 所示。

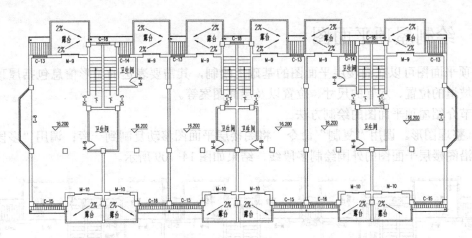

图 14-106　标高标注

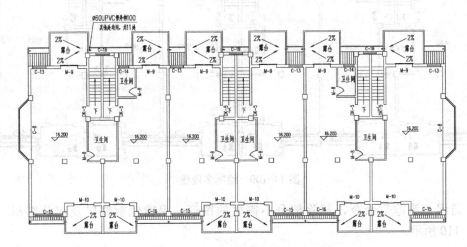

图 14-107　引出标注

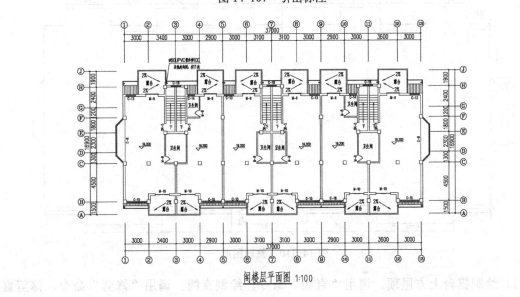

图 14-108　图名标注

14.4 绘制屋顶平面图

屋顶平面图可以在阁楼层平面图的基础上绘制，其需要表达的图形信息包括屋顶的坡度值、坡道的位置、水管的尺寸、位置以及屋面图案等。

本节介绍屋顶平面图的绘制方法。

1）整理图形。调用"复制"命令，将阁楼层平面图移动复制到一旁；调用"多段线"命令，沿阁楼层平面图的外围绘制多段线，结果如图 14-109 所示。

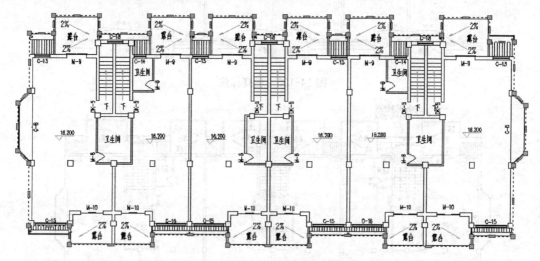

图 14-109　绘制多段线

2）调用"删除"命令，删除部分不需要的图形，保留轮廓线以及部分图形，结果如图 14-110 所示。

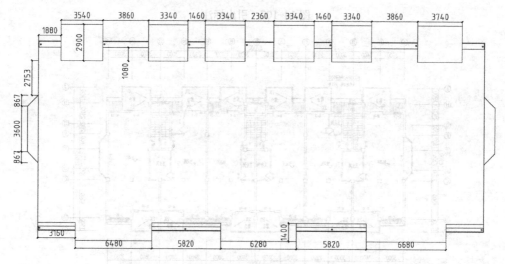

图 14-110　整理图形

3）绘制露台上方屋顶。调用"直线"命令，绘制直线；调用"修剪"命令，修剪直线，结果如图 14-111 所示。

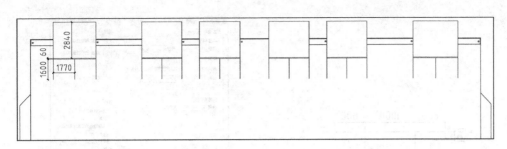

图 14-111　绘制结果

4）调用"直线"命令，绘制直线；调用"圆弧"命令，绘制圆弧，结果如图 14-112 所示。

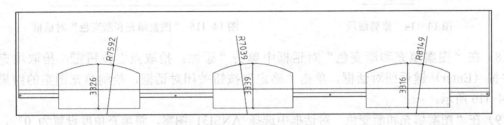

图 14-112　操作结果

5）屋顶倾斜度的表示法。调用"直线"命令，绘制直线；调用"偏移"命令，偏移直线，结果如图 14-113 所示。

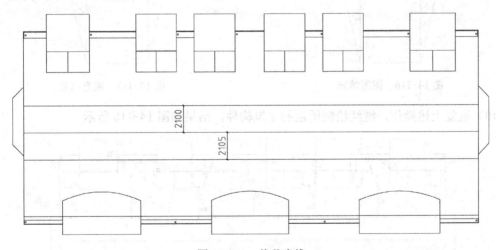

图 14-113　偏移直线

6）绘制屋顶建筑构件。调用"矩形"命令，绘制矩形；调用"分解"命令，分解矩形；调用"偏移"命令，偏移矩形边；调用"修剪"命令，修剪线段，结果如图 14-114 所示。

7）填充图案。调用"图案填充"命令，在弹出的"图案填充和渐变色"对话框中设置参数，如图 14-115 所示。

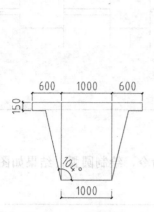

图 14-114　修剪线段　　　　　　　　　　图 14-115　"图案填充和渐变色"对话框

8）在"图案填充和渐变色"对话框中单击"添加：拾取点"按钮，拾取填充区域并按〈Enter〉键返回对话框，单击"确定"按钮关闭对话框，绘制填充图案的结果如图 14-116 所示。

9）在"图案填充和渐变色"对话框中选择 ANSI31 图案，将填充角度设置为 0°，将填充比例设置为 120，为建筑构件绘制填充图案，结果如图 14-117 所示。

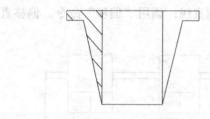

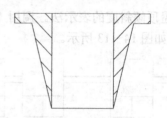

图 14-116　图案填充　　　　　　　　　　　　图 14-117　填充结果

10）重复上述操作，继续绘制屋顶的建筑构件，结果如图 14-118 所示。

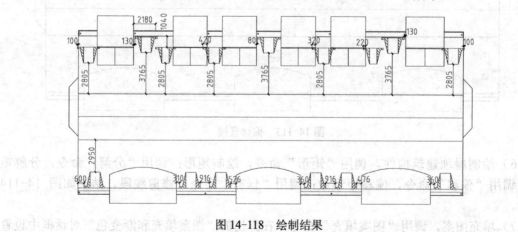

图 14-118　绘制结果

提示：由于篇幅有限，图 14-118 中某些建筑构件的详细尺寸没有在书中给予明确标注，读者在绘制的过程中可以参考本书配套光盘"第 14 章/屋顶平面图.dwg"中的最终文件。

11）填充屋面图案。调用"图案填充"命令，在弹出的"图案填充和渐变色"对话框中选择 LINE 图案，将填充角度设置为 90°，将填充比例设置为 600，为屋顶绘制填充图案，结果如图 14-119 所示。

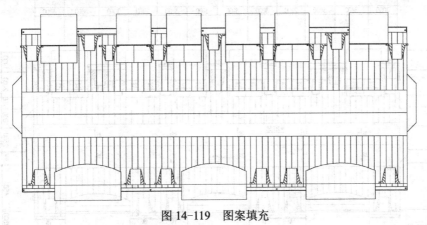

图 14-119　图案填充

12）在"图案填充和渐变色"对话框中修改填充角度为 0°，继续为屋顶绘制填充图案，结果如图 14-120 所示。

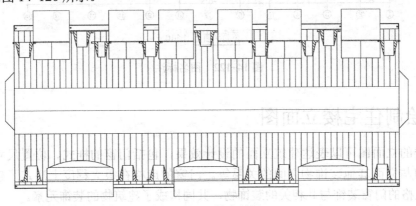

图 14-120　填充结果

13）添加坡度标注。调用"箭头引注"命令，在弹出的"箭头引注"对话框中设置参数；分别指定箭头的起点和直段的下一点，完成箭头引注的添加，结果如图 14-121 所示。

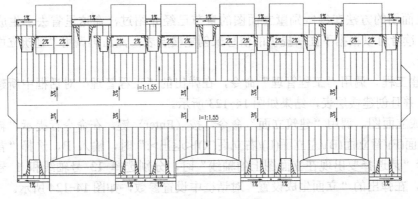

图 14-121　坡度标注

14）添加图名标注。调用"图名标注"命令，在弹出的"图名标注"对话框中设置参数；在平面图的下方点取图名标注的位置，操作结果如图 14-122 所示。

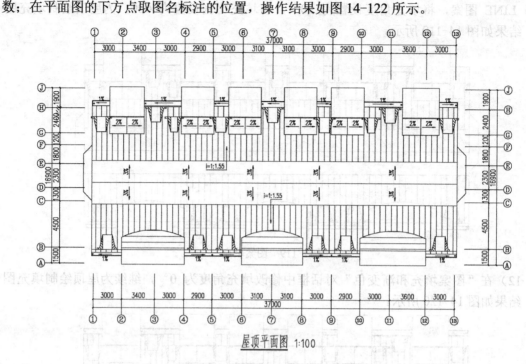

图 14-122　图名标注

14.5　绘制住宅楼立面图

住宅楼的立面图可以表达建筑立面的设计效果，包括门窗的样式、位置尺寸、建造风格以及门窗与立面其他装饰物之间的关系等。门窗的风格在很大程度上决定了建筑物的风格，特定风格的门窗装饰与其相关的装饰物，共同构成了建筑物的装饰元素。

本节介绍住宅楼立面图的绘制方法。

14.5.1　生成立面图

生成立面图的方法在绘制别墅立面图的章节已经介绍过，在这里省去了生成立面图的准备步骤，读者可以根据下面所提供的信息来创建楼层表，然后再调用"建筑立面"命令来生成楼层表。

1）新建工程。调用"工程管理"命令，在弹出的"工程管理"对话框中新建工程，添加平面图，并且创建楼层表，结果如图 14-123 所示。

2）生成立面图。调用"建筑立面"命令，按〈Enter〉键，在命令行提示"输入立面方向或 [正立面(F)/背立面(B)/左立面(L)/右立面(R)]<退出>:"时，输入 B，选择"背立面"选项；在提示"请选择要出现在立面图上的轴线"时，分别选择 13 号轴线和 1 号轴线；按〈Enter〉键，在弹出的"立面生成设置"对话框中设置参数，如图 14-124 所示。

 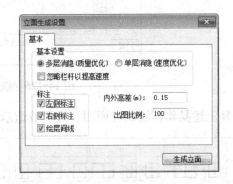

图 14-123　创建楼层表　　　　图 14-124　"立面生成设置"对话框

提示： 楼层表中的"1 层"是指车库层平面图，"2 层"是指一层平面图，"3—5"层是指标准层平面图，"6 层"是指五层平面图，"7 层"是指阁楼层平面图，"8 层"是指屋顶层平面图。读者可以根据楼层表中给出的层高，通过框选相应的楼层来创建楼层表。

3）单击"生成立面"按钮，在弹出的"输入要生成的文件"对话框中设置立面图的名称和保存路径，单击"保存"按钮即可生成立面图，结果如图 14-125 所示。

图 14-125　生成立面图

14.5.2　完善立面图

系统自行生成的立面图，需要同时调用 AutoCAD 命令和天正命令来编辑修改。本节介绍完善立面图的操作方法。

1）完善一层立面图。调用"删除"命令，删除立面图上的地坪线等一些线段；调用"直线"命令、"修剪"命令，绘制新的地坪线以及坡道线，结果如图 14-126 所示。

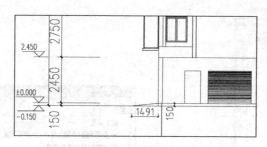

图 14-126　修改结果

2）重复上述操作，绘制立面图左边的坡道示意线，结果如图 14-127 所示。

图 14-127　绘制结果

提示： 一般情况下，立面图左右两边的图形是相互对称的，因此，右边的坡道示意线的尺寸与左边的坡道示意线的尺寸是相等的。

3）调用"删除"命令，删除一层立面图上的多余线段，结果如图 14-128 所示。

图 14-128　删除线段

4）编辑立面装饰线。调用"删除"命令，删除立面图上的多余线段，保留的立面装饰线如图 14-129 所示。

图 14-129　编辑结果

5）调整立面窗。调用"删除"命令，删除多余的立面窗图形；调用"移动"命令，移动立面窗的位置，结果如图 14-130 所示。

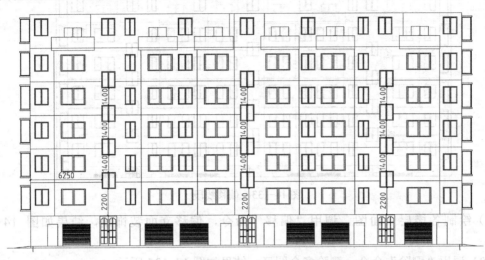

图 14-130　调整结果

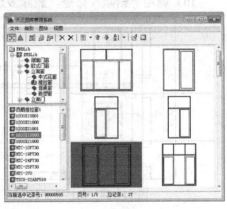

图 14-131　"天正图库管理系统"窗口

6）替换窗样式。调用"立面门窗"命令，在打开的"天正图库管理系统"对话框中选择立面窗样式，如图 14-131 所示。

7）在对话框中单击"替换"按钮 ，选择待替换的立面窗，按〈Enter〉键，即可完成替换，结果如图 14-132 所示。

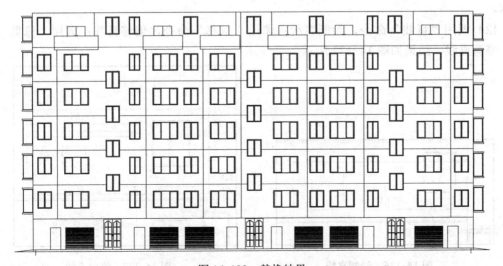

图 14-132　替换结果

8）绘制立面装饰线。调用"偏移"命令，偏移线段，结果如图 14-133 所示。

图 14-133　偏移线段

9）绘制各楼层立面图。调用"偏移"命令，偏移立面装饰线，结果如图 14-134 所示。

10）调用"删除"命令，删除多余图形，结果如图 14-135 所示。

图 14-134　偏移立面装饰线

图 14-135　删除结果

11）调用"删除"命令，删除飘窗；调用"直线"命令，绘制直线，结果如图 14-136 所示。

12）调用"直线"命令，绘制直线；调用"偏移"命令，偏移直线；调用"修剪"命令，修剪直线，结果如图 14-137 所示。

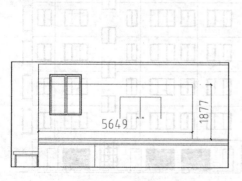

图 14-136　绘制直线

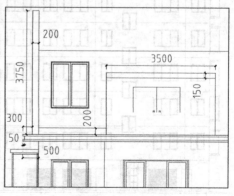

图 14-137　修剪直线

13）绘制立面阳台。调用"立面阳台"命令，在打开的"天正图库管理系统"窗口中选择立面阳台的样式，如图 14-138 所示。

14）双击立面阳台样式，在弹出的"图块编辑"对话框中单击"输入尺寸"单选按钮，输入阳台的尺寸参数，结果如图 14-139 所示。

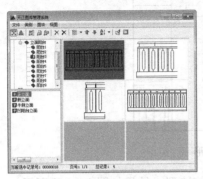

图 14-138　选择立面阳台样式

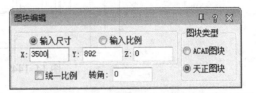

图 14-139　"图块编辑"对话框

15）点取阳台的插入点，即可创建立面阳台；调用"直线"命令，绘制直线，结果如图 14-140 所示。

16）图形裁剪。调用"图形裁剪"命令，选择立面门为待裁剪的图形；按〈Enter〉键，分别指定裁剪的两个角点，图形裁剪的操作结果如图 14-141 所示。

图 14-140　绘制结果

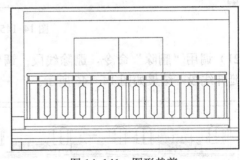

图 14-141　图形裁剪

17）调用"移动"命令，移动立面窗图形，结果如图 14-142 所示。

18）绘制立面窗装饰造型。调用"直线"命令、"偏移"命令、"修剪"命令，绘制如图 14-143 所示的图形。

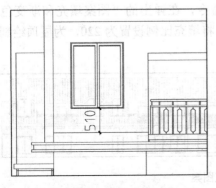

图 14-142　移动立面窗图形

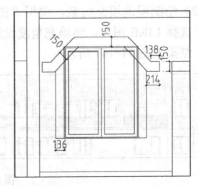

图 14-143　绘制结果

19）调用"分解"命令，分解立面窗图形；调用"修剪"命令，修剪图形，结果如图 14-144 所示。

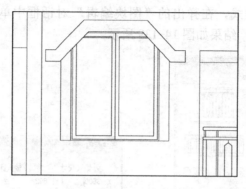

图 14-144　修剪图形

20）重复上述操作，绘制立面阳台以及立面窗装饰造型，结果如图 14-145 所示。

图 14-145　绘制结果

21）调用"删除"命令，删除线段；调用"偏移"命令，偏移线段；调用"延伸"命令，延伸线段，结果如图 14-146 所示。

图 14-146　延伸线段

22）绘制屋顶填充图案。调用"图案填充"命令，在弹出的"图案填充和渐变色"对话框中选择 LINE 图案，将填充角度设置为 90°，将填充比例设置为 220，为屋顶绘制填充图案，结果如图 14-147 所示。

图 14-147　填充图案

23）绘制雨水管线。调用"雨水管线"命令，分别指定雨水管线的起点和终点，绘制结果如图 14-148 所示。

图 14-148　绘制雨水管线

24）添加引出标注。调用"引出标注"命令，在弹出的"引出标注"对话框中设置参数；分别指定标注第一点、引线位置以及文字基线位置，添加引出标注的结果如图 14-149 所示。

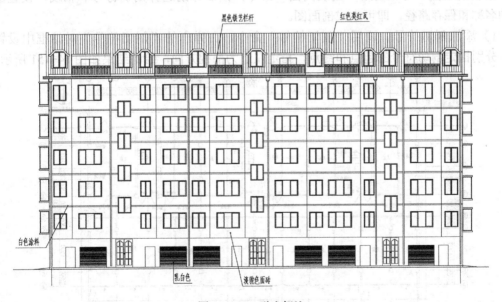

图 14-149　引出标注

25）添加图名标注。调用"图名标注"命令，在弹出的"图名标注"对话框中设置参数，在平面图的下方点取图名标注的位置，即可添加图名标注，操作结果如图 14-150 所示。

住宅楼立面图 1:100

图 14-150　图名标注

14.6　绘制住宅楼剖面图

调用"建筑剖面"命令，可以在剖切符号和楼层表的基础上生成剖面图。本节介绍住宅楼剖面图的绘制方法。

14.6.1　生成剖面图

绘制剖面图，可以调用"建筑剖面"命令，然后分别选择剖切符号和轴线，设置剖面图的名称和保存路径，即可生成剖面图。

1）添加剖切符号。调用"剖切符号"命令，在弹出的"剖切符号"对话框中设置参数；分别指定剖切符号的起点和终点，指定左边为剖视方向，绘制结果如图 14-151 所示。

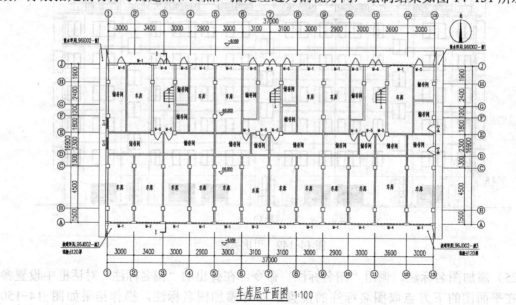

车库层平面图 1:100

图 14-151　图名标注

2）调用"工程管理"命令，弹出上一节所创建的住宅楼工程；在"楼层"选项组中单击其中的"建筑剖面"按钮图；选择 1-1 剖切符号，分别选择 A 轴和 J 轴，按〈Enter〉键，在弹出的"剖面生成设置"对话框中设置"内外高差"参数为 0.15。

3）单击"生成剖面"按钮，在弹出的"输入要生成的文件"对话框中设置剖面图的名称和保存路径，单击"保存"按钮可生成剖面图，结果如图 14-152 所示。

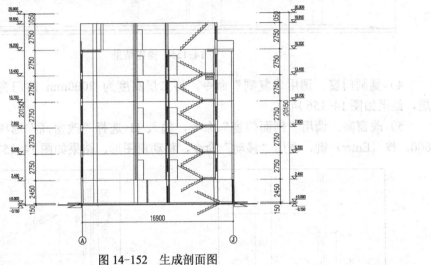

图 14-152 生成剖面图

14.6.2 完善剖面图

生成剖面图后，要对其进行编辑修改，如删除多余的线段、增加必须有但没有的图形等。完善剖面除了调用天正命令之外，还必须配合 AutoCAD 命令来执行辅助编辑操作。因为有些图形不能使用天正命令来绘制，所以必须借助 AutoCAD 命令。

1）整理图形。调用"删除"命令，删除图形如图 14-153 所示。

2）绘制坡道图形。调用"直线"命令，绘制直线；调用"删除"命令，删除线段，结果如图 14-154 所示。

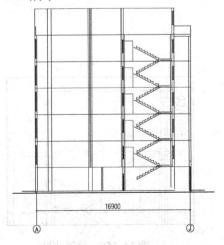

图 14-153 整理图形

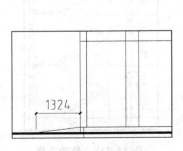

图 14-154 绘制结果

3）重复上述操作，继续绘制坡道图形；调用"延伸"命令，延伸线段，结果如图 14-155 所示。

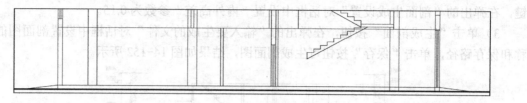

14-155　操作结果

4）复制门窗。调用"复制"命令，将二层高度为 2000mm 的门窗图形移动复制到一层，结果如图 14-156 所示。

5）改窗高。调用"剖面门窗"命令，输入 H 选择"改窗高"选项；输入窗高参数为 600，按〈Enter〉键，调用"移动"命令，移动窗图形，结果如图 14-157 所示。

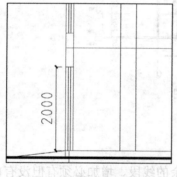

图 14-156　移动复制

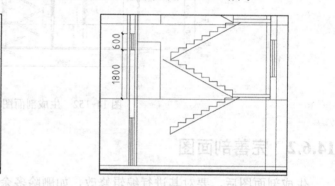

图 14-157　修改结果

6）重复上述操作，修改窗户的高度参数，如图 14-158 所示。

7）因为第 7 层的剖面窗在生成剖面图时缺失，所以需要调用"复制"命令，复制高度为 600mm 的剖面窗，结果如图 14-159 所示。

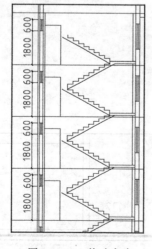

图 14-158　修改高度

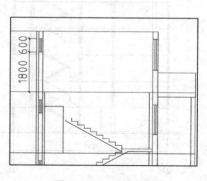

图 14-159　复制结果

提示: 用户也可以在修改完成一个剖面窗的高度后, 调用"复制"命令, 向上进行移动复制修改后的窗图形, 并将原有的窗图形删除。

8) 调用"偏移"命令, 偏移线段; 调用"删除"命令, 删除线段, 结果如图 14-160 所示。

9) 绘制双线楼板。调用"双线楼板"命令, 指定楼板的起点和终点; 在命令行提示 "楼板顶面标高 <-63144>"时, 按〈Enter〉键确认; 在命令行提示"楼板的厚度 (向上加厚输负值) <200>"时, 输入 100, 绘制双线楼板的结果如图 14-161 所示。

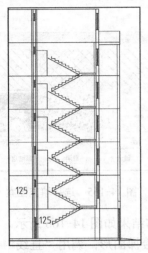

图 14-160 删除线段

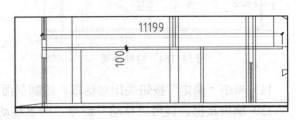

图 14-161 绘制双线楼板

10) 重复上述操作, 继续绘制双线楼板图形, 结果如图 14-162 所示。

11) 加剖断梁。调用"加剖断梁"命令, 指定剖面梁的参照点为 a 点; 在命令行提示 "梁左侧到参照点的距离 <100>:"时, 输入 0; 在命令行提示"梁右侧到参照点的距离 <100>:"时, 输入 200; 在命令行提示"梁底边到参照点的距离 <300>:"时, 输入 450, 绘制剖断梁, 结果如图 14-163 所示。

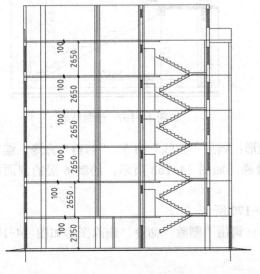

图 14-162 绘制结果

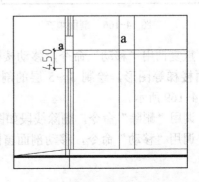

图 14-163 绘制剖断梁

12）重复上述操作，继续绘制剖断梁，调用"修剪"命令，修剪多余线段，结果如图 14-164 所示。

13）剖面填充。调用"剖面填充"命令，选择需要填充的对象并按〈Enter〉键；在弹出的"请点取所需的填充图案"对话框，选择填充图案，结果如图 14-165 所示。

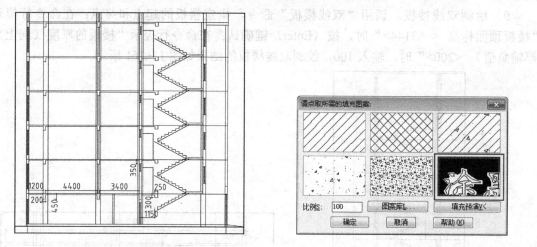

图 14-164　绘制结果

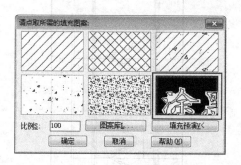

图 14-165　选择填充图案

14）单击"确定"按钮关闭对话框，绘制剖面填充的结果如图 14-166 所示。

15）编辑楼梯。调用"移动"命令，向下移动剖面楼梯图形；调用"直线"命令、"修剪"命令，编辑剖面楼梯和休息台楼板、剖断梁，结果如图 14-167 所示。

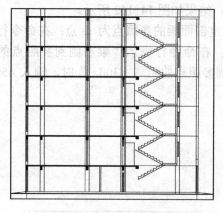

图 14-166　剖面填充

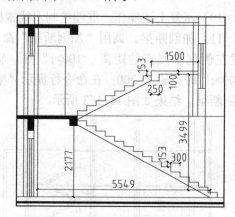

图 14-167　绘制结果

16）重复调用"移动"命令，移动楼梯图形；调用"直线"命令、"修剪"命令，编辑修改剖面楼梯等图形，绘制 3～5 层的剖面楼梯，如图 14-168 所示，绘制 6 层的剖面楼梯如图 14-169 所示。

17）调用"删除"命令，删除线段如图 14-170 所示。

18）调用"移动"命令，移动剖面窗图形；调用"删除"命令，删除图形如图 14-171 所示。

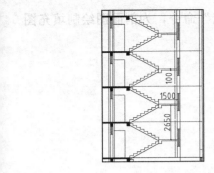

图 14-168　3~5 层的剖面楼梯

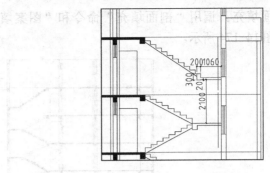

图 14-169　6 层的剖面楼梯

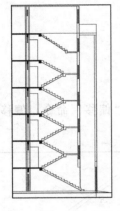

图 14-170　删除线段

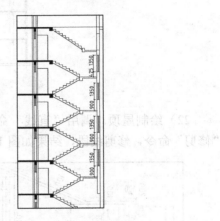

图 14-171　移动剖面窗图形

19）修改剖面墙体。调用"直线"命令，绘制直线；调用"修剪"命令，修剪线段，结果如图 14-172 所示。

20）加剖断梁。调用"加剖断梁"命令，根据命令行的提示绘制剖断梁，结果如图 14-173 所示。

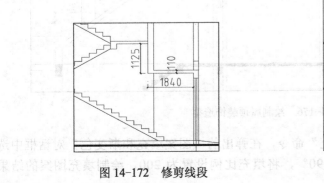

图 14-172　修剪线段

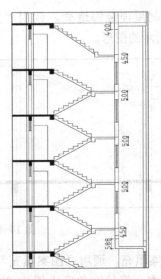

图 14-173　绘制剖断梁

21）剖面填充。调用"剖面填充"命令和"图案填充"命令，为剖面图绘制填充图案，结果如图 14-174 所示。

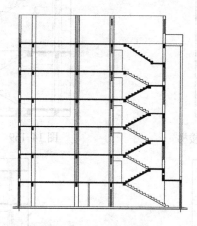

图 14-174　图案填充

22）绘制屋顶。调用"直线"命令，绘制直线；调用"偏移"命令，偏移直线；调用"修剪"命令，修剪线段，结果如图 14-175 所示。

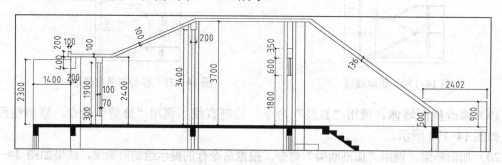

图 14-175　绘制屋顶

23）绘制屋顶装饰造型。调用"直线"命令、"偏移"命令、"修剪"命令，绘制如图 14-176 所示的图形。

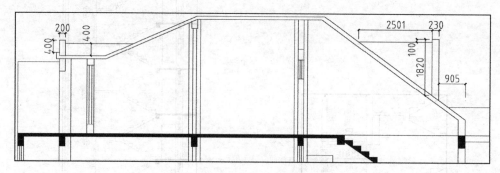

图 14-176　绘制屋顶装饰造型

24）图案填充。调用"图案填充"命令，在弹出的"图案填充和渐变色"对话框中选择 LINE 图案，将填充角度设置为 90°，将填充比例设置为 200，绘制填充图案的结果如图 14-177 所示。

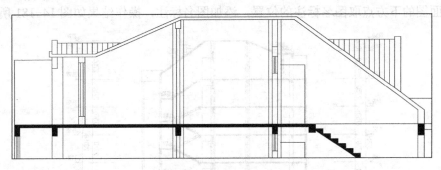

图 14-177　图案填充

25）在"图案填充和渐变色"对话框中选择 SOLID 图案，为屋顶绘制填充图案，结果如图 14-178 所示。

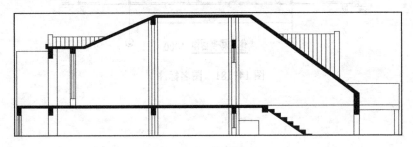

图 14-178　填充结果

26）修整图形。调用"删除"命令，删除线段；调用"复制"命令，移动复制剖面门图形，结果如图 14-179 所示。

27）添加标高标注。调用"标高标注"命令，在弹出的"标高标注"对话框中设置标高参数；分别指定标注点和标高方向，添加标高标注的结果如图 14-180 所示。

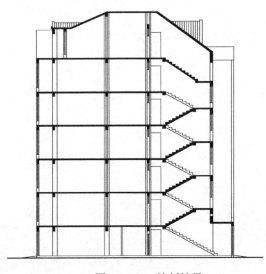

图 14-179　绘制结果

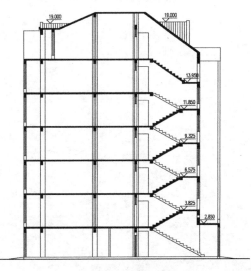

图 14-180　标高标注

28）添加图名标注。调用"图名标注"命令，在弹出的"图名标注"对话框中设置参数；在平面图的下方点取图名标注的位置，添加图名标注，操作结果如图 14-181 所示。

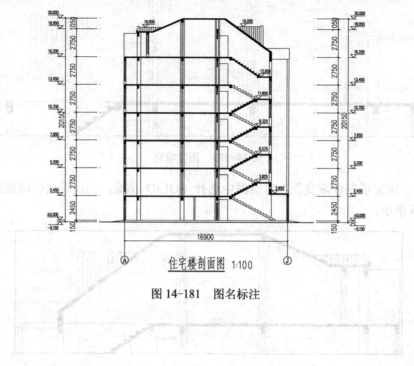

住宅楼剖面图 1:100

图 14-181　图名标注

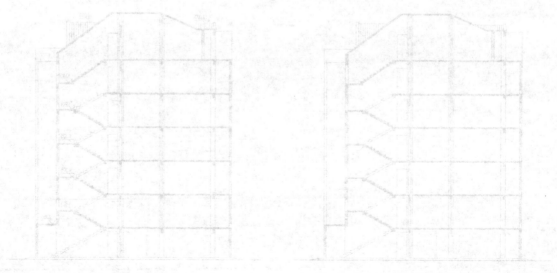

第15章　办公楼设计综合实例

本章以办公楼的设计为例，介绍使用 T20 天正建筑软件来绘制办公楼建筑设计施工图纸的绘制方法。本章分 5 个小节来介绍各类图形的绘制，分别为办公楼一层平面图、办公楼机房平面图、屋面排水平面图、办公楼立面图以及办公楼剖面图。

15.1　绘制办公楼一层平面图

本例选用的办公楼实例没有地下室，层数为 7 层，7 层以上分别为电梯机房和屋面。一层平面图是绘制其他各层平面图的基础，本节分 6 个部分来介绍各类图形的绘制方法。

15.1.1　绘制轴网

在使用"绘制轴网"命令来创建轴网图形时，可以在对话框中输入开间、进深等参数，也可以通过拾取已绘轴网来得到其参数。选用哪种方法来绘制轴网，主要看绘图者的习惯或者绘图的具体情况。

1）调用"绘制轴网"命令，在对话框中分别设置轴网的下开及左进参数，如图 15-1 所示。（下开参数：4500/4500/4500/7200/4500/4500/4500/4500/4500/7200/4500/4500/4500）、（左进参数：6000/2400/6000/900）

图 15-1　设置参数

2）根据命令行的提示点取轴网的插入点，绘制轴网的结果如图 15-2 所示。

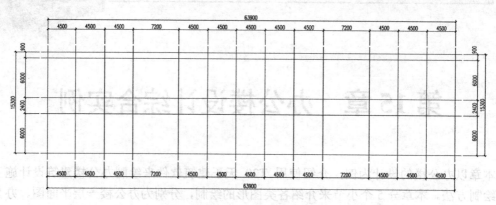

图 15-2 绘制轴网

3）添加轴网标注。调用"轴网标注"命令，在弹出的"轴网标注"对话框中设置起始轴号的参数，如图 15-3 所示。

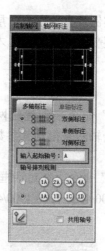

图 15-3 设置参数

4）根据命令行的提示，分别选择起始轴线与终止轴线，添加轴网标注，结果如图 15-4 所示。

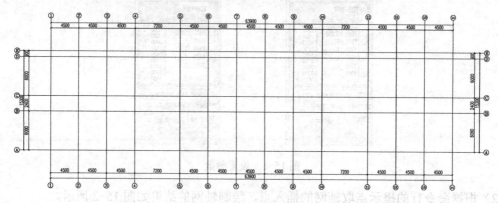

图 15-4 添加轴网标注

5）调用"偏移"命令、"修剪"命令，偏移并修剪轴线，结果如图 15-5 所示。

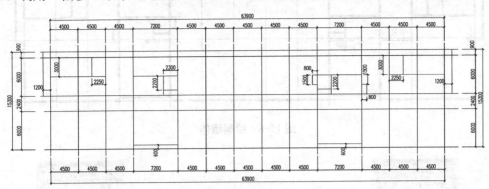

图 15-5　编辑并修剪轴网

15.1.2　绘制墙柱

通过调用"绘制墙体"命令，可以自定义墙高、墙宽、底高等。假如开启填充模式，系统还会根据用户所选择的墙体材料来自定义墙体的填充图案。

1）绘制墙体。调用"绘制墙体"命令，在对话框中设置墙体参数如图 15-6 所示。

2）分别指定墙体的各点，绘制墙体的结果如图 15-7 所示。

图 15-6　设置墙体参数

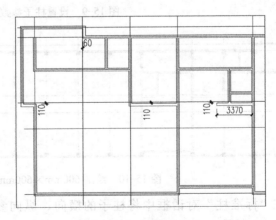

图 15-7　绘制结果

3）继续在轴网上单击指定墙体的各点，完成办公楼墙体图形的绘制，结果如图 15-8 所示。

4）绘制柱子。调用"标准柱"命令，在弹出的"标准柱"对话框中设置柱子的横向、纵向参数；单击"柱子填充"按钮，开启填充模式；单击图案预览框右侧的向下箭头，在弹出的"柱子填充"对话框中选择填充图案，单击"确定"按钮返回"标准柱"对话框，如图 15-9 所示。

5）在轴线上点取柱子的插入点，绘制 600mm×600mm 的矩形标准柱，如图 15-10 所示。

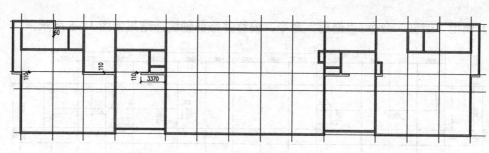

图 15-8   绘制墙体

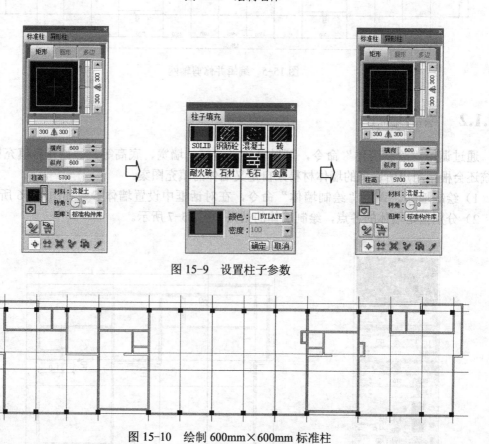

图 15-9   设置柱子参数

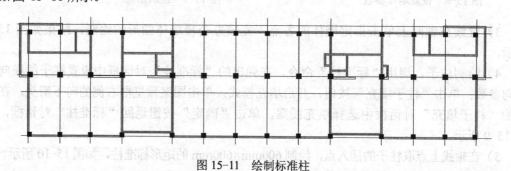

图 15-10   绘制 600mm×600mm 标准柱

6）在"标准柱"对话框中将柱子的横向、纵向参数修改为 700，绘制标准柱的结果如图 15-11 所示。

图 15-11   绘制标准柱

15.1.3　绘制门窗

T20 天正建筑软件在原来门窗命令的基础上新增了"新门"和"新窗"命令。分别调用这两个命令，可以调出"门""窗"对话框，与以前版本的将"门""窗"对话框合并起来的形式有所不同。用户可以在对话框中独立的设置门窗参数。

1）将"DOTE"图层关闭，如图 15-12 所示。

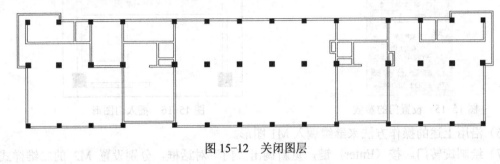

图 15-12　关闭图层

2）绘制双扇平开门。调用"新门"命令，在弹出的"门"对话框中单击上方的三维样式预览框，在打开的"天正图库管理系统"窗口中选择门的三维样式，如图 15-13 所示。

3）双击样式图标，返回"门"对话框，单击对话框中间的二维样式预览框，选择门的二维样式，如图 15-14 所示。

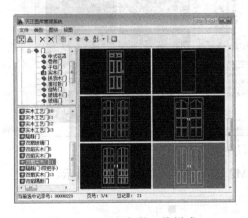

图 15-13　选择门的三维样式

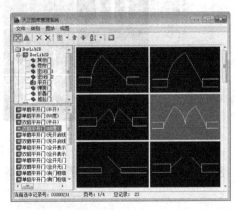

图 15-14　选择门的二维样式

4）双击样式图标，返回"门"对话框，在其中设置门的参数，如门宽、编号等，如图 15-15 所示。

5）此时命令行的提示如下：

```
命令: XM↙
点取门窗大致的位置和开向(〈Shift〉——左右开,〈Ctrl〉——上下开)[当前间距:300(L)]<退出>: L
请输入间距值<回车>:600
点取门窗大致的位置和开向(〈Shift〉——左右开,〈Ctrl〉——上下开)[当前间距:600(L)]<退出>:
//插入门图形,如图 15-16 所示。
```

图 15-15　设置门的参数

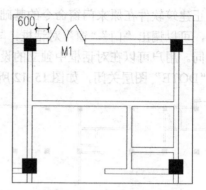

图 15-16　插入门图形

6）沿用上述的操作方法来继续调入 M1 图形。

7）绘制旋转门。按〈Enter〉键，重新调出"门"对话框，分别设置 M2 的二维样式及三维样式，如图 15-17 所示。

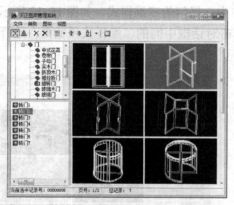

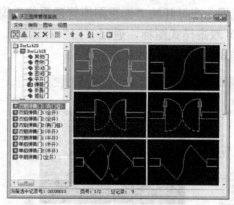

图 15-17　设置门样式

8）在"门"对话框中设置 M2 的参数，插入 M2 图形的结果如图 15-18 所示。

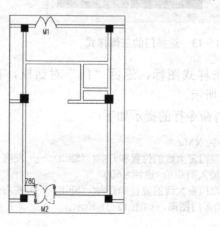

图 15-18　插入 M2 图形

9）调用"复制"命令，移动并复制 M2 图形，如图 15-19 所示。

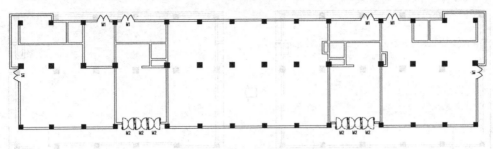

图 15-19　移动并复制门图形

10）绘制有固定玻璃的平开门。调用"新门"命令，在打开的"天正图库管理系统"窗口中分别选择有固定玻璃的平开门的三维样式及二维样式，如图 15-20 所示。

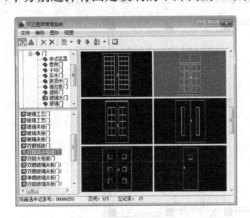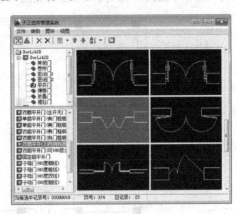

图 15-20　选择门样式

11）在"门"对话框中设置门的参数，如图 15-21 所示。

12）在墙段上点取平开门的插入点，插入门图形，结果如图 15-22 所示。

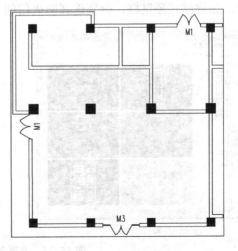

图 15-21　设置参数　　　　　　　图 15-22　插入门图形

13）编辑墙体。调用"移动"命令，选择墙体并向上移动，如图 15-23 所示。

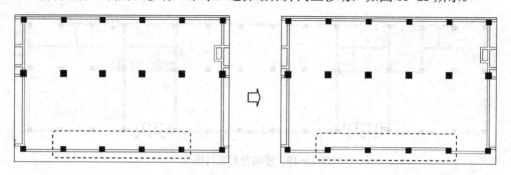

图 15-23　绘制结果

14）调用"新门"命令，在墙段上插入宽度为 3780mm 的 M4 图形，如图 15-24 所示。

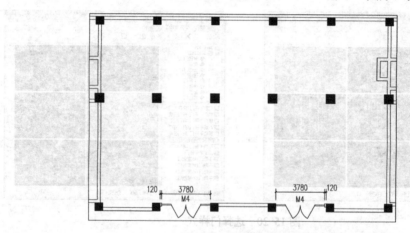

图 15-24　调入 M4 图形

15）绘制防火门。调用"新门"命令，在打开的"天正图库管理系统"窗口中双击其中的三维、二维样式预览框，分别选择防火门的三维样式及二维样式，如图 15-25 所示。

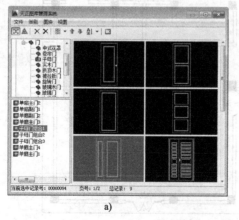
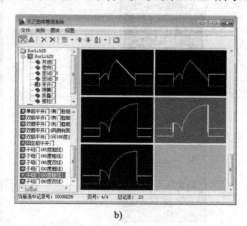

a)　　　　　　　　　　　　　　　　b)

图 15-25　设置防火门样式

a) 防火门的三维样式　b) 防火门的二维样式

16）设置防火门的参数，如图 15-26 所示。

17）插入防火门图形，如图 15-27 所示。

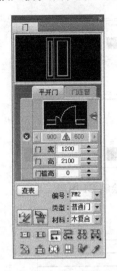

图 15-26　设置参数

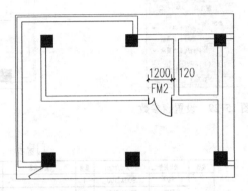

图 15-27　插入防火门

18）沿用上述方法，继续执行插入门图形的操作，一层门图形的绘制结果如图 15-28 所示。

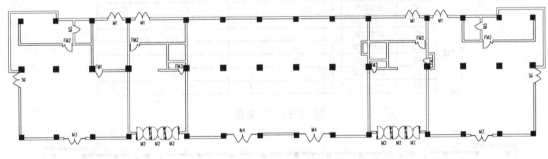

图 15-28　绘制一层门图形

19）绘制平开窗。调用"门窗"→"新窗"命令，在弹出的"窗"对话框中设置平开窗参数，如图 15-29 所示。

20）此时命令行的提示如下：

```
命令: Tgwindow
点取门窗大致的位置和开向(〈Shift〉——左右开,〈Ctrl〉——上下开)[当前间距: 200(L)]<退出>:L
请输入间距值<返回>:0
点取门窗大致的位置和开向(〈Shift〉——左右开,〈Ctrl〉——上下开)[当前间距: 0(L)]<退出>:
//调入平开窗图形的结果如图 15-30 所示。
```

21）调用"门窗"→"新门"命令和"门窗"→"新窗"命令，按照如图 15-31 所示的门窗表所提供的参数，继续绘制一层平面图的门窗图形，结果如图 15-32 所示。

图 15-29　设置窗参数

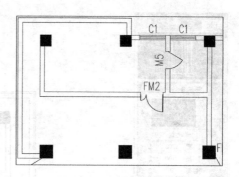

图 15-30　绘制 C1 图形

门窗表

类型	设计编号	洞口尺寸/mm	数量	图集名称	页次	选用型号	备注
普通门	FM1	900X2100	1				
	FM2	1200X2100	4				
	FM3	600X2100	3				
	M1	1800X2100	6				
	M2	1800X2100	6				
	M3	2700X2100	2				
	M4	3780X2100	2				
	M5	900X2100	2				
普通窗	C1	1380X1500	4				
	C2	1200X1500	2				
	C3	1800X1500	2				
	C4	3000X1500	5				
	C5	2700X1500	8				
	C6	3900X1500	1				

图 15-31　门窗表

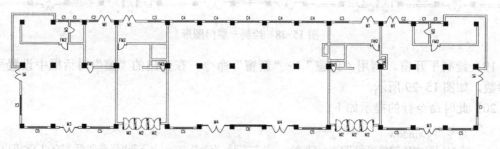

图 15-32　绘制一层门窗图形

15.1.4　绘制室内设施

　　办公楼的室内设施有很多，常见的有楼梯、电梯、扶梯等。T20 天正建筑软件为创建各类室内设施均定义了命令，例如调用"双跑楼梯"命令，可以通过定义楼梯的各项参数（如高度、跑数、宽度等），来创建与该参数相符合的楼梯图形。

1）绘制双跑楼梯。调用"双跑楼梯"命令，在弹出的"双跑楼梯"对话框中设置梯段参数，如图 15-33 所示。

2）在命令行中输入 A，调整梯段的角度，点取插入点，调入双跑楼梯图形，结果如图 15-34 所示。

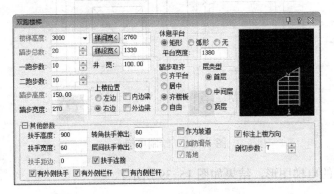

图 15-33 "双跑楼梯"对话框

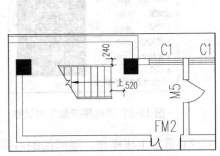

图 15-34 调入双跑楼梯图形

3）调用"直线"命令，绘制连接直线，如图 15-35 所示。

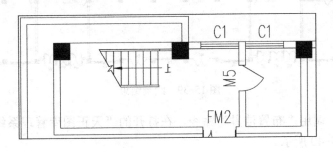

图 15-35 绘制连接直线

4）重复调用"双跑楼梯"命令，继续绘制双跑楼梯图形，绘制结果如图 15-36 所示。

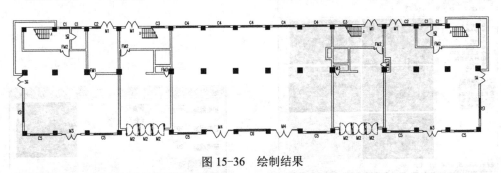

图 15-36 绘制结果

5）绘制电梯。调用"电梯"命令，在弹出的"电梯参数"对话框中设置参数，如图 15-37 所示。

6）命令行的提示如下：

命令:DT↙
请给出电梯间的一个角点或 [参考点(R)]<退出>: //指定 A 点;
再给出上一角点的对角点: //指定 B 点;
请点取开电梯门的墙线<退出>: //指定 C 墙段;
请点取平衡块的所在的一侧<退出>: //指定 D 墙段,绘制电梯如图 15-38 所示。

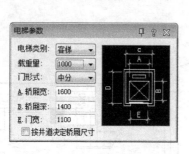

图 15-37 "电梯参数"对话框

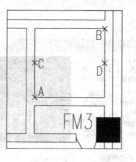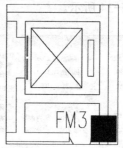

图 15-38 绘制电梯

7) 重复上述操作,继续绘制右侧的电梯图形,结果如图 15-39 所示。

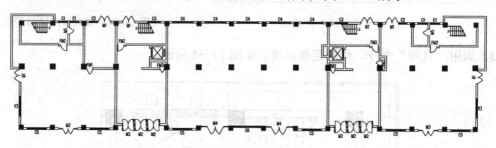

图 15-39 绘制结果

8) 布置洁具。调用"布置洁具"命令,在打开的"天正图库管理系统"窗口中选择台式洗脸盆,如图 15-40 所示。

9) 双击洁具样式图标,弹出如图 15-41 所示的【布置台上式洗脸盆 2】对话框。

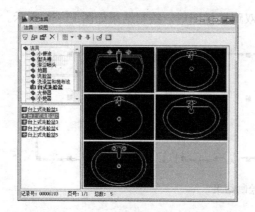

图 15-40 "天正图库管理系统"窗口

图 15-41 "布置台上式洗脸盆 2"对话框

10) 此时命令行的提示如下:

命令：BZJJ↙
请选择沿墙边线 <退出>:
插入第一个洁具[插入基点(B)] <退出>:
下一个 <结束>:
台面宽度<600>:550
台面长度<1800>:1830   //调入台式洗脸盆，如图 15-42 所示。

11）继续调用"布置洁具"命令，调入小便器及大便器，结果如图 15-43 所示。

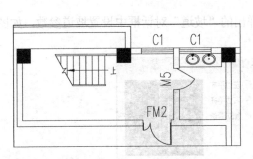

图 15-42　调入台式洗脸盆

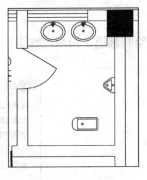

图 15-43　操作结果

12）绘制隔断。调用"绘制墙体"命令，在"用途"选项中选择"卫生隔断"，设置隔断的宽度为 60mm；调取隔断的起点及终点，绘制卫生隔断的结果如图 15-44 所示。

13）绘制平开门。调用"新门"命令，设置门的宽度为 600mm，在隔断上点取门的插入点，绘制单扇平开门，结果如图 15-45 所示。

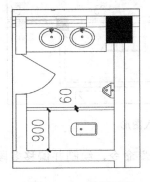

图 15-44　绘制隔断

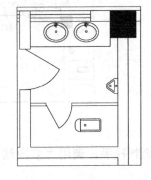

图 15-45　绘制平开门

14）调用"镜像"命令，将洁具、隔断及门图形镜像复制至平面图的右侧，如图 15-46 所示。

15.1.5　绘制室外设施

办公楼的室外设施包括台阶、散水、坡道等。公共建筑通常需要设置坡道：一来方便老弱病残孕出行；二来也为运送大件物品提供方便。通过调用"坡道"命令，自定义坡道的各项参数后，根据命令行的提示，可以对坡道图形执行修改插入基点、改转角、左右翻、上下翻等操作。

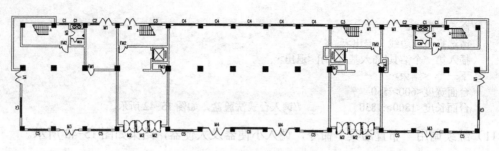

图 15-46　镜像复制图形

1）绘制坡道。调用"坡道"命令，在弹出的"坡道"对话框中设置坡道参数，如图 15-47 所示。

图 15-47　"坡道"对话框

2）在命令行中输入 A，调整坡道的角度，点取左下角为插入基点，插入图形，结果如图 15-48 所示。

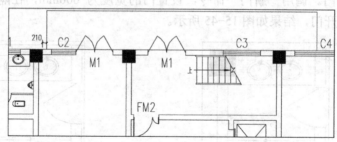

图 15-48　插入图形

3）绘制扶手。调用"多段线"命令、"偏移"命令，绘制并偏移多段线，如图 15-49 所示。

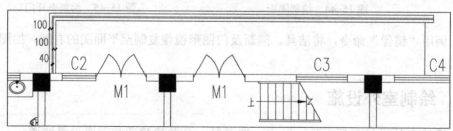

图 15-49　绘制扶手

4）调用"镜像"命令，向右镜像复制坡道及扶手图形，如图 15-50 所示。

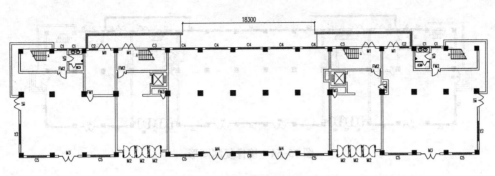

图 15-50　镜像复制坡道及扶手图形

5）绘制台阶。调用"台阶"命令，在弹出的"台阶"对话框中设置参数，如图 15-51 所示。

6）分别指定起点和终点，绘制台阶，结果如图 15-52 所示。

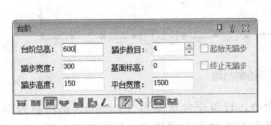

图 15-51　"台阶"对话框

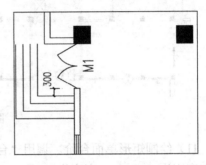

图 15-52　绘制台阶

7）绘制台阶挡墙。调用"矩形"命令，绘制尺寸为 1160mm×420mm 的矩形；调用 "偏移"命令，设置偏移距离为 60mm，向内偏移矩形。

8）调用"分解"命令，分解偏移得到的矩形；调用"删除"命令，删除矩形边，绘制 台阶挡墙的结果如图 15-53 所示。

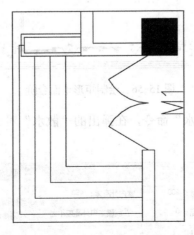

图 15-53　绘制台阶挡墙

9）调用"镜像"命令，将台阶及挡墙图形镜像复制到右边，如图 15-54 所示。

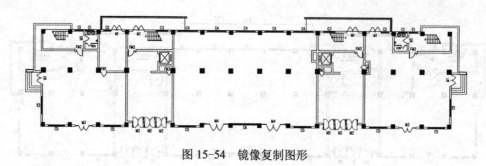

图 15-54　镜像复制图形

10）绘制挡墙。调用"矩形"命令，绘制尺寸为 2360mm×720mm 的矩形；调用"偏移"命令，设置偏移距离为 60mm，向内偏移矩形，绘制图形的结果如图 15-55 所示。

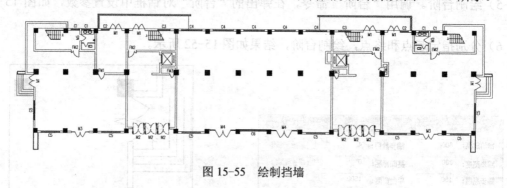

图 15-55　绘制挡墙

11）绘制矩形单面台阶。调用"台阶"命令，设置平台宽度为 1500mm，踏步数为 4，踏步宽度为 300mm，高度为 150mm，单击指定台阶的起点和终点，绘制矩形单面台阶，结果如图 15-56 所示。

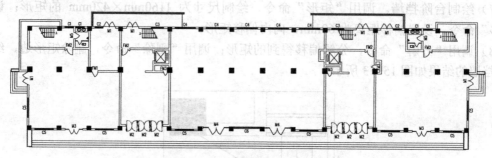

图 15-56　绘制矩形单面台阶

12）绘制散水。调用"散水"命令，在弹出的"散水"对话框中设置参数，如图 15-57 所示。

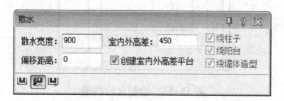

图 15-57　"散水"对话框

13）分别点取散水的起点、终点，绘制散水，结果如图 15-58 所示。

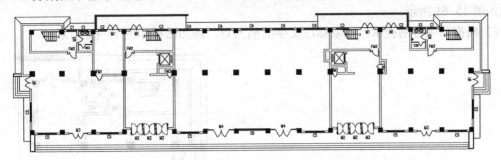

图 15-58　绘制散水

14）调用"多段线"命令，在电井、水管井内绘制折断线，如图 15-59 所示。

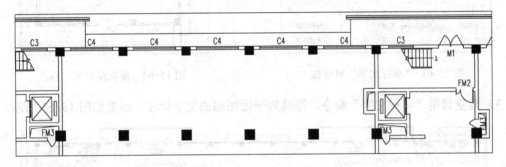

图 15-59　绘制折断线

15）调用"图案填充"命令，在弹出的"图案填充和渐变色"对话框中选择 ASNI31 图案，将填充角度设置为 0°，将填充比例设置为 60，对电井、水管井执行填充操作，结果如图 15-60 所示。

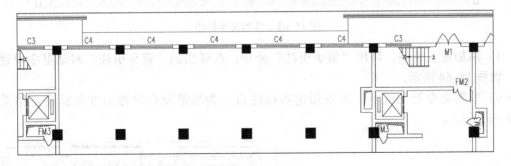

图 15-60　图案填充

15.1.6　添加图形标注

通过使用文字表格、尺寸标注、符号标注等屏幕菜单下的各项命令，可以轻松地为图形添加各类标注，如文字标注、箭头引注等。例如调用"单行文字"命令，可以设置文字的高度、样式、转角、对齐方式等，为指定的图形添加文字标注。

1）添加单行文字标注。调用"单行文字"命令，在弹出的"单行文字"对话框中设置参数如图 15-61 所示。

2）根据命令行的提示，点取标注文字的插入点，添加结果如图 15-62 所示。

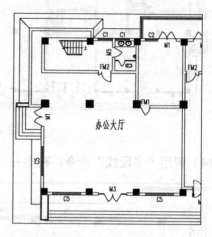

图 15-61 "单行文字"对话框

图 15-62 添加单行文字标注

3）重复调用"单行文字"命令，继续为平面图添加文字标注，结果如图 15-63 所示。

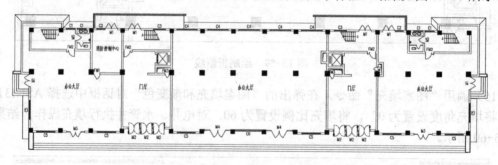

图 15-63 添加文字标注

4）添加箭头引注。调用"箭头引注"命令，在弹出的"箭头引注"对话框中设置参数，如图 15-64 所示。

5）根据命令行的提示，分别指定各标注点，为坡道及台阶添加方向标注，结果如图 15-65 所示。

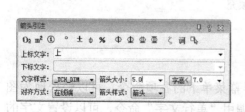

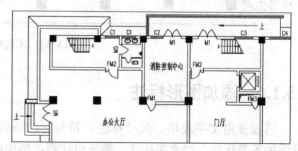

图 15-64 "箭头引注"对话框

图 15-65 添加方向标注

6）重复调用"箭头引注"命令，继续为平面图添加箭头标注，结果如图 15-66 所示。

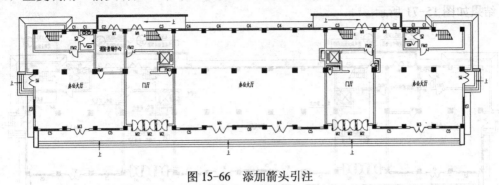

图 15-66　添加箭头引注

7）添加引出标注。调用"引出标注"命令，在弹出的"引出标注"对话框中设置参数，如图 15-67 所示。

8）根据命令行的提示，分别指定各标注点，添加引出标注，结果如图 15-68 所示。

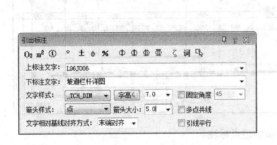

图 15-67　"引出标注"对话框

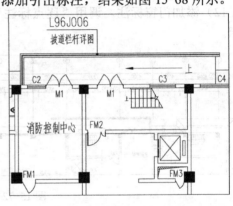

图 15-68　添加引出标注

9）添加索引图名。调用"索引图名"命令，在弹出的"索引图名"对话框中设置参数，如图 15-69 所示。

10）点取图名的标注位置，添加索引图名，操作结果如图 15-70 所示。

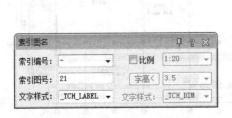

图 15-69　"索引图名"对话框

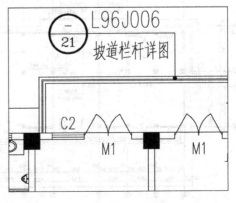

图 15-70　添加索引图名

11）继续调用"引出标注"命令、"索引图名"命令，为平面图添加引出标注及索引图名，结果如图 15-71 所示。

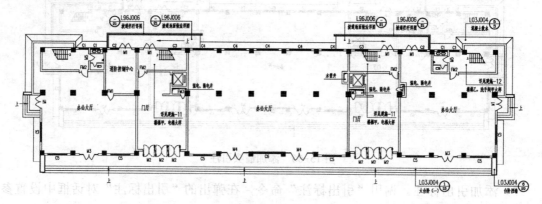

图 15-71　添加引出标注及索引图名

12）添加门窗标注。调用"逐点标注"命令，添加上开门窗的细部尺寸，如图 15-72 所示。

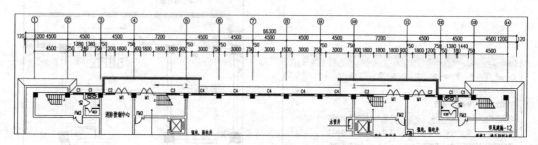

图 15-72　添加逐点标注

13）重复调用"逐点标注"命令，添加下开、左进、右进门窗的细部尺寸，结果如图 15-73 所示。

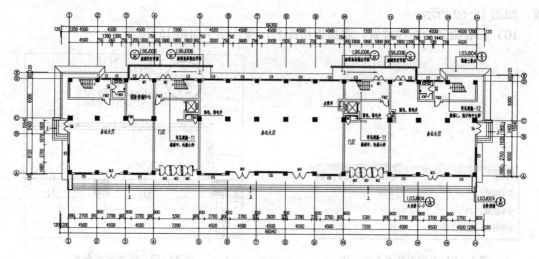

图 15-73　添加门窗标注

14）绘制指北针。调用"画指北针"命令，指定平面图的左上角点为插入点，在命令行提示"指北针方向<90.0>:"时，按〈Enter〉键，绘制指北针的结果如图 15-74 所示。

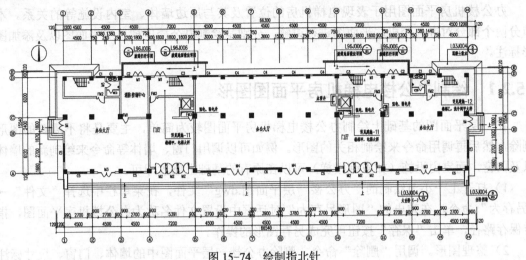

图 15-74　绘制指北针

15）添加图名标注。调用"图名标注"命令，在弹出的"图名标注"对话框中设置图名及比例参数，如图 15-75 所示。

图 15-75　"图名标注"对话框

16）在平面图下方点取图名标注的插入点，结果如图 15-76 所示。

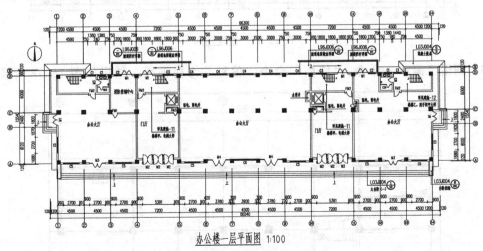

办公楼一层平面图 1:100

图 15-76　办公楼一层平面图

15.2 绘制办公楼机房平面图

办公楼机房平面图用于表现电梯机房的位置及其与周边墙体、室内设施等的关系。本节分两个部分对办公楼机房平面图进行讲解，分别是绘制办公楼电梯机房平面图以及添加图形标注。

15.2.1 绘制办公楼电梯机房平面图图形

在一层平面图的基础上绘制办公楼电梯机房平面图较为简单，主要是将不需要的图形删除，然后再调用命令来绘制相关的图形。例如可以调用门窗、墙体等命令来绘制新的墙体以及门窗，而室内设施（如双跑楼梯）可以在原有的基础上修改即可。

1）打开上一小节绘制的"办公楼一层平面图.dwg"文件，在菜单栏中选择"文件"→"另存为"命令，在弹出的"图形另存为"对话框中设置文件名称为办公楼机房平面图，指定保存路径，单击"保存"按钮可完成另存图形的操作。

2）整理图形。调用"删除"命令，删除办公楼一层平面图中的墙体、门窗、尺寸标注等图形，结果如图 15-77 所示。

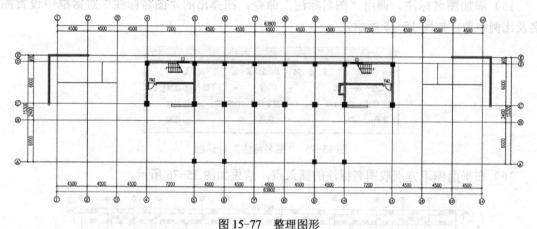

图 15-77　整理图形

3）调用"偏移"命令、"修剪"命令，偏移并修剪轴线，结果如图 15-78 所示。

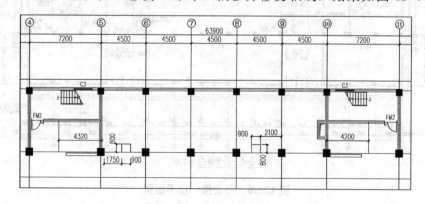

图 15-78　偏移并修剪轴线

4）调用"绘制墙体"命令，设置墙体的宽度为 240mm，高度为 5700mm，绘制墙体，结果如图 15-79 所示。

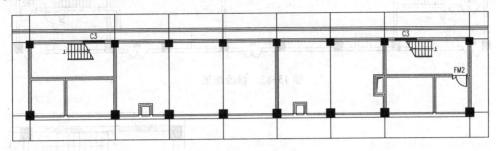

图 15-79　绘制墙体

5）调用"新门"和"新窗"命令，分别绘制门窗图形，结果如图 15-80 所示。

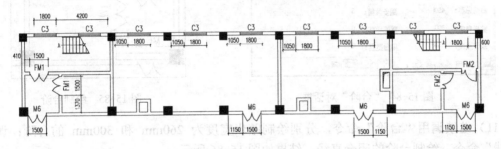

图 15-80　绘制门窗图形

6）编辑楼梯样式。双击双跑楼梯图形，在弹出的"双跑楼梯"对话框中的"层类型"选项组中选择"顶层"单选按钮，如图 15-81 所示。

7）单击"确定"按钮关闭对话框，修改楼梯样式的结果如图 15-82 所示。

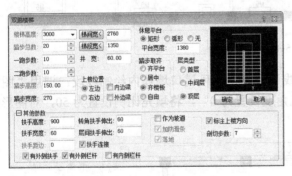

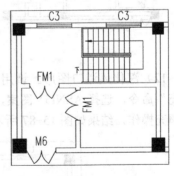

图 15-81　"双跑楼梯"对话框

图 15-82　修改楼梯样式

8）重复上述操作，将右侧的楼梯修改为顶层样式，结果如图 15-83 所示。

9）绘制台阶。调用"台阶"命令，在弹出的"台阶"对话框中设置参数如图 15-84 所示。

10）根据命令行的提示，分别指定台阶的起点、终点，绘制台阶，结果如图 15-85 所示。

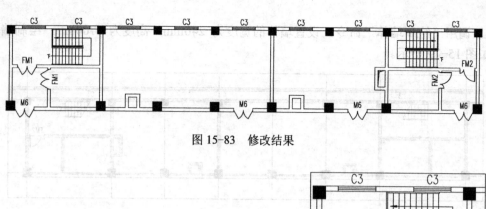

图 15-83　修改结果

图 15-84　"台阶"对话框

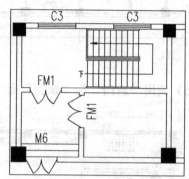

图 15-85　绘制台阶

11）继续调用"台阶"命令，分别绘制踏步宽度为 260mm 和 300mm 的台阶；调用"直线"命令，绘制台阶的闭合直线，结果如图 15-86 所示。

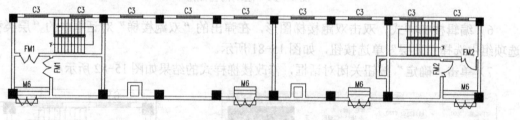

图 15-86　绘制结果

12）深化风道口图形。调用"多段线"命令，在风道口墙体内绘制线段；调用"图案填充"命令，选择 ASNI31 图案，将填充角度设置为 0°，将填充比例设置为 50，对图形执行填充操作，结果如图 15-87 所示。

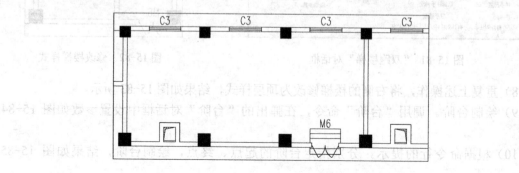

图 15-87　深化风道口图形

13）绘制水箱间。调用"矩形"命令，绘制矩形并将矩形的线型更改为虚线，结果如图 15-88 所示。

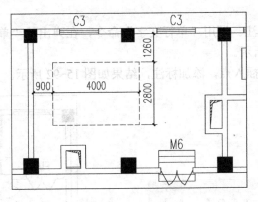

图 15-88　绘制水箱间

14）绘制屋面造型轮廓线。调用"直线"命令、"偏移"命令，绘制并偏移直线，绘制屋面造型轮廓线的结果如图 15-89 所示。

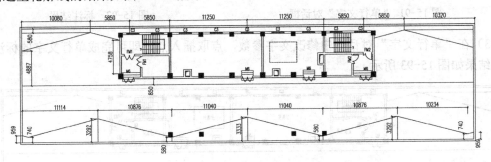

图 15-89　绘制屋面造型轮廓线

15）绘制排水管。调用"圆形"命令，绘制半径为 50mm 的圆形；调用"复制"命令，移动复制圆形，完成屋面排水管的绘制，结果如图 15-90 所示。

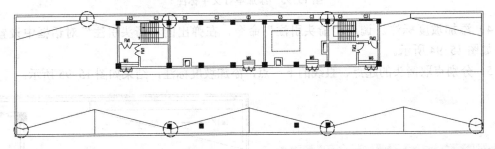

图 15-90　绘制屋面排水管

15.2.2　添加图形标注

通过调用软件中的各类标注命令，可以快速地绘制各类图形标注。例如在绘制坡度标注时，需要添加带指示箭头的文字标注，这时可以调用"箭头引注"命令。通过调用该命令，可以自定义箭头的样式、大小、位置，方便用户为各类图形添加坡度标注或者添加带箭头的文字标注。

1）添加单行文字标注。调用"单行文字"命令，在弹出的"单行文字"对话框中设置文字参数，如图 15-91 所示。

2）点取文字标注的插入点，添加标注，结果如图 15-92 所示。

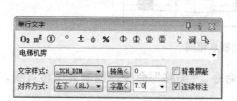

图 15-91 "单行文字"对话框

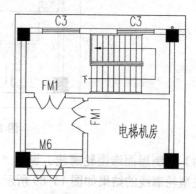

图 15-92 标注结果

3）在"单行文字"对话框中修改文字参数，点取插入点，即可完成单行文字的标注操作，结果如图 15-93 所示。

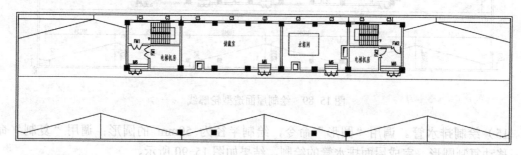

图 15-93 添加单行文字标注

4）添加坡度标注。调用"箭头引注"命令，在弹出的"箭头引注"对话框中设置参数，如图 15-94 所示。

5）分别点取箭头的起点、直线的下一点，添加坡度标注，结果如图 15-95 所示。

图 15-94 "箭头引注"对话框

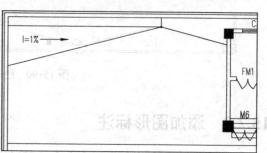

图 15-95 绘制结果

6）在"箭头引注"对话框中修改参数，继续为平面图添加坡度标注，结果如图 15-96 所示。

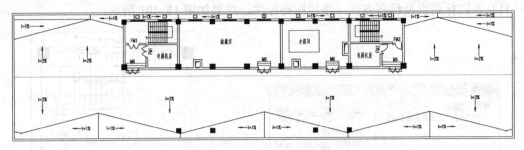

图 15-96　添加坡度标注

7）调用"引出标注"命令、"索引图名"命令，分别在弹出的"引出标注"对话框、"索引图名"对话框中设置参数，如图 15-97 所示。

图 15-97　设置参数

8）根据命令行的提示，分别添加引出标注以及索引图名，结果如图 15-98 所示。

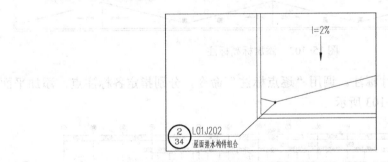

图 15-98　绘制结果

9）重复上述操作，继续添加引出标注以及索引图名，结果如图 15-99 所示。

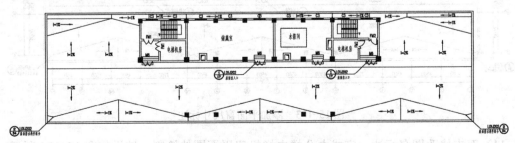

图 15-99　添加引出标注以及索引图名

10）添加标高标注。调用"标高标注"命令，在弹出的"标高标注"对话框中选中"手工输入"复选框，设置标注参数如图 15-100 所示。

11）点取标高点及标高方向，添加标高标注，结果如图 15-101 所示。

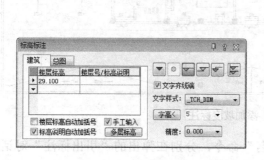

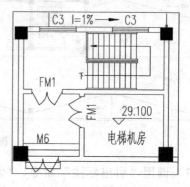

图 15-100　"标高标注"对话框　　　　　图 15-101　绘制结果

12）调用"复制"命令，移动复制标高标注图形，双击并修改标高参数值，结果如图 15-102 所示。

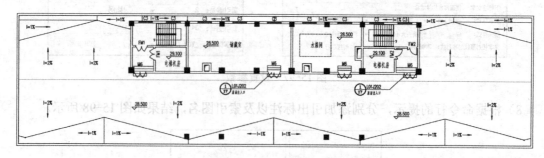

图 15-102　添加标高标注

13）添加平面窗的尺寸标注。调用"逐点标注"命令，分别指定各标注点，添加平面窗尺寸标注，结果如图 15-103 所示。

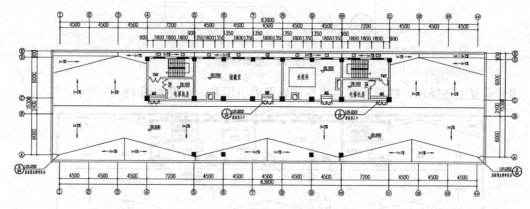

图 15-103　添加平面窗尺寸标注

14）双击修改图名标注，完成办公楼电梯机房平面图的绘制，结果如图 15-104 所示。

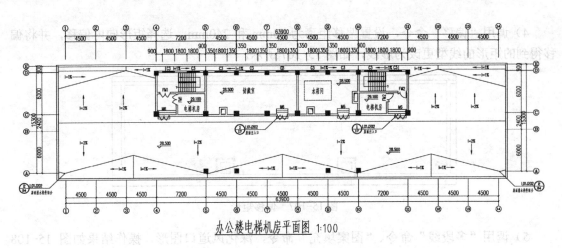

办公楼电梯机房平面图 1:100

图 15-104　办公楼电梯机房平面图

15.3　绘制办公楼屋面排水示意图

办公楼屋面排水示意图表现了屋面排水构件的位置以及屋面造型等内容，可以在办公室电梯机房平面图的基础上绘制。在绘制的过程中，设计者要仔细比对各类图形的位置及尺寸，避免发生图形对不上号的情况。

1）打开 15.2 节绘制的"办公楼电梯机房平面图.dwg"文件，在菜单栏中选择"文件"→"另存为"命令，在弹出的"图形另存为"对话框中设置文件名为"屋面排水示意平面图"，指定保存路径，单击"保存"按钮，即可完成另存图形操作。

2）整理图形。调用"删除"命令，删除平面图上的图形，结果如图 15-105 所示。

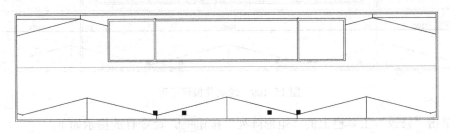

图 15-105　整理图形

3）绘制风道口图形。调用"矩形"命令，绘制矩形；调用"修剪"命令，修剪墙线，结果如图 15-106 所示。

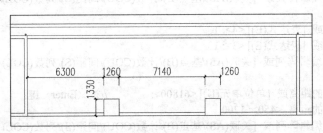

图 15-106　绘制风道口图形

4）调用"偏移"命令，设置偏移距离为 60mm 和 240mm，选择矩形向内偏移，并将偏移得到的矩形的线型更改为虚线，如图 15-107 所示。

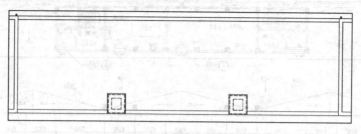

图 15-107 偏移矩形

5）调用"多段线"命令、"图案填充"命令，深化风道口图形，操作结果如图 15-108 所示。

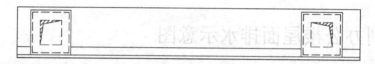

图 15-108 操作结果

6）绘制屋顶造型。调用"矩形"命令、"偏移"命令，绘制矩形并向内偏移矩形；调用"修剪"命令，修剪线段，操作结果如图 15-109 所示。

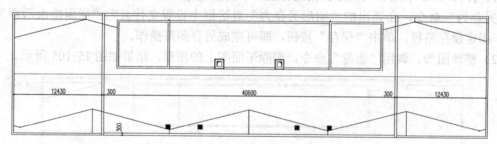

图 15-109 绘制并偏移矩形

7）单击"修改"工具栏上的"矩形阵列"按钮 🔳，命令行的提示如下：

```
命令: _arrayrect
选择对象: 找到 2 个，总计 2 个                    //选择源对象；
类型 = 矩形 关联 = 是
选择夹点以编辑阵列或 [关联(AS)/基点(B)/计数(COU)/间距(S)/列数(COL)/行数(R)/层数(L)/退出
(X)] <退出>: COU
    输入列数数或 [表达式(E)] <4>: 1
    输入行数数或 [表达式(E)] <3>: 13
    选择夹点以编辑阵列或 [关联(AS)/基点(B)/计数(COU)/间距(S)/列数(COL)/行数(R)/层数(L)/退出
(X)] <退出>: S
    指定列之间的距离或 [单位单元(U)] <61800>:        //按〈Enter〉键；
    指定行之间的距离 <450>: 1200
    选择夹点以编辑阵列或 [关联(AS)/基点(B)/计数(COU)/间距(S)/列数(COL)/行数(R)/层数(L)/退出
(X)] <退出>: *取消*                              //阵列复制线段的结果如图 15-110 所示。
```

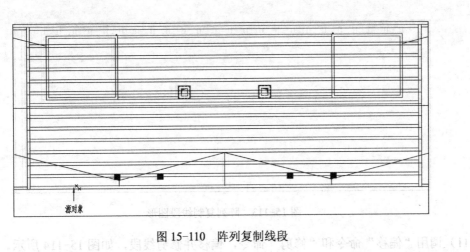

图 15-110　阵列复制线段

8）调用"分解"命令，分解阵列结果；调用"修剪"命令，修剪线段，结果如图 15-111 所示。

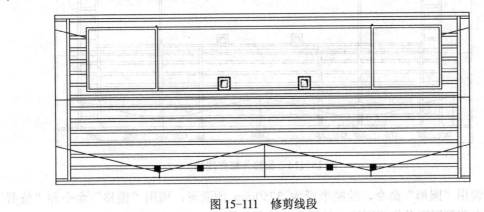

图 15-111　修剪线段

9）调用"偏移"命令、"修剪"命令，偏移并修剪线段，如图 15-112 所示。

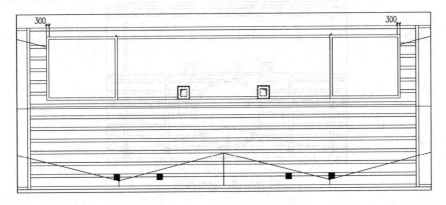

图 15-112　偏移并修剪线段

10）调用"矩形阵列"命令，设置列数为 23，列间距为 1600mm，阵列复制线段图形，结果如图 15-113 所示。

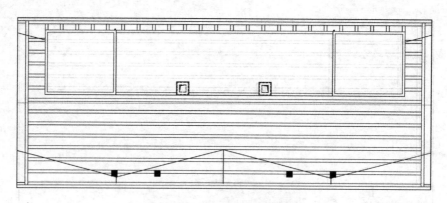

图 15-113　阵列复制线段图形

11）调用"偏移"命令和"修剪"命令，偏移并修剪线段，如图 15-114 所示。

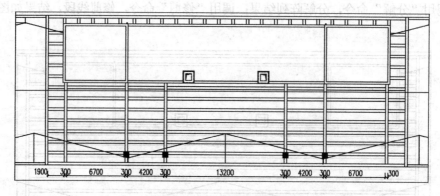

图 15-114　偏移并修剪线段

12）调用"圆形"命令，绘制半径为 3750mm 的圆形；调用"偏移"命令和"修剪"命令，向内偏移圆形并修剪圆形内的线段，结果如图 15-115 所示。

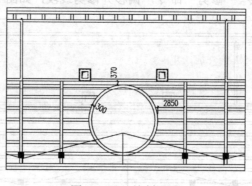

图 15-115　绘制圆形

13）调用"直线"命令，绘制屋顶造型轮廓线，如图 15-116 所示。

14）绘制女儿墙洞口轮廓线。调用"直线"命令，绘制女儿墙洞口轮廓线，并将轮廓线的线型更改为虚线，如图 15-117 所示。

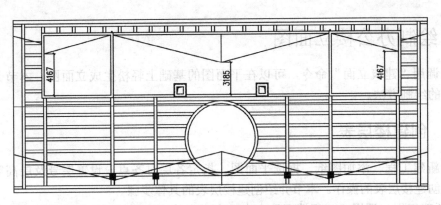

图 15-116　绘制屋顶造型轮廓线

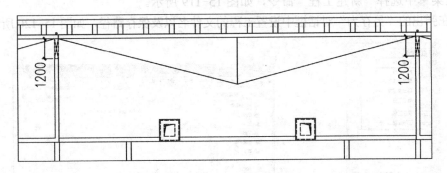

图 15-117　绘制女儿墙洞口

15）沿用前面小节所介绍的添加图形标注的方法，为办公楼屋面排水示意图添加引出标注、标高标注、文字标注以及图名标注等，操作结果如图 15-118 所示。

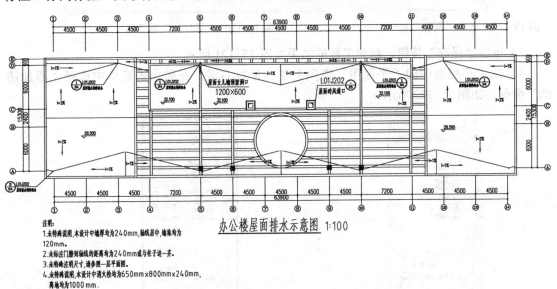

图 15-118　办公楼屋面排水示意图

15.4 绘制办公楼立面图

通过调用"建筑立面"命令，可以在平面图的基础上轻松生成立面图。本节介绍办公楼立面图的绘制方法。

15.4.1 创建楼层表

通过新建工程、添加图纸、框选平面图、指定各层对齐点、设置层号及层高等操作，可以完成创建楼层表的操作。本节介绍创建楼层表的具体步骤。

1）新建工程。调用"工程管理"命令，在弹出的"工程管理"对话框中单击"工程管理"下拉菜单中选择"新建工程"命令，如图 15-119 所示。

2）在弹出的"另存为"对话框中设置工程的文件名以及保存路径，如图 15-120 所示。

图 15-119　选择"新建工程"命令　　　　图 15-120　"另存为"对话框

3）单击"保存"按钮，新建工程的结果如图 15-121 所示。

4）在工程列表中的"平面图"选项上单击鼠标右键，在弹出的菜单中选择"添加图纸"命令，如图 15-122 所示。

图 15-121　新建工程　　　　　　　图 15-122　选择"添加图纸"命令

5）在"选择图纸"对话框中选择"办公楼平面图"文件，如图 15-123 所示。

6）单击"打开"按钮可将图纸文件添加到办公楼工程中，如图 15-124 所示。

图 15-123　选择"办公楼平面图"　　　　图 15-124　添加图纸文件

7）在"楼层"选项表中设置层号和层高，单击"选择楼层"按钮，框选一层平面图，在命令行提示指定对齐点时，单击 1 号轴线和 A 号轴线的交点，创建结果如图 15-125 所示。

8）重复上述操作，继续执行创建楼层表操作，结果如图 15-126 所示。

图 15-125　创建结果　　　　　　　　图 15-126　创建楼层表

15.4.2　生成立面图

在生成立面图前，应先将所创建的工程项目打开，否则不能调用"建筑立面"命令。在打开工程并调用"建筑立面"命令，分别设置立面图的类型、保存名称以及路径后，系统便可执行生成立面图的操作。

1）在"工程管理"对话框中单击"建筑立面"按钮，输入 F 选择"正立面"选项，在弹出的"立面生成设置"对话框中将内外高差设置为 0.60，如图 15-127 所示。

2）单击"生成立面"按钮，在弹出的"输入要生成的立面"对话框中设置文件的名称及保存路径，如图 15-128 所示。

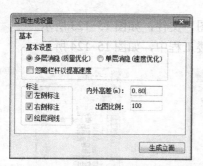
图 15-127 "立面生成设置"对话框

图 15-128 "输入要生成的立面"对话框

3）单击"保存"按钮，生成立面图，结果如图 15-129 所示。

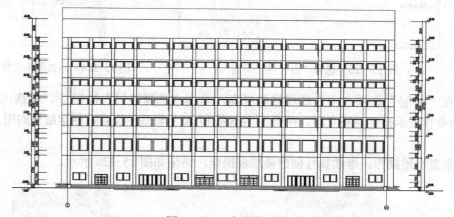
图 15-129 生成立面图

15.4.3 深化立面图

生成立面图后，通过调用天正绘图命令以及 AutoCAD 绘图命令，对立面图执行编辑修改操作，以达到所需要的满意效果。

1）整理图形。调用"删除"命令和"修剪"命令，对立面图执行编辑修改操作，结果如图 15-130 所示。

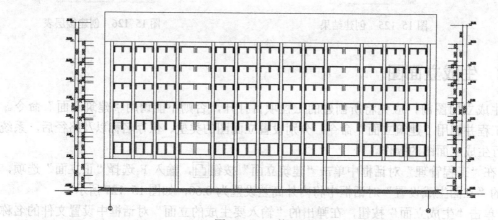
图 15-130 整理图形

2）绘制立面窗。调用"矩形"命令和"分解"命令，绘制并分解矩形；调用"偏移"命令，向内偏移矩形边，如图 15-131 所示。

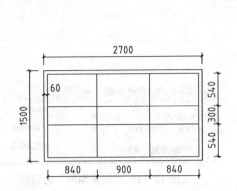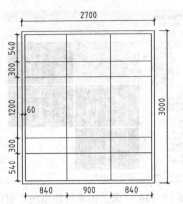

图 15-131　绘制立面窗

3）新图入库。调用"立面门窗"命令，在打开的"天正图库管理系统"窗口中单击"新图入库"按钮 🔲，选择上一步骤所绘制的立面窗图形，单击其左下角点为插入点，在命令行中选择"制作幻灯片"选项，将所绘制的窗图形调入图库，结果如图 15-132 所示。

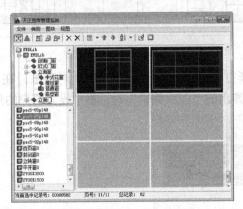

图 15-132　新图入库

4）重复调用"立面门窗"命令，在打开的"天正图库管理系统"窗口中双击立面窗样式图标，在立面图中点取插入点，调入立面窗，结果如图 15-133 所示。

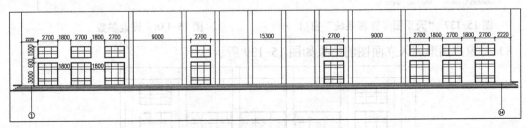

图 15-133　调入立面窗

5）调入立面门。调用"立面门窗"命令，在打开的"天正图库管理系统"窗口中选择立面门样式，如图 15-134 所示；双击立面门样式图标，在弹出的"图块编辑"对话框中取消选中"统一比例"复选框，单击"输入尺寸"单选按钮，设置立面门的尺寸，如图 15-135 所示。

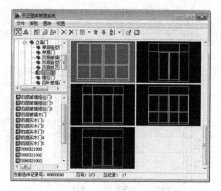

图 15-134 "天正图库管理系统"窗口   图 15-135 "图块编辑"对话框

6）调取门的插入点，插入门图形，结果如图 15-136 所示。

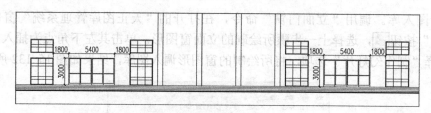

图 15-136 插入门图形

7）按〈Enter〉键重新打开"天正图库管理系统"对话框，在其中选择并双击立面窗样式，如图 15-137 所示；在弹出的"图块编辑"对话框中设置窗户的尺寸，如图 15-138 所示。

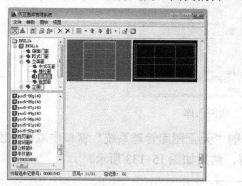

图 15-137 "天正图库管理系统"窗口   图 15-138 设置参数

8）将窗户图形调入立面图的结果如图 15-139 所示。

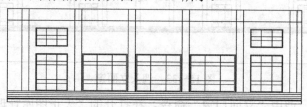

图 15-139 调入立面窗

9）重复上述操作，在"天正图库管理系统"窗口中选择立面窗，在弹出的"图块编辑"对话框中设置窗户参数，调入立面窗的结果如图 15-140 所示。

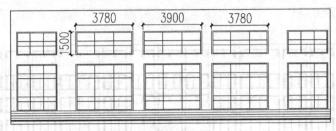

图 15-140　操作结果

10）一层门窗的绘制结果如图 15-141 所示。

图 15-141　绘制一层门窗

11）替换立面窗。调用"立面门窗"命令，在打开的"天正图库管理系统"窗口中选择立面窗样式，单击"替换"按钮，在立面图中选择待替换的立面窗并按〈Enter〉键，完成替换操作，结果如图 15-142 所示。

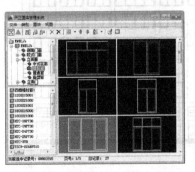

图 15-142　替换立面窗

12）重复上述操作，在"天正图库管理系统"窗口选择四扇推拉窗图形，继续对立面图中的立面窗执行替换操作，结果如图 15-143 所示。

图 15-143　替换结果

13）调用"删除"命令，删除立面窗；调用"复制"命令，向上移动复制立面窗图形，结果如图 15-144 所示。

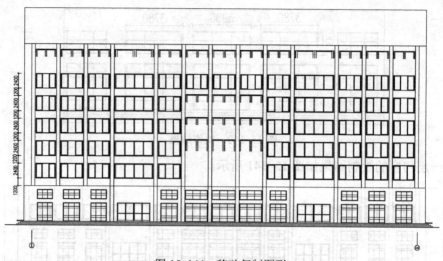

图 15-144　移动复制图形

14）调用"删除"命令，删除立面窗图形，如图 15-145 所示。

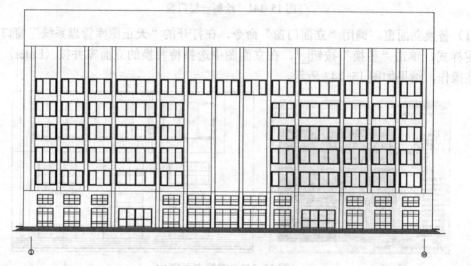

图 15-145　删除立面窗图形

15）调用"立面门窗"命令，选择立面窗并设置其调入时的尺寸，调入立面窗图形，结果如图 15-146 所示。

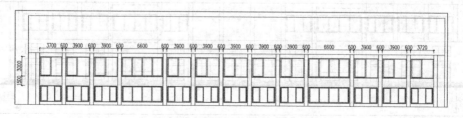

图 15-146　调入立面窗图形

16）绘制屋顶造型轮廓线。调用"直线"命令、"偏移"命令及"修剪"命令，绘制屋顶造型轮廓线，结果如图 15-147 所示。

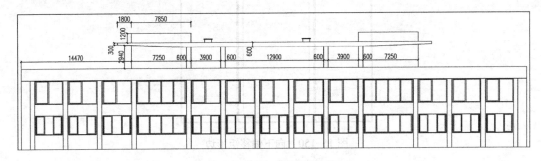

图 15-147　绘制屋顶造型轮廓线

17）调用"立面门窗"命令，调入立面窗图形，结果如图 15-148 所示。

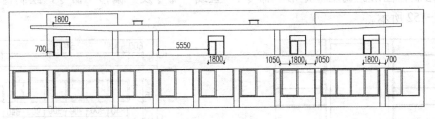

图 15-148　调入立面窗图形

18）绘制墙面装饰轮廓线。调用"矩形"命令和"偏移"命令，绘制并偏移矩形，结果如图 15-149 所示。

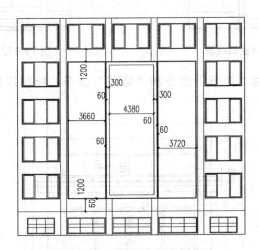

图 15-149　绘制墙面装饰轮廓线

19）调用"分解"命令，对矩形执行分解操作；调用"偏移"命令，向下偏移矩形边，如图 15-150 所示。

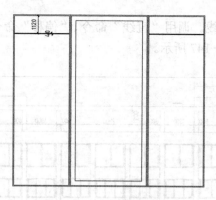

图 15-150　向下偏移矩形边

20）选择【修改】→【阵列】→【矩形阵列】命令，选择上一步骤偏移得到的线段，设置行数为 10，行距为-1200mm，阵列复制线段，结果如图 15-151 所示。

21）绘制窗图形。调用"矩形"命令、"直线"命令及"偏移"命令，绘制窗图形，结果如图 15-152 所示。

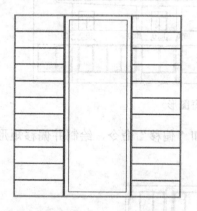

图 15-151　阵列复制线段

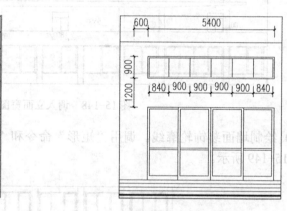

图 15-152　绘制窗图形

22）绘制雨棚。调用"矩形"命令和"修剪"命令，绘制矩形并修剪线段，结果如图 15-153 所示。

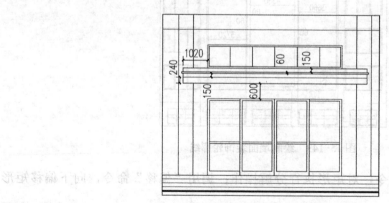

图 15-153　绘制雨棚

23）编辑坡道、台阶。调用"直线"命令、"偏移"命令及"修剪"命令，编辑图形，结果如图 15-154 所示。

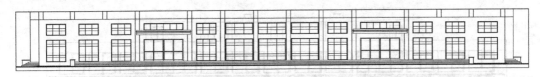

图 15-154　编辑图形

24）绘制立面装饰线。调用"偏移"命令和"修剪"命令，偏移并修剪立面轮廓线，绘制立面装饰线的结果如图 15-155 所示。

图 15-155　绘制立面装饰线

25）绘制不锈钢管。调用"矩形"命令、"复制"命令，绘制并复制矩形，结果如图 15-156 所示。

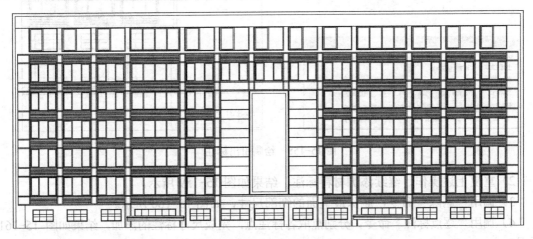

图 15-156　绘制不锈钢管

26）办公楼立面图图形的深化结果如图 15-157 所示。

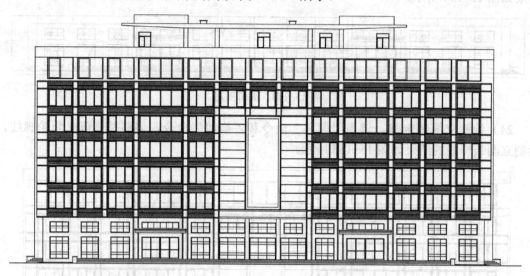

图 15-157　绘制办公楼立面图图形

15.4.4　添加图形标注

为立面图添加标注后即可完成立面图的绘制。这些标注包括引出标注，主要用来标注立面装饰所使用的材料；尺寸标注，用来标注门窗的细部尺寸；图名标注，用来标注图形的名称及制图比例。

1）添加引出标注。调用"引出标注"命令，在弹出的"引出标注"对话框中设置参数；分别指定各标注点，添加引出标注，结果如图 15-158 所示。

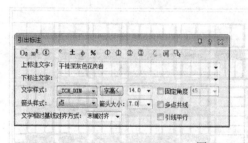

图 15-158　绘制引出标注

2）重复上述操作，继续添加材料标注，结果如图 15-159 所示。

3）调用"删除"命令，删除最里面的细部尺寸，如图 15-160 所示。

4）调用"逐点标注"命令，分别点取各标注点，完成尺寸标注的添加，结果如图 15-161 所示。

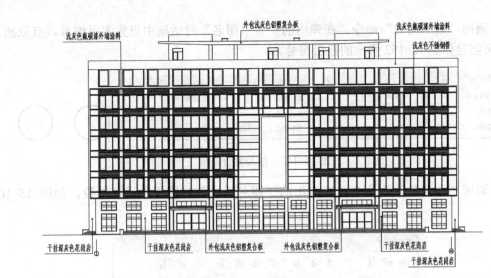

图 15-159 标注结果

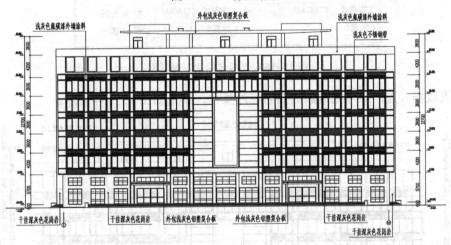

图 15-160 删除尺寸

图 15-161 添加尺寸标注

5）调用"索引图名"命令，在弹出的"索引图名"对话框中设置索引编号，点取插入点，即可创建如图 15-162 所示的索引符号。

图 15-162　添加索引符号

6）调用"图名标注"命令，在弹出的"图名标注"对话框中设置参数，如图 15-163 所示。

图 15-163　"图名标注"对话框

7）点取插入点，即可完成添加图名标注操作，结果如图 15-164 所示。

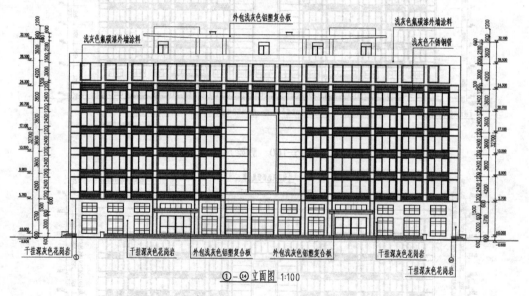

图 15-164　办公楼立面图

15.5　绘制办公楼剖面图

调用"建筑剖面"命令，可以在剖切符号的基础上生成剖面图。在执行生成剖面图之前，设计者应先在平面图上创建剖切符号，否则不能调用"建筑剖面"命令。

15.5.1 生成剖面图

将所创建的工程项目打开，在拾取剖切符号的基础上，分别选择待出现在剖面图上的轴线，再设置剖面图的名称以及保存路径后，可以执行生成剖面图操作。

1）绘制剖切符号。调用"剖面剖切"命令，在弹出的"剖切符号"对话框中设置剖切编号等参数，如图 15-165 所示。

图 15-165 "剖切符号"对话框

2）根据命令行的提示，分别指定第一个剖切点及第二个剖切点、剖切方向，即可完成剖切符号的绘制，结果如图 15-166 所示。

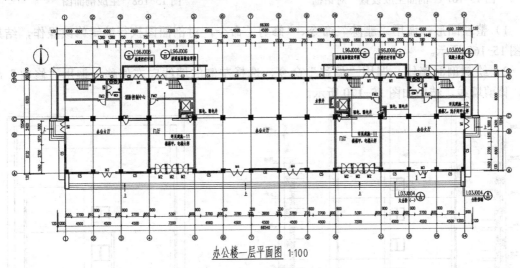

办公楼一层平面图 1:100

图 15-166 绘制剖切符号

3）调用"建筑剖面"命令，选择 1—1 剖切符号，分别点取 A、B、C、D 号轴线；在弹出的"剖面生成设置"对话框中设置参数，如图 15-167 所示。

4）单击"生成剖面"按钮，在弹出的"输入要生成的文件"对话框中设置文件名称及保存路径，单击"保存"按钮可执行生成剖面图的操作，结果如图 15-168 所示。

15.5.2 深化剖面图

剖面图上包括多种类型的图形，有剖面墙体、剖面门、楼板、剖断梁，还有立面门窗、图形标注等。这些图形有些可以使用天正命令来执行编辑修改操作，有些则需要调用

AutoCAD 命令来对其执行编辑。

图 15-167 "剖面生成设置"对话框

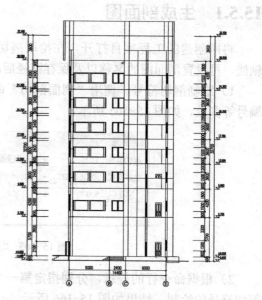

图 15-168 生成剖面图

1）整理图形。调用"删除"命令、"修剪"命令，对剖面图执行编辑修改操作，结果如图 15-169 所示。

2）绘制剖面墙体。调用"偏移"命令，选择左侧的墙线向右偏移；调用"修剪"命令，修剪墙线，结果如图 15-170 所示。

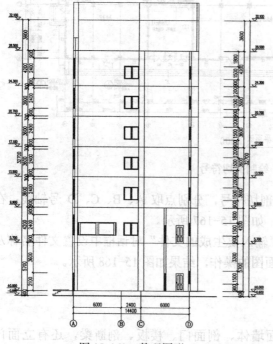

图 15-169 整理图形

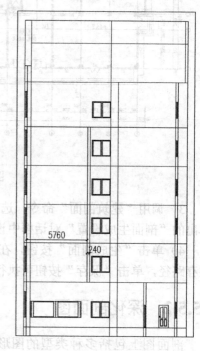

图 15-170 绘制剖面墙体

3）绘制顶部造型轮廓线。调用"偏移"命令、"修剪"命令，绘制顶部造型轮廓线，如图 15-171 所示。

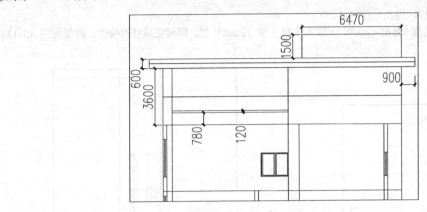

图 15-171　绘制顶部造型轮廓线

4）编辑台阶。调用"直线"命令、"偏移"命令，绘制并偏移直线；调用"移动"命令，向上移动台阶挡墙图形，结果如图 15-172 所示。

5）调用"直线"命令，绘制如图 15-173 所示的直线。

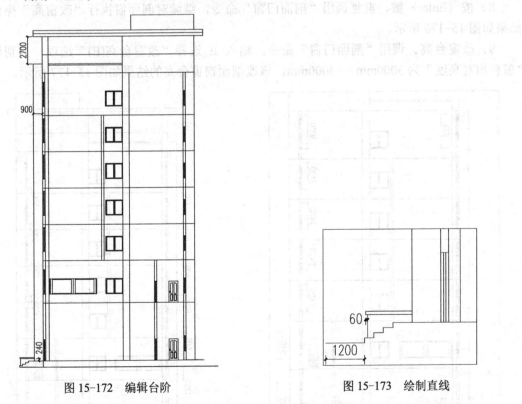

图 15-172　编辑台阶

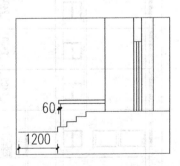

图 15-173　绘制直线

6）重复使用上述操作，继续编辑右侧的台阶及挡墙图形，结果如图 15-174 所示。

7）改窗高。调用"剖面门窗"命令，命令行的提示如下：

命令: PMMC↙

请点取剖面墙线下端或 [选择剖面门窗样式(S)/替换剖面门窗(R)/改窗台高(E)/改窗高(H)]<退出>:H

请选择剖面门窗<退出>:找到 1 个

请指定门窗高度<退出>:3000 //输入参数并按〈Enter〉键,即可完成修改操作,结果如图 15-175 所示。

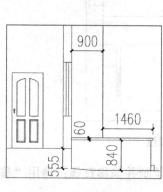

图 15-174 编辑结果

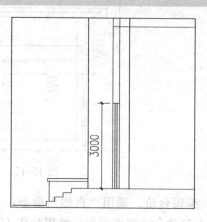

图 15-175 改窗高

8)按〈Enter〉键,重复调用"剖面门窗"命令,继续对剖面窗执行"改窗高"操作,结果如图 15-176 所示。

9)改窗台高。调用"剖面门窗"命令,输入 E 选择"改窗台高(E)"选项,分别设置"窗台相对高度"为 3000mm、-3000mm,修改剖面窗窗台高的结果如图 15-177 所示。

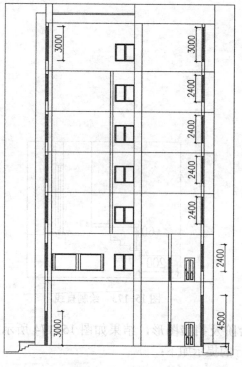

图 15-176 修改结果

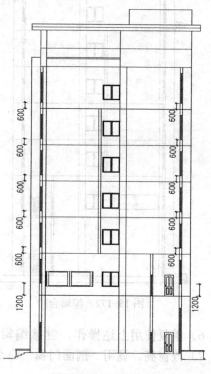

图 15-177 改窗台高

10）绘制剖面窗。调用"剖面门窗"命令，绘制高度为 1500mm 的剖面窗；调用"复制"命令，移动复制高度为 2100mm 的剖面窗至新增的剖面墙上，结果如图 15-178 所示。

11）绘制立面门窗。调用"立面门窗"命令，在打开的"天正图库管理系统"窗口中选择立面门样式，如图 15-177 所示。

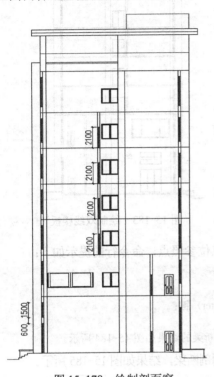

图 15-178　绘制剖面窗

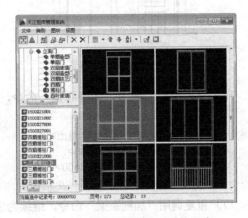

图 15-179　"天正图库管理系统"窗口

12）双击立面门样式图标，在弹出的"图块编辑"对话框中设置立面门的尺寸，如图 15-180 所示。

13）点取插入点，即可完成调入立面门操作，结果如图 15-181 所示。

图 15-180　"图块编辑"对话框

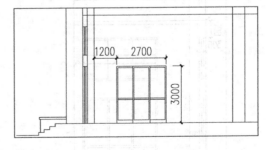

图 15-181　调入立面门

14）重复上述操作，继续调入立面门窗图形，调用"删除"命令，删除多余的门窗图形，操作结果如图 15-182 所示。

15）画双线楼板。调用"双线楼板"命令，绘制宽度为 120mm 的楼板，如图 15-183 所示。

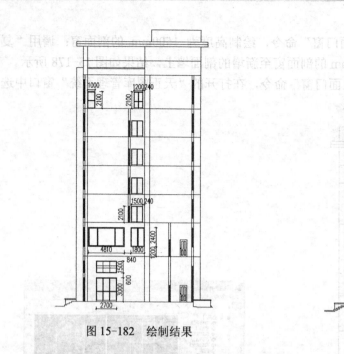

图 15-182 绘制结果

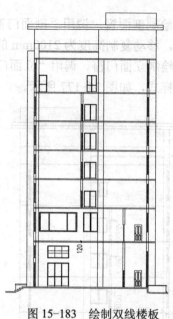

图 15-183 绘制双线楼板

16）画剖断梁。调用"加剖断梁"命令，指定 A 点位参照点，命令行的提示如下：

```
命令：  SBEAM↙
请输入剖面梁的参照点 <退出>：
梁左侧到参照点的距离 <0>：                //按〈Enter〉键；
梁右侧到参照点的距离 <600>：300
梁底边到参照点的距离 <480>：600          //绘制剖断梁的结果如图 15-184 所示。
```

17）重复调用"加剖断梁"命令，继续为剖面图绘制剖断梁，结果如图 15-185 所示。

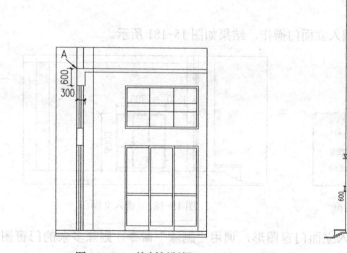

图 15-184 绘制剖断梁

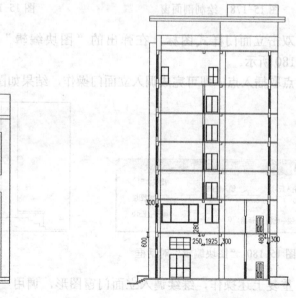

图 15-185 绘制结果

18）调用"直线"命令、"偏移"命令及"修剪"命令，绘制剖面图的其他图形，结果如图 15-186 所示。

19）绘制剖面填充图案。调用"剖面填充"命令，选择待填充的区域轮廓线并按〈Enter〉键，在弹出的对话框中选择填充图案并设置填充比例，如图 15-187 所示。

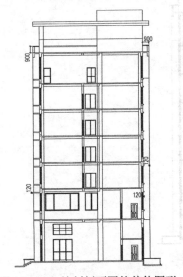

图 15-186　绘制剖面图的其他图形

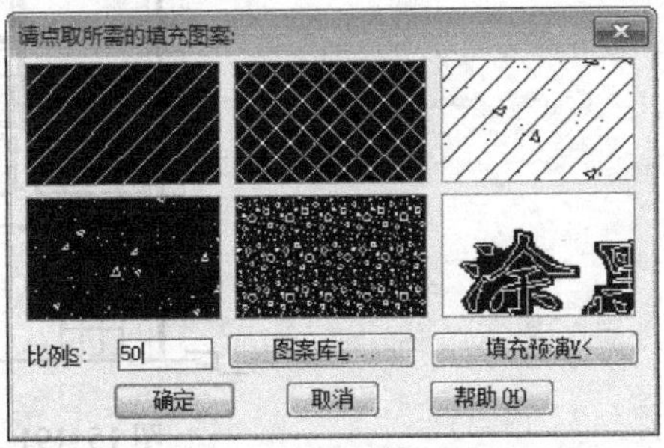

图 15-187　设置参数

20）单击"确定"按钮关闭对话框可完成填充操作，结果如图 15-188 所示。

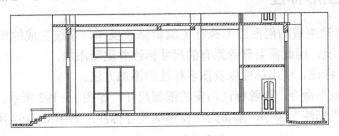

图 15-188　填充结果

21）继续调用"剖面填充"命令，在弹出的对话框中重新选项填充图案，填充比例保持不变，如图 15-189 所示。

22）绘制填充图案的结果如图 15-190 所示。

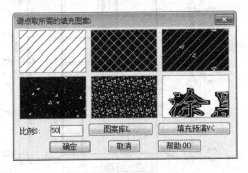

图 15-189　修改参数

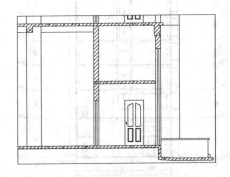

图 15-190　绘制填充图案的结果

23）重复上述操作，继续对剖面图执行填充操作，结果如图 15-191 所示。

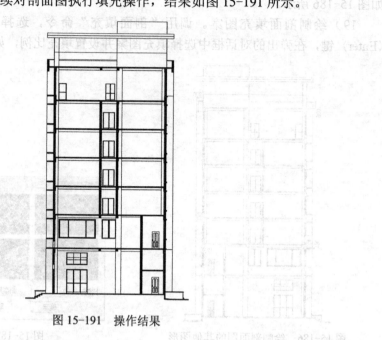

图 15-191　操作结果

15.5.3　添加图形标注

由于对系统自动生成的剖面图形执行了编辑修改操作，系统生成的尺寸标注已经不符合图形修改后的情况，因此需要删除原有的尺寸标注并重新添加。

本节介绍尺寸标注、引出标注以及图名标注的添加方法。

1）调用"删除"命令，删除标注门窗的细部尺寸，如图 15-192 所示。

2）调用"逐点标注"命令，重新为门窗添加尺寸标注，如图 15-193 所示。

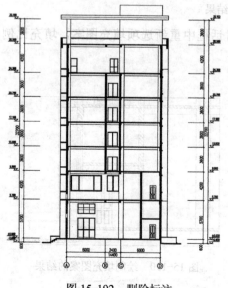

图 15-192　删除标注

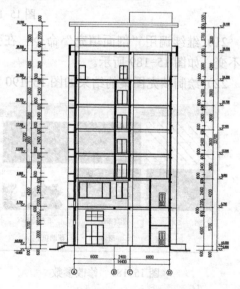

图 15-193　逐点标注

3）调用"索引图名"命令，添加不带比例标注的索引图名；调用"引出标注"命令，添加箭头样式为"无"的引出标注，结果如图 15-194 所示。

4）调用"图名标注"命令，在弹出的"图名标注"对话框中设置图名及比例参数，点取插入点，即可完成图名标注的添加，结果如图 15-195 所示。

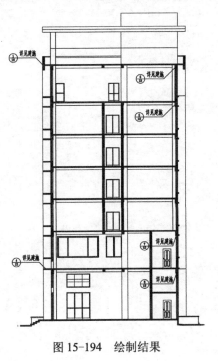

图 15-194　绘制结果

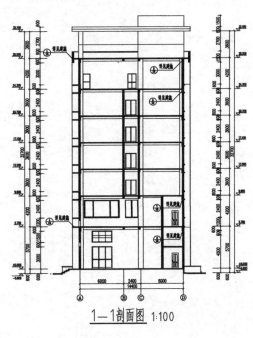

1—1剖面图 1:100

图 15-195　图名标注

3）调用"建立图名"命令，系统不弹出标准的插入图名，因为"引出箭头"，命令
将加箭头长为"无"，即引出标注，结果如图15-194所示。

4）调用"图名标注"命令，在弹出的"图名标注"对话框中，将置图名及比例输入，点
击插入点，即可完成图名标注的添加。结果如图15-195所示。

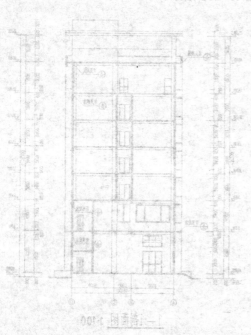

图15-195 图名标注

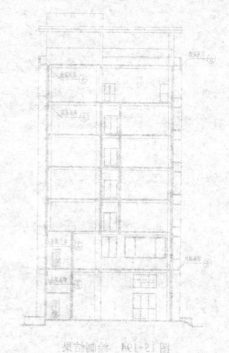

图15-194 宽标注结果